JN441151

Architecture and Human, Society, Culture

건축과 인간·사회·문화

송복섭 저

문운당

머리말

근대적 의미의 우리나라 건축학교육은 다른 학문 분야와 마찬가지로 일제강점기 일본식을 모델로 정착한 후 차츰 미국과 프랑스 등 교수자의 학문 배경에 따라 개별적인 방법으로 발전하였다. 그러다가 2002년 건축학교육 인증제를 도입하면서 미국식 기준[1)]에 맞추어 건축교육을 재편해야 하는 새로운 국면을 맞았다. 당시 학생수행평가기준 다섯 개의 영역[2)] 중 '문화적 맥락'은 그간의 건축교육 방식과 비교해 다소 생소한 개념들이었다. 특히, '건축과 과학 및 예술의 관계(SPC:07)', '건축이 지닌 역사적, 사회적, 지역적, 정책적 상관관계(SPC:10)', '다양한 문화 속에서 개인과 사회집단이 드러내는 가치 및 관습과 환경과의 상호영향(SPC:12)', '물리적 환경과 인간행동 간의 상호관계(SPC:13)' 등을 건축교육 내용으로 담아야 하는 새로운 과제가 주어진 것이다. '건축계획론'과 '주거론' 등의 기존 과목에서 일부를 다루기는 했으나, 새롭게 제시된 다양한 개념들을 교육내용으로 꾸려야 할 필요가 있었다.

2005년 즈음 각 대학에서 관련 과목을 담당하던 교수자들이 모여 공통된 교재를 추진했던 일이 계기가 되어 이 책을 쓰게 되었다. 곧, 발간으로 이어지지는 못했지만, 참여했던 한 사람으로서 여전한 필요와 책임을 느끼고 있었고, 어언 20여 년의 시간 동안 '건축과 사회'라는 과목을 담당하면서 교육한 다양한 내용을 기반으로 주제에 맞춰 틀도 만들고 지식도 축적해서 이 책으로 펴내게 된 것이다.

---

1) 한국건축학인증원이 정한 건축교육 콘텐츠를 구성하는 학생수행평가기준(Student Performance Criteria)은 인증제 시행 초기에는 41개로 출발했으나, 2010년 37개, 2013년 30개, 2018년 26개로 줄었다가 2024년 18개로 조정되었다.

2) 커뮤니케이션, 문화적 맥락, 설계, 기술, 실무

건축이 다루어야 하는 방대한 주제를 어떻게 교육내용으로 구성해야 하는가가 첫 번째 고민이었다. 건축이 가지는 기술적, 예술적 측면과 아울러 사회적, 문화적 관점까지도 포괄하는 교육 콘텐츠를 다루기에는 학교 교육이 제한적일 수밖에 없다. 끝이 없는 게 공부라지만 개인적 노력으로 깊이를 더하더라도, 이 책은 건축을 배우는 사람으로서 알아야 할 다방면의 기본적인 개요를 종합해놓았다고 볼 수 있다. 이 교재에서 다루지 못한 각 주제에 대한 깊이 있는 탐구는 건축가로 성장하면서 필요와 노력에 맞게 각자가 공부할 몫이다.

이 책은 또한 일반인들이 건축을 이해하는 교양서의 역할도 담당할 수 있도록 의도되었다. 대부분 건축을 얘기하는 책들이 개인적 수필 차원의 감상적 방식을 취하고 있고, 전문서적은 너무나 기술적 측면을 강조하고 있어 일반인의 접근을 어렵게 한다. 건축을 소개하는 입문서 출간이 잇따르고 방송에서도 건축을 조명하는 프로그램이 늘어나면서 일반인들의 건축에 관한 관심 또한 증가했다. 따라서 이 책은 교재의 성격 외에 다른 한편으론 일반인이 교양 수준에서 건축을 좀 더 깊이 있게 이해하는 길을 터준다는 데에 의의가 있다 할 것이다. 그 후는 개인적 차원으로 심화한 학습을 진행할 수 있도록 문을 열어주고 정보를 제공한다는 의미를 부여했다.

전체적인 구성은 '건축과 인간', '건축과 사회', '건축과 문화', '건축가와 사회'의 네 파트로 되어 있다. 파트를 구성하는 각 장을 다시 세부주제를 중심으로 구분해 기술하였는데, 되도록 개념을 명확히 정리하고자 한두 페이지에 하나의 주제로 편집하는 형식을 택했다. 압축된 문장에 최대한의 정보를 요약할 수 있도록 가급적 간결체 형식을 택했다. 그러다 보니 압축된 문장형식 때문에 다소 이해하는 데 어려운 불편을 낳았다. 반면 주제마다 하단에 도면이나 사진을 첨부해 이해를 돕도록 하였다. 충분히 알려진 지명과 인명은 한글로 표기했지만, 흔치 않다고 판단한 이름은 영어를 씀으로써 쉽게 참고자료를 찾아볼 수 있도록 하였다. 강조할 필요 가 있다고 판단한 이름은 처음 등장할 때 따옴표로 표시하고 이후의 문장에서는 생략했다. 인명에는 가급적 괄호 안에 출생연도와 사망연도를 적어 시대를 유추할 수 있도록 했다.

제1장 '건축과 인간'은 '인간 삶을 담는 그릇'을 설계하는 건축가가 인간의 행태 특성을 파악하는 일부터 출발해야 한다는 전제 아래 환경행태연구, 범죄예방디자인, 배리어프리, 유니버설 디자인 등을 다루었다. 제2장 '건축과 사회'는 가장 기본적인 단위를 이루는 주거공간이 사회가 변함에 따라 어떻게 발전해왔는지를 다루고 확장된 개념의 커뮤니티 문화와 주거복지 및 도시재생의 개념들을 논하며. 건축을 생산하는 주역들과 발주방식 및 설계공

모에 관해서도 설명했다. 제3장 '건축과 문화'에서는 기술이 발달하면서 건축이 어떻게 달라졌는지와 지역마다 다른 건축이 만들어지는 조건들에 대해서도 알아보았다. 또한, 전통을 어떻게 건축문화로 승화시켰는지와, 대중문화와 조응하는 사례에 대해서도 현대 건축 사조와 연결해 살펴보았다. 제4장 '건축가와 사회'는 건축가 직업의 역사를 되짚어보면서 시대별로 건축가가 어떻게 역할을 했는지와 건축가가 어떻게 육성되는지를 다루고 업무범위와 직업윤리에 대해서도 다루었다.

모쪼록 이 책이 건축을 이해하고 개념을 확장하는 데 도움이 되길 바란다. 다루는 내용이 독창적인 것이 아니라 수많은 선배의 업적을 저자가 이해하는 방식으로 정리했다는 데에서 모든 감사를 그들에게 돌린다.

2025년 8월

송복섭

목차

Part I 건축과 인간

참고문헌

Architecture and Human, Society, Culture

PART I

건축과 인간

1장 | 인간행태와 건축설계

'인간 삶을 담는 그릇'을 설계하는 건축가는 가장 먼저 인간이 공간을 어떻게 사용하고 그 안에서 어떻게 반응하는지를 알아야 한다. 이 장에서는 인간행태와 물리적 환경 사이의 상호작용을 연구하는 '환경행태연구(Environment Behavior Studies)', 거리에 따라 인간 간 반응특성을 환경과 문화적인 변수로 구분하여 이해하는 '거리와 행동(Proxemics)', 잠재적 범죄를 줄일 수 있도록 공간을 들여다보이게 하고 영역성을 강화하도록 설계해야 한다는 '방어공간(Defensible space)' 개념, 도시공간의 물리적 환경을 범죄 방어적인 구조로 설계하여 범죄와 범죄피해에 대한 공포심을 차단하거나 감소시켜주는 다학제적 접근방법인 '범죄예방환경설계(CPTED)', 물리적 환경으로부터 인지지도를 이용해 목적지에 가기 위한 계획과 실행하는 '길찾기(Wayfinding)' 개념, 건물을 지어 일정 기간 살아본 다음 계획 당시의 의도와의 차이를 평가하여 추후의 참고로 삼기 위한 과정을 '거주후평가(Post Occupancy Evaluation)'를 다룬다.

1. 환경행태연구

건축공간을 적절하게 설계하기 위해서는 인간이 공간 안에서 행동하는 모습 즉, 행태(行態)에 대해 잘 알아야 한다. 편리를 우선하는 인간은 공간에서도 가장 경제적이고 효율적으로 행동한다. 만약 행태에 부합하지 않는 공간이 만들어졌을 때 인간은 그 공간에 적응하기도 하지만, 반대로 능동적으로 개입하면서 올바르지 않게 사용하는 등의 원치 않는 결과를 만들어 내기 때문이다. 건축가가 인간행태와 물리적 환경 사이의 상호작용을 연구하고 그 결과를 잘 알고 있어야 하는 까닭이다.

1920년대부터 시작된 모더니즘과 대량산업생산 시대에서 중요했던 가치는 표준형 인간과 그에 최적화된 물리적 환경이었다. 기능주의와 경제성에 몰두하던 때에는 평균적인 표준형 인간과 그가 만들어내는 정형화된 활동 외에 다른 가능성과 가치는 관심의 대상에서 제외되었다. 1960년대를 지나면서 모더니즘의 퇴조와 함께 표준화된 모델에 대한 비판과 인간중심 환경디자인에 관심을 두고 새롭게 연구되기 시작한 것이 '환경행태연구(EBS; Environment Behavior Studies)'이다.

환경행태연구는 인간행태와 물리환경 사이의 상호작용을 연구하는 학문으로 건축과 환경디자인 분야에서 행태와 환경 사이의 불일치 문제를 해결하려는 의도로 등장했다. 미국에서는 1968년 '환경디자인학회'[1]가 만들어지면서 이 분야에 관한 본격적인 연구가 시작되었다. 이후 환경행태연구는 건축학교의 교육 커리큘럼에 포함되어 건축설계를 위한 기본지식으로 교육되고 있다.

환경행태연구는 심리학, 사회학, 인류학, 지리학 등을 바탕으로 환경심리학, 도시사회학, 도시인류학 등의 학문 분야를 개척하며 건축가와 환경디자이너에게 필요한 개념들을 제안하기 시작했다. 논의하게 될 Proxemics, 방어공간, 범죄예방 환경설계(CPTED), 길찾기(Wayfinding) 등의 개념은 건축과 도시계획 분야의 주요한 환경행태연구 주제들이다. 환경행태연구의 결과로 만들어진 주요 개념들은 건축설계 프로그래밍과 계획과정 중에 검토되며, 건물 사용 이후에도 이용자의 거주후평가(POE; Post Occupancy Evaluation)로 수정되고 다시 다음 설계에 반영되는 과정을 반복한다.

---

1) EDRA(Environmental Design Research Association), https://www.edra.org/

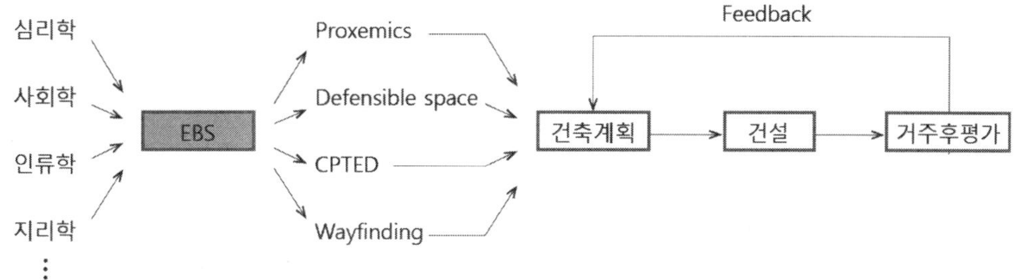

그림 1 인간행태연구 시스템

2. 거리와 행동(Proxemics)

문화인류학자 Edward T. Hall(1914-2009)이 1963년 제창한 이론으로 거리에 따라 인간 사이 반응특성을 환경과 문화적인 변수로 구분해 이해하는 개념이다.[2)]

'친근거리(Intimate space)'는 가장 가까운 거리 단위로 약 46cm 이하의 범위에 해당한다. 연인, 가족, 친한 친구 사이에서 포옹, 접촉, 속삭임 등 친밀한 행동을 허락할 수 있는 거리이다. 친근거리는 환경적 상황에 의해 예외적으로 변하기도 하는데 엘리베이터, 지하철, 만원버스 안에서는 일반적으로 침범이 인정되는 구조이다.

'개인거리(Personal space)'는 46cm~1.2m 사이의 거리로 개인의 영역을 이루는 공간단위라 할 수 있다. 동물의 경우 이 거리가 지켜지지 않으면 방어와 함께 공격행동도 목격된다. 인간에게는 안정과 프라이버시가 확보되는 거리로, 이 거리 이내로 친하지 않은 타인이 접근하게 되면 심리적 불안과 정서적 혼란을 느끼게 된다. 이때 거리는 주로 시각적으로 전면을 중심으로 측정되기 때문에 옆과 등 뒤는 다르게 적용된다.

'사회적 거리(Social space)'는 1.2m~3.6m에 해당하며 공적인 상호작용이 관찰되는 거리이다. 다시 세분해 Edward T. Hall은 1.2m~2.1m는 사회적인 모임에서 관례적인 거리이자 같이 일하는 사람들에게 일반적인 거리로 정의하고, 2.1m~3.6m는 낯선 사람들끼리 사용하는 거리로 분류했다. 손님 대기실을 계획할 때 3m 거리에서는 근무자가 방문자를 신경쓰지 않고 일해도 무례하게 생각되지 않는다. 따라서 대기실 안내 데스크는 방문자 대기 좌석으로부터 이 범위 이상으로 떨어뜨리는 것이 좋다.

'공적 거리(Public space)'는 3.6m 이상에 해당한다. 이 거리에서는 아는 사람을 지나칠

2) 'The Silent Language(1959)', 'The Hidden Dimension(1966)'

수 있을 정도로 비개입이 시작되는 거리이다. 따라서 비개입을 위해서는 출입구와 통로가 3.6m 이상 떨어지게 설계하는 것이 좋다.

거리에 따른 인간의 반응특성은 문화적 차이에 의해 달라지기도 해서 타 문화권의 건축공간을 설계할 때는 이러한 측면을 고려하는 세심한 배려가 필요하다. 동양문화권과 서양문화권 또는 이슬람문화권 거리개념이 서로 다르게 작용하기 때문이다.

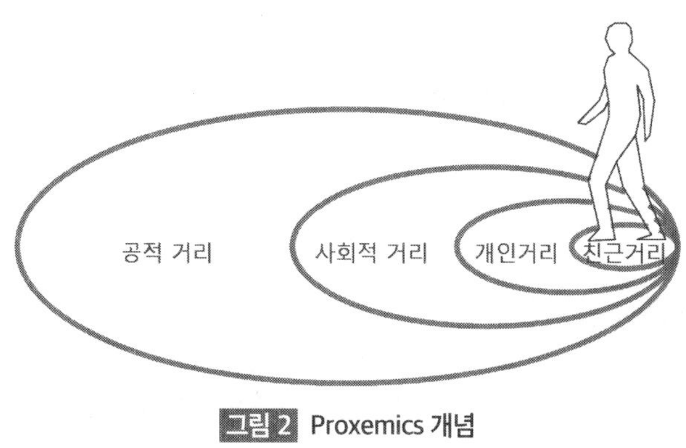

그림 2 Proxemics 개념

3. 방어공간(Defensible space)

'방어공간(Defensible space)' 용어는 건축가이자 도시계획가로 활동했던 Oscar Newman (1935-2004)으로부터 기인한다. 1972년 출판한 'Defensible Space'에서 뉴욕 고층빌딩 지역이 저층 주거지역보다 범죄율이 높다는 주장을 펼쳤으며[3], 1975년 펴낸 'Design Guidelines for Creating Defensible Space'에서는 방어공간에 관한 구체적인 설계기준을 제시하였다. 건축공간을 볼 수 있고 보일 수 있게 설계해 잠재적인 범죄를 줄이도록 해야 하며, 영역성을 강화해서 범죄가 일어났을 때도 주민이 개입할 수 있도록 해야 한다는 것이다. Oscar Newman이 주장한 개념은 '범죄예방환경설계(CPTED)'을 비롯해 건축과 도시공간 설계에 광범위하게 적용되고 있다.

인간은 자신에게 속한 재산과 소유물을 남으로부터 지키려 애쓴다. 개인이 소유하는 영역은 관리되고 방어되며 침해되었을 경우 적극적인 개입이 나타난다. 내 공간이 남에 의해 점유되는 것을 허용하지 않는 것은 자신의 소유물로 인식하기 때문이다. 건축공간을 계획

3) Oscar Newman의 주장에 대해 곧 반론이 제기되었다. 고층과 저층의 물리적 환경보다는 중산층 저층 주거지와 서민층 고층아파트단지 등 그 지역에 사는 거주자의 경제적 상황 때문이라는 이유다.

할 때에는 개인의 소유물과 영역을 보호하는 방식으로 설계해야 한다. 따라서 개인의 영역이 구별되도록 표시할 필요가 있다.

공원 벤치처럼 일시적으로 소유되는 영역이라 할지라도 각 개인에게 할당된 공간의 경계가 분명하도록 디자인하여야 한다. 모호한 경계는 분쟁을 일으킬 소지가 있으므로 공유되는 것과 소유되는 것 사이의 경계도 명확히 나타낼 필요가 있다. 경계는 담장 등 명확한 물리적 구조물로 설정할 수도 있지만, 시각적 부담을 수반하는 담장보다는 심리적으로 작동하는 경계가 만들어지도록 공간을 설계하는 것이 낫다. 출입문을 설치하거나 재료와 색채를 달리하는 것도 경계를 만드는 방법이다.

주어진 장소에 집단이 갖는 영역감은 공유영역을 방어하고 특성을 유지하는데 매우 중요하다. 장소에 대한 정체성을 느끼는 집단은 그 장소를 오용과 파괴로부터 보호하기 때문이다. 매우 넓은 영역을 대상으로 계획할 경우 영역성을 확보할 수 있도록 작은 공간단위로 나누는 것이 바람직하다. 빈 건물과 대지 등 누구에게도 속하지 않는 공간은 훼손되기 쉬우므로 'No man's land'가 만들어지지 않도록 설계해야 한다.

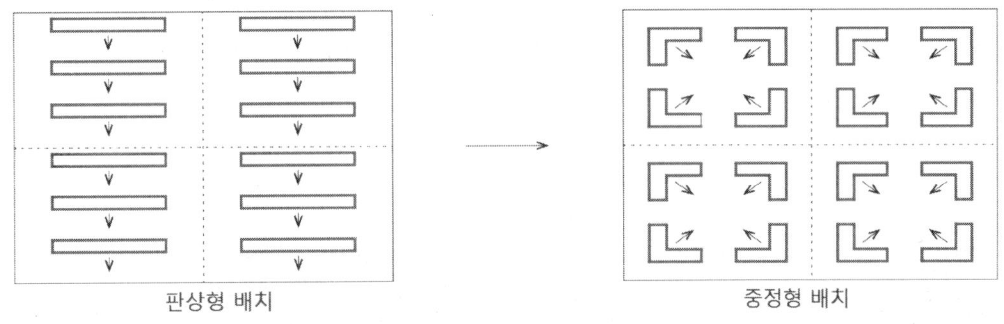

그림 3 영역성을 강화하는 주동 배치

4. 범죄예방환경설계(CPTED)

'범죄예방환경설계(CPTED)'은 도시공간의 물리적 환경을 범죄로부터 방어적인 구조로 설계해 범죄와 범죄피해에 대한 공포심을 차단하거나 감소시켜주는 방법을 말한다. 심리학, 범죄학, 환경디자인, 건축설계 등 다학제적 접근으로 공간환경을 범죄예방의 관점으로 다룬다. 1971년 범죄학자 C. Ray Jeffery(1921-2007)가 출간한 'Crime Prevention Through

Environmental Design'을 통해 용어화되었다. Oscar Newman의 '방어공간'과 같은 시기 비슷한 내용으로 연구되었는데 Ray Jeffery의 개념이 생물학과 심리학을 포함하는 포괄적 주제를 다루지만 Oscar Newman의 이론은 좀 더 건축환경에 초점이 맞춰져 있다.

이들은 모두 1960년대 도시 주거지역의 범죄예방 설계에 관심을 두고 연구한 Elizabeth Wood(1899-1993)[4], 1961년 'The Death and Life of Great American Cities'라는 책으로 도시범죄를 줄이는 설계전략을 제시한 Jane Jacobs(1916-2006)[5], 1968년 'Discouraging Crime Through City Planning'이라는 박사학위 논문을 발표했던 Schlomo Angel의 선행연구들에 영향을 받은 것으로 알려져 있다.

우리나라는 1990년대에 CPTED 개념이 소개된 이후 2000년대부터 각종 도시개발사업에 CPTED를 권고하는 지침이 적용되는 등 정책 추진이 본격화했다. 행복도시건설청은 2007년부터 생활권 지구단위계획 시행지침에 CPTED를 추가하였으며, LH공사는 2011년부터 '범죄예방기법 설계적용 사례집'과 가이드라인을 발간하고 LH가 운영하는 공동주택 사업에 적용하고 있다. 2010년에는 '한국셉테드학회'가 창립해 학술연구와 CPTED 인증사업을 운영하고 있다.

범죄예방환경설계는 1983년 R. E. Moffatt가 종합하고 도식화한 여섯 가지 원칙인 자연감시(Natural surveillance), 접근통제(Access control), 영역성(Territoriality), 활동성 고무(Activity support), 표적 강화(Target hardening), 유지관리(Maintenance) 개념을 널리 적용하고 있다.[6]

권장 보행동선과 인접하고 주동에서 잘 보이는 곳에 배치된 놀이공간

지양 단지 내 고립되어 배치된 놀이공간

그림 4 CPTED 사례(세종시 범죄예방 환경설계 가이드라인, 2019)

---

4) 17년 동안 시카고 주택청에 근무하며 도시주거 범죄문제에 자연감시를 염두에 둔 설계를 강조했다.

5) 도시사회학자로 주민 상호작용을 고무하는 영역성 확보, 용도의 다양성, 보행중심 도로구조 등을 주장했다.

6) R. E. Moffatt(1983), Crime Prevention Through Environmental Design, Canadian Journal of Criminology, v. 25.

'자연감시(Natural surveillance)'는 자연적인 감시체제를 확립해 범죄자의 범죄 의지를 좌절시키고 주민의 심리적인 안전을 꾀하는 전략을 말한다. 자연감시가 가능하도록 보행로, 주차장, 어린이놀이터 등을 인근 주거의 창문에서 보이도록 계획하거나 담장이 오히려 자연감시를 어렵게 하므로 투시 가능한 구조로 하는 등이 이에 해당한다.

'접근통제(Access control)'는 영역을 분명하게 구별함으로써 잠재적인 범죄 기회를 제한하는 전략이다. 허가받은 사람은 일정한 공간으로 유도하고 그렇지 않은 사람은 출입문, 담장, 조경 등으로 차단하여 범죄목표물에 대한 접근을 어렵게 만드는 것이다. 출입구를 입주민과 방문객으로 구별하거나 통제가 쉽도록 하나로 제한할 수도 있다.

'영역성(Territoriality)'은 일정 영역에 대해 소유자가 관리하고 방어할 수 있도록 심리적 권한을 부여해주는 것을 말한다. 지역주민이 자유롭게 이용하거나 점유할 수 있는 소유권을 확보해주는 것은 침입자에 대해 적극적으로 대응할 수 있는 의지를 만들어줌과 동시에 낯선 자가 쉽게 구분될 수 있는 환경을 유지하게 한다.

'활동성 고무(Activity support)'란 사람들의 활발한 이용을 유도하고 자극함으로써 자연스러운 감시를 강화하고 안전하게 느끼도록 하는 것이다. 공원과 광장 등 여러 사람이 이용하는 공공공간은 특정 계층 사람들이 전용하기보다는 모두가 시간대별 또는 영역별로 공동으로 이용할 수 있도록 놀이시설이나 휴게시설 등을 이용 계층 맞춤형으로 구성하고 다양한 행사 개최가 가능할 수 있도록 한다.

'표적 강화(Target hardening)'는 범죄대상물에 대해 보안을 강화하는 장치를 설치함으로써 범죄 기회를 억제하는 것을 말한다. 잠금장치를 보강하고 방범창을 설치하는 일 등이 이에 해당한다. 방범문이나 보안등 등 하드웨어를 우선 적용하되 CCTV 운용은 대표적인 표적 강화에 해당하지만, 건축설계 방법으로 처리하는 것이 먼저다.

'유지관리(Maintenance)'는 시설물이나 공간을 지속해서 깨끗하고 안전하게 관리함으로써 사용자의 일탈을 막아 범죄를 예방하는 효과를 뜻한다. '깨진 창문이론(Broken windows theory)'[7]은 이를 잘 설명한다. 빈집처럼 관리를 안 하는 듯한 인상을 주는 공간은 무질서와 범죄 발생 가능성이 큰 장소로 전락할 수 있다.

---

7) 1982년 사회과학자 James Q. Wilson과 George L. Kelling에 의해 소개된 개념으로 깨진 창문을 내버려 두면 점점 더 무질서한 환경이 만들어지고 결국은 범죄로 연결된다는 주장이다. 깨진 창과 낙서는 잠재적 범죄자들에게 무질서와 불법이 허용된다고 믿게 만든다.

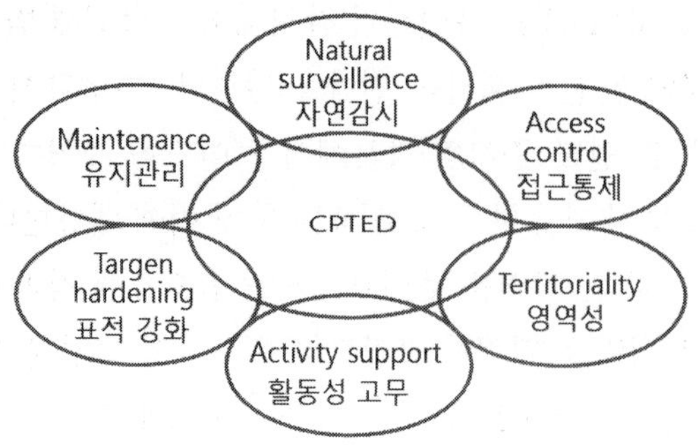

그림 5 CPTED 개념(R. E. Raffatt, 1983)

5. 길찾기(Wayfinding)

'길찾기'는 인간이 공간을 인지하는 원리에 바탕을 두고 있어서 혼란스러운 환경을 만들어서는 안 되기도 하지만, 호기심과 흥미로 공간을 체험하는 과정이기도 하다. 내비게이션으로 목적지를 찾아가는 방식이 보편화한 세상이지만 여전히 복잡한 도시공간 속에서 건축이 제공하는 정보를 이용해 쉽게 길을 찾을 수 있도록 설계하는 일은 중요하다. 내비게이션 없이 길을 찾아야 하는 상황을 염두에 두어야 하고 점점 더 큰 규모로 복잡해지는 도시와 건축공간에서 의도하는 장소를 쉽게 찾기 위해서는 적절한 물리적 정보를 이용할 필요가 있다. 영화관과 공연장을 비롯해 많은 사람이 한꺼번에 빠져나가거나 대피해야 하는 공간에선 신속한 '길찾기'는 절대적이다.

Kevin Lynch(1918-1984)는 1960년 도시를 인지하는 이미지 구조에 관한 책 'The Image of the City'를 출판했는데, '길찾기' 연구의 선구적 작업으로 꼽힌다. 도시 이미지를 구성하는 5가지 요소인 Node, Edge, Path, District, Landmark는 '길찾기' 관점의 공간설계에도 적용할 수 있는 유용한 관점이다. 건축가이자 환경심리학자인 Romedi Passini(1939-)는 1984년 '길찾기'가 공간 안에서 문제를 해결해가는 동적 과정임을 주장하는 'Wayfinding in Architecture'를 발표함으로써 '길찾기' 개념을 확립했다. '길찾기(wayfinding)'는 결국 물리적 환경에서 인지지도(cognitive map)[8]을 이용해 목적지에 가기 위한 계획과 실행으로 정의할 수 있다.

---

8) 'Cognitive map'은 1948년 Edward Chace Tolman(1886-1956)이 미로 속의 쥐가 공간 배치를 학습하는 과정을 연구한 'Cognitive maps in rats and men'을 펴냄으로써 알려졌다.

Romedi Passini가 길찾기 정보로 사인, 지도, 묻기, 건축공간이 중요하다고 하였지만, Jerry Weisman[9]은 건축적 가독성 측면을 강조하며 사인체계, 평면구성, 건축적 차별성, 시지각적 접근성 등을 길찾기의 중요한 요소로 꼽았다. 길찾기와 관련한 요소 중에서 건축가로서 중요하게 취급해야 할 것은 건축공간이 제공하는 정보이다. 건축공간 구성방식이 만들어 내는 열리고 닫히는 연속적 과정을 적절하게 배치함으로써 복잡한 공간 속에서 쉽게 의도하는 방향과 목적지를 찾을 수 있도록 설계하여야 한다. 실내공간에서는 특히 방위, 지형지물, 랜드마크 등 실외환경이 제공하는 정보를 접하기 어려우므로 바닥에 방향 표시를 하는 등 길찾기를 위한 특별한 전략이 필요하다.

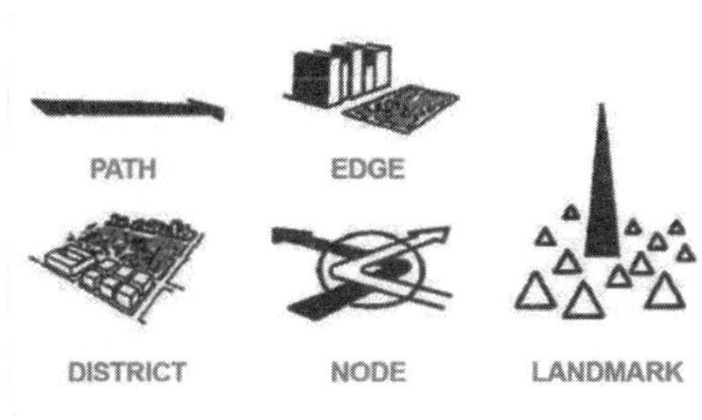

그림 6 Kevin Lynch의 도시 이미지 구성요소

그림 7 바닥 방향 표시 사례

6. 거주후평가(POE)

건물을 지어 일정 기간 살아본 다음 계획 당시의 의도와의 차이를 평가해 추후 설계의 참고자료로 삼는 과정을 '거주후평가(Post Occupancy Evaluation)'라고 한다. 1960년대부터 스코틀랜드와 미국에서 시작되었다고 알려져 있는데, 환경행태연구(EBS)에 관한 시대적인 관심 속에서 정립되고 체계화되었다고 볼 수 있다. 정신병원 환자를 대상으로 환경변화와 사회적 행동 간의 반응을 연구한 정신과 의사 Humphry Osmond(1917-2004)의 작업, 'Personal Space: The Behavioral Basis of Design (1969)'의 저자 Robert Sommer(1929-2021)의 연구, 'Proxemics'로 잘 알려진 Edward T. Hall의 저서, 'Defensible space'를 주장한 Oscar Newman

9) Jerry Weisman은 1981년 'Evaluating Architectural Legibility: Way-finding and the Built Environment, Environment and Behavior'라는 책을 출판했다.

의 활동에 더해 Christoper Alexander(1936-1922)의 책들은[10] POE 개념을 구체화했다.

'사용자는 어떤 건축가보다 자신의 요구사항에 민감하다.'라는 전제 아래 Christoper Alexander는 건축가가 자신의 디자인 언어를 사용자에게 강제하기보다는 사용자의 반응을 살펴 설계과정 중 조정이 필요함을 역설하면서 각각의 상황에서 발생할 수 있는 예견된 행태를 'Pattern language'라는 이름으로 유형화했다. 8년 동안의 관찰과 실험의 결과라고 밝히며 설계를 위해 참고해야 할 관점들을 도시, 건축, 시공으로 구분하고 전체 253개의 패턴으로 나눠 정리한 것이다. 예를 들어 건축 부문 133번 '무대로서의 계단(Staircase as a stage)'에선 계단이 단순히 위층과 아래를 연결하는 도구가 아니라 그 자체 공간으로 역할 하므로 첫 네다섯 단은 앉을 수 있도록 넓히는 등 적극적으로 활용하라고 주장하는 식이다.[11]

거주후평가가 필요한 상황은 현실에서 자주 목격된다. 주민이 이용하는 여러 시설이 복합화한 커뮤니티센터의 경우 체육시설의 소음이 중정을 통해 도서관으로 전달되는 일도 있으며, 애써 설계한 옥상정원이 안전과 관리의 어려움으로 인해 접근을 통제하는 사례도 있다. 현재 거주후평가 관련해 적용하고 있는 법규나 규정은 없으나 여러 연구를 통해 중요성이 강조되고 있고 공공기관이나 지자체 단위로 관련한 사업 또는 정책을 추진하는 사례는 늘고 있다.

그림 8 계단 구성 Pattern

그림 9 POE 사례(세종시 복합커뮤니티센터)

10) Notes on the Synthesis of Form(1964), Houses Generated by Patterns(1969), A Pattern Language: Towns, Buildings, Construction(1977) 등.

11) Christopher Alexander(1977), A pattern language, Oxford university press, p.639.

2장 | 건축환경과 인간행동

이 장에서는 인간 활동을 담는 각각의 특성 공간을 설계할 때 유의해야 하는 참고점들을 가이드라인의 형태로 살펴보게 된다. 우선 인간의 특질을 명쾌하게 정의한 Abraham Maslow의 욕구단계론을 알아보고, 이를 기준으로 주거공간, 상업공간, 업무공간, 외부공간 등에 대해 각각의 공간은 욕구단계론에 근거해 어떻게 설계해야 하는지를 다루었다.

1. 욕구단계론(Maslow's hierarchy of needs)

동물적 속성을 가지면서 만물의 영장인 인간은 생존과 번영을 위해 진화의 과정을 거듭하는 동안 특유의 기질을 발전시켰다. 심리학자 Abraham Maslow(1908-1970)[12]는 인간의 욕구가 중요도별로 일련의 단계를 형성한다고 주장했다. 하위에 있는 욕구가 충족되면 다음 단계에 해당하는 욕구를 만족시켜야 하고 이를 달성하면 다시 다음 단계의 욕구가 채워지기를 열망하는 구조를 설정한 것이다.

가장 밑바닥에 있는 원초적인 욕구가 '생리욕구(Physiological needs)'인데 생명을 유지하는 원동력으로, 의, 식, 주, 배설, 성욕 등을 말한다. 생리욕구가 충족되면 위험과 불안을 피하려는 '안전욕구(Safety needs)'가 나타나며, 그다음 단계는 사랑하고 사랑받으려는 '소속감과 애정욕구(Belongingness & love needs)'가 등장하는데 친교를 맺고 소속감을 느끼고 싶어 하는 갈망을 뜻한다. 다음 단계의 '존경욕구(Esteem needs)'는 남을 존중하고 존중받고 싶어 하는 욕구이고, 그다음 최상위 단계는 자기의 능력을 최대한으로 발휘하려는 '자아실현욕구(Self-actualization needs)'이다. 생리, 안전, 애정욕구와 같이 하위에 있는 욕구는 한 번 충족되면 더는 동기로 작용하지 않는 '결핍욕구(Deficiency needs)' 속성을 가짐에 비해, 존경과 자아실현 욕구는 충족될수록 증대되는 '성장욕구(Growth needs)'에 해당한다고도 분류했다.

Maslow의 욕구단계론은 사회학, 광고, 디자인 등 인간의 욕구를 전제로 하는 다양한 분야에서 광범위하게 인용되는데, 인간을 위한 공간을 설계하기 위해서도 인간의 적절한 욕구 파악이 우선되어야 한다. 건축설계도 인간생활의 다양한 욕구를 담아내야 하기에 욕구단계론의 관점으로 공간설계의 수요를 파악하고 점검할 필요가 있다.

이들 다섯 가지 욕구 중 공간계획과 관련이 적을 것으로 판단되는 생리욕구와 자아실현욕구를 제외하고 안전, 애정, 존경 욕구의 관점으로 가장 빈번한 설계가 이루어지는 주거공간, 업무공간, 모임공간, 쇼핑공간, 외부공간을 대상으로 인간욕구를 대입하여 설계 시 유의해야 할 사항들을 살펴보도록 한다.

12) Abraham Maslow는 1943년 학술지 Psychological Review에 발표한 논문 'A theory of human motivation'에서 욕구단계론을 언급했으며, 1954년 저서 'Motivation and Personality'에서 이론화했다.

그림 10 Abraham Maslow 욕구단계론

2. 주거공간

1) 안전욕구

주거공간 내에서 안전은 신체적 안전과 심리적 안전으로 구분한다. 신체적 안전은 인간이 접촉하는 모든 대상에 대해 위험성 여부를 판단하는 일로 확인할 수 있다. 날카로운 모서리나 돌출물에 의해 다치는 사고가 발생하지 않도록 건축물의 재료나 형태를 선택해야 하며, 특히 어린이와 노약자의 행동 특성에 세심한 고려가 필요하다.

수직 이동을 위한 계단과 떨어질 염려가 있는 장소에는 난간을 적절하게 설치해야 한다. 관련 규정은[13] 난간 높이를 바닥면에서 120cm 이상, 건축물 내부계단 난간은 90cm 이상, 난간 칸살 폭은 안목치수 10cm 이하로 정하고 있다. 실내 바닥은 미끄럽지 않은 재료를 사용해야 한다. 욕실 바닥은 청소 편의를 위해 자기질 타일을 많이 사용하고 있는데, 물이 뿌려졌을 경우 미끄러질 위험이 있으므로 재료선택에 주의해야 한다. 실내공간 바닥에 주로 사용하는 폴리염화비닐 장판도 물기가 있을 경우나 양말을 착용했을 때 미끄러운 재료로 변할 수 있다. 경제적이고 편리하다는 이유로 선택하는 각종 화학물질이 포함된 건축재료도 화재 또는 일상생활에서 인간의 건강을 위협할 수 있으므로 신중하게 선택해야 한다.

주거공간 내 심리적 안전은 범죄예방환경설계(CPTED) 관점에서 살펴볼 수 있다. 단독주택단지와 공동주택단지는 자연적인 근린감시, 접근통제, 영역성 확보가 가능하도록 계획하여야 한다. 출입구는 이웃이나 지나가는 사람에 의해 보일 수 있도록 계획하여 잠재적 범죄

---

13) '주택건설기준 등에 관한 규정' 제18조(난간)

자의 범죄의지를 꺾어야 한다. 자연감시가 어려운 장소에는 차단기 등 외부인의 접근을 통제하는 장치를 마련하거나 보안등과 CCTV 등 기계적 감시가 가능하게 한다. 주동 배치는 일정 단위로 묶어 외부공간을 중심으로 영역성이 확보될 수 있도록 설계하여야 한다. 영역성은 담장과 식재 등으로 경계를 설정하거나 공동 주거단위별 별도 출입구 마련, 문주(門柱) 설치, 차별화한 디자인으로 정체성을 만드는 방법으로 강화할 수 있다. CPTED의 활동성 고무를 위해 이웃관계를 형성하는 단위마다 활발한 주민활동을 북돋울 수 있는 장치와 공간도 마련한다.

그림 11 주거단지 입구 CPTED(세종시 범죄예방환경설계 가이드라인, 2019)

2) 애정욕구

애정욕구 또는 사회적 욕구는 이웃과의 친교를 형성하는 모습으로 구현된다. 도시가 제공하는 익명성이 편리할 때도 있지만, 여전히 친밀한 이웃과의 관계는 자연감시와 영역성을 보장해 줄 뿐만 아니라 인간이 갖는 근원적 애정욕구를 충족시켜 줄 중요한 요소이다. 적절한 공간 배치와 교류를 돕는 시스템은 층간소음 문제 등 이웃 간의 마찰을 줄일 수 있고 다양한 도시문제를 치유할 수도 있다.

이웃 간 친교 형성을 돕는 공간계획은 즐겁고 유익한 접촉의 기회를 늘리는 방향으로 이루어져야 한다. 대규모 공동주택 단지는 작은 집합단위로 분절해 계획하고 출입구 주변으로는 맘스라운지[14]나 티하우스 같은 서비스와 휴게시설을 배치하는 것이 좋다. 우편함과 게시판을 주동 출입구 근처에 배치하고 이웃과 담소를 나누거나 자연스러운 모임이 가능하도록 공간과 편의시설을 계획한다. 단지 내에서 어린이를 매개로 접촉이 많은 특성을 이용하여 어린이 놀이터는 주거에서 관찰할 수 있는 범위에 배치하고 놀이터 주변으로 벤치 등 동반자끼리 교류할 수 있는 시설도 고려한다.

---

14) 'Mom's lounge'는 어린이 보호자를 위한 공간으로 유치원 등원과 퇴원 시간대 기다림과 교류의 공간으로 쓰인다.

3) 존중욕구

남을 존중하고 남으로부터 존중받을 수 있는 욕구는 주거공간에서 프라이버시 확보의 형태로 나타난다. 단위주거 내에서도 적절한 프라이버시 확보를 위해 부부영역을 다른 영역과 분리하고, 때에 따라서는 부부 사이에도 서재 또는 규방의 형태로 독립적인 칩거공간을 마련해 줄 수 있다. 과거 우리 주거는 동선 배분의 거점으로 큰 거실을 중앙에 배치하고 개별 실들을 이에 연결하는 방식을 선호하였으나, 점차 프라이버시 확보에 비중을 두는 방식으로 진화함에 따라 여러 작은 방들을 공간연출 개념으로 배치하는 현상이 일반화하고 있다.

개별 주거의 프라이버시가 확보될 수 있도록 인동간격이 충분히 멀어야 하지만, 그럴 수 없을 때는 배치방법, 수목 식재, 구조물, 덧창, 블라인드, 커튼 등을 활용해 공간을 적절히 구획한다. 시각적 뿐만 아니라 청각적, 후각적으로도 프라이버시가 보장될 수 있도록 필요한 설비와 시스템이 갖추어져야 한다.

그림 12 주거단지 출입구 옆 맘스라운지

그림 13 주거단지 중심 티하우스

3. 업무공간

1) 안전욕구

전통적인 업무공간 설계는 동작치수에 근거한 공간구성과 효율적인 동선 배분을 전제로 기능성을 극대화하는 방향으로 진행되었다. 정부는 학교시설을 비롯한 공공건축물에 동작치수 기반 모듈개념이 적용된 표준설계 기준을 운영해왔는데, 여기에는 기본적으로 물리적 안전에 대한 고려가 반영되어 있다. 업무공간에서 심리적 안전과 가장 가까운 안전욕구 개념은 영역성이다. 영역성은 공간에 대한 책임의식을 바탕으로 안전하고 청결하게 유지할 뿐만 아니라 심리적으로도 안정적인 느낌을 보장한다.

영역성은 업무공간 안에서 분명하게 경계를 설정함으로 만들어진다. 단위조직의 출입문에는 호실과 부서 명칭을 알리는 표지판을 설치할 뿐만 아니라 별도의 장식이나 사인물을 부착해서 외부인이나 부서원에게 고유의 영역임을 표현할 필요가 있다. 단위부서 내에서는 팀을 위한 공간단위를 명쾌하게 설정해야 하고 개별 팀원의 영역도 칸막이 등으로 구분해야 한다. 공공기관 등 외부 민원인과 공유해야 하는 시설을 설계할 때에는 출입구를 분리하거나 별도의 게이트를 설치해 운영할 수도 있다. 복합시설 공간도 어린이를 어른 영역과 분리하거나 주간에 사용하는 영역과 야간영역을 따로 하고 그룹화하여 관리의 편리함과 만약의 범죄로부터도 안전하도록 계획한다.

2) 애정욕구

업무공간에서 애정욕구는 부서별 친교 형성을 쉽게 하는 공간설계로 확보한다. 조직은 보통 12명(분대 단위) 내외로 편성하고 최대 35(소대 단위)명을 넘지 않는 것이 소속감 형성을 위해 바람직하다고 한다. 부서 사무실 출입구 근처에 게시판을 설치함으로써 업무상 필요한 정보를 제공할 뿐만 아니라 자연스러운 부서원 간 접촉을 고무할 수 있다. 공동으로 자주 사용하는 기기나 비품은 모임장소 근처에 배치한다. 회의실처럼 회합을 위한 독립된 공간뿐만 아니라 비공식적인 의견교환 등으로 모일 수 있는 장소가 업무 자리에서도 만들어지도록 가구를 배열한다.

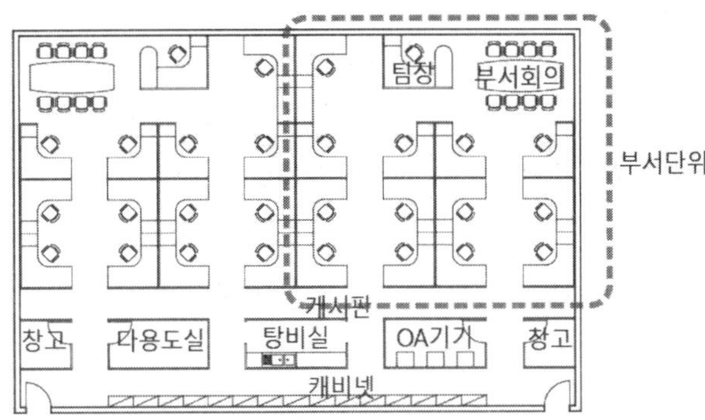

그림 14 전통적 업무공간 배치 예

그림 15 Open plan 공간(Johnson & Wax)

3) 존중욕구

업무공간 내 자존감은 프라이버시 확보로 담보된다. 좌석 배치는 다가오는 사람을 마주하도록 함으로써 타인 접근상황을 심리적으로 통제할 수 있도록 한다. 출입문 근처에 고객 대기공간과 회의실을 배치해 내부 구성원의 업무와 프라이버시가 존중되도록 한다. 내부 칸막이는 갇힌 느낌을 주지 않으면서도 프라이버시를 보장할 수 있어야 한다. 전면적인 칸막이 도입보다는 모니터와 식물 등을 활용하여 시각적으로 차폐하는 것이 자연스럽고 열린 느낌을 가능하게 한다. 시각적 뿐만 아니라 청각적으로도 프라이버시가 지켜질 수 있도록 공간배치와 건축재료 선택에 유의한다. 가족사진 부착, 애장품 설치 등 공간의 개인화를 위한 수단을 제공한다. 독자적으로 잠글 수 있는 수납공간을 마련해 주고 조명과 난방도 개별적으로 조절할 수 있도록 배려한다.

4) 업무공간의 변화

업무공간은 'Open plan'[15)]과 동작치수 개념을 바탕으로 발전했다. 우리나라는 1981년 '정부청사관리규정시행규칙'으로 사무실 면적을 사용인원수로 나눈 1인당 업무면적 $5m^2$로 정했다가 1994년부터는 $7m^2$로 상향했으나 선진국과 비교해 낮은 형편이고, 업무환경의 변화와 복지 및 휴식에 대한 시대적 수요가 증가함에 따라 행정중심복합도시 정부청사 건설 과정 중 2013년에 착수한 연구로 새로운 기준을 마련했다.[16)]

15) 칸막이를 최소화해 넓고 개방된 사무공간을 구성하는 방식으로 1900년대 초에 등장해 1960년대까지 인기를 끌었다가 포스트모더니즘과 함께 프라이버시와 소음 문제로 퇴조하다가 최근 개방감과 소통이 강조되면서 다시 주목받고 있다.

16) 한국건설기술연구원, 업무시설 적정 공간면적 설계기준 개발 연구, 2013.

근래 들어 인체 동작 치수를 근거로 한 자리 배치와 기능적 동선 배분에 의한 부서별 공간구성의 공식이 깨지고 전혀 새로운 형태의 업무공간 배치가 실험되고 있다. 전통적 오피스 개념으로부터 탈피해 업무의 성격과 구성원의 변화에 따라 유연한 공간과 배치를 제공하는 방식으로 변화하고 있다. 개인별 칸막이는 점점 약화하는 대신 개인공간의 크기가 커지고 있으며 서서 업무를 처리할 수 있는 시스템 가구도 등장했다. 자리가 정해지는 것이 아니라 무선 정보통신환경을 바탕으로 어느 공간에서도 작업이 가능한 방식도 도입되고 있다. 자율 좌석제, 워크스테이션, 친환경, 개인 맞춤형 공간, 식사와 간식 제공, 휴식과 여가 공간 제공 등 시대적 요구에 부응하는 업무공간이 여러 곳에서 시도되고 있다.

그림 16 유연한 업무공간 구성(한국타이어)

그림 17 상하층 이동가능 내부계단(아모레퍼시픽)

4. 모임공간

1) 안전욕구

회의실, 강의실, 공연장 등 모임공간은 많은 사람이 한꺼번에 집중하는 공간이기 때문에 화재 등 재난상황이 발생했을 때 신속히 대피할 수 있는 구조로 설계하여야 한다. 피난동선은 명쾌하면서 최단 거리를 유지하도록 계획한다. 건축법은 거실의 각 부분으로부터 계단에 이르는 수평거리를 원칙적으로 30m 이하가 되도록 하고, 수직 통로는 피난층 또는 지상층까지 직접 연결되는 '직통계단'을 적용하도록 규정하고 있다.[17] 건축재료는 화재에 잘 견디는 내화구조로 시공하여야 한다. CPTED 관점에서 출입구는 최소화하고 출입 통제장치

17) 건축법시행령 제34조(직통계단의 설치). 거실로부터 직통계단에 이르는 거리가 원칙적으로는 30m 이하가 되도록 규정하고 있으나, 주요구조부가 내화구조나 불연재료로 된 건축물은 50m 이하, 스프링클러 등 자동식 소화설비를 설치한 공장은 75m 이하, 무인화 공장은 100m 이하로 완화해 적용한다.

또는 경비실 관리가 가능하도록 운영한다.

회의나 행사가 열리는 모임공간에서 명확한 의사전달은 참석자를 혼란에 빠뜨리지 않고 안정적으로 모임에 참여할 수 있는 바탕이 된다. 공간설계와 가구 배치는 모임의 성격과 예상되는 상황에 맞도록 계획하여야 한다. 회의공간에서는 회의가 진행되는 동안 모든 참석자가 다른 사람의 얼굴을 확인할 수 있어야 한다. 작은 회의실은 원형 테이블이나 사각 테이블을 사용하지만, 긴 회의실의 경우 모서리에 있는 사람도 보일 수 있도록 타원형 테이블을 배치하는 것이 좋다. 조명은 천장 중앙에 배치함으로써 주변부 조명 때문에 참석자 얼굴에 그림자가 드리워지는 현상을 피해야 한다.

일반적으로 원형 테이블은 지름이 1.8m일 때 6~7명을 수용하고, 지름이 3m인 테이블은 10~12명을 수용할 수 있다. 발표가 있는 회의는 참석자들이 발표자와 스크린을 번갈아 바라볼 수 있어야 하므로 발표자 방향으로 말굽형 테이블을 배치하는 것이 바람직하다. 참석자 간의 머리 간격이 6m가 넘으면 말소리가 잘 들리지 않을 수 있으므로 마이크를 준비할 필요가 있다. 여러 열로 자리를 배열해야 할 때 후면에 배치하는 좌석은 앞자리 참석자에 의해 가려지지 않도록 바닥을 높여야 한다. 큰 회의실이나 강의실은 잔향에 의한 메아리 현상으로 회의가 방해받지 않도록 음반사가 없는 마감재료를 선택하고 잔향 시간이 적도록 공간을 설계한다.

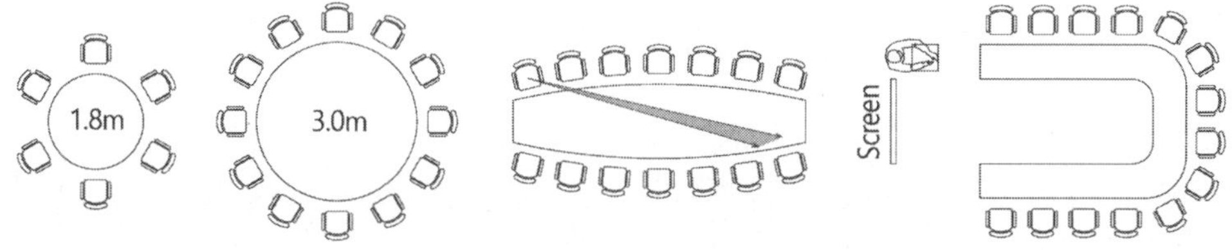

그림 18 회의용 테이블 배치

2) 애정욕구

모임공간이야말로 애정욕구를 최대한 수용할 수 있는 환경으로 조성할 필요가 있다. 친교 형성 또는 이벤트를 위한 모임장소는 복도, 계단, 엘리베이터 홀 등 사람이 많이 모이는 곳이나 동선 흐름에 연결해 배치함으로써 자연스러운 만남이 잦아지도록 한다. 업무의 연장선에서 간단한 강의나 파티 등의 소규모 행사를 위한 장소는 복도 끝 엘리베이터 홀 등 동선의 결절점과 인접해 배치한다. 소음 등의 이유로 공간을 구획할 필요가 있을 때도 이벤트 내용이 보일 수 있도록 벽은 투명한 구조로 한다.

모임장소는 모임의 성격에 따라 공간구조, 건축재료, 가구 등이 서로 어울리도록 계획한다. 바닥은 모임의 종류를 구분해 강의가 이루어지는 공간에는 소음을 줄이고 흡수할 수 있는 카펫을, 이벤트 공간에는 활발한 활동을 북돋울 수 있도록 나무 마루판 등 친근한 재료로 마감하되 유기적인 형태 등 동적인 분위기를 암시하는 디자인으로 계획한다. 가구도 강의공간에는 사각형 테이블을 배치하고 이벤트 공간에는 원형 테이블을 적용함으로써 모임의 성격과 어울리도록 고려한다. 조명기구와 조명방식도 공간의 이미지와 조화롭게 한다. 모임장소에는 음료를 제공하는 설비를 포함하거나 인접해 탕비실을 배치한다. 회의실의 경우 회의 시작 전과 회의가 끝난 후에 비공식적 접촉을 위해 잠시 서서 교류할 수 있는 공간을 마련해준다.

3) 존중욕구

국제회의장처럼 대규모 모임공간은 의식의 순서와 내용에 적합한 공간계획이 이루어져야 한다. 충분한 크기의 로비나 대기 공간을 마련하고 외투나 휴대품을 맡길 수 있는 보관시설(cloakroom)도 갖추어져야 한다. 발표자와 내빈동선은 일반동선과 분리하고 별도의 화장실을 배치한다. 동시통역실과 조정실은 일반인의 눈에 띄지 않으면서 회의장 내 활동을 관찰할 수 있는 위치에 계획한다. 빈번해지는 대규모 국제행사 수요에 부응해 회의뿐만 아니라 음악회 등 문화행사를 겸할 수 있도록 하나의 건물에 컨벤션 기능을 복합화하거나, 인근에 성격이 다른 모임공간을 별도로 배치하여 연계하는 시너지 전략도 도모할 필요가 있다.

그림 19 모임장소 구성 사례

그림 20 로비 Cloakroom

5. 쇼핑공간

1) 안전욕구

쇼핑공간도 다중이 모이는 장소이므로 불의의 사고에 대비해 명쾌한 피난동선 확보와 안전한 환경이 보장되어야 한다. 점차 대형화하고 복합화하는 쇼핑몰은 거대한 보이드 공간을 구성하며 개방적인 분위기를 만들고자 주로 유리 난간을 사용하고 있는데, 추락사고를 막을 수 있도록 눈에 잘 띄는 구조로 해야 한다. 대형공간은 목적하는 지점을 쉽게 찾을 수 있도록 길찾기 관점으로 공간을 계획해야 한다. 주차 위치를 쉽게 찾을 수 있도록 층 또는 구역마다 바닥과 벽의 색채를 달리하는 방법도 사용되고 있다. 도심 속 복합쇼핑몰은 쇼핑뿐만 아니라 레저와 문화 등 다양한 체험공간으로 진화하고 있는 만큼 안전 관점으로 다각적인 점검이 필요하다. 사회적 현상으로 안전사고뿐만 아니라 테러에도 대응해야 하는 고민도 늘어나고 있다.

쇼핑공간은 대상 고객과 쇼핑목적에 따라 의사전달이 명료하게 이루어질 수 있도록 계획하되 간판보다는 이미지를 이용하는 방식을 우선한다. 커피숍은 되도록 테라스를 배치하거나 커피숍에 어울리는 의자와 테이블로 이미지를 전달하도록 한다. 레스토랑과 음식점은 외부에 메뉴판을 배치해 메뉴와 가격을 사전에 확인할 수 있도록 배려하고 식사를 위한 안락한 분위기가 만들어지도록 연출한다. 음식점 내부는 청결하게 유지관리하는 모습이 손님에게 이미지로도 전달되도록 하고 요리과정 중 발생하는 음식 냄새가 식사공간으로 전달되지 않도록 설비계통을 점검한다.

상점은 쇼윈도를 배치해 상품의 내용과 품질을 확인할 수 있도록 한다. 쇼윈도는 거리를 상점 내부까지 시각적으로 공간을 확대하는 효과가 있으므로 영업시간 외에도 투시형 셔터를 사용하도록 계획한다. 대형마트나 푸드코트처럼 편의성과 시간절약이 관건인 시설은 주차장과 입구를 디자인 요소로 강조한다. 고가품을 판매하는 공간은 고급스러운 디자인 요소와 건축재료를 적용해 상품 정보전달이 효과가 있도록 계획한다. 상점 밀집 지역에서는 보안등을 설치하기보다 간판, 쇼윈도, 상점 내 조명이 종합적으로 안전한 보행환경과 야간경관을 창출하도록 계획한다.

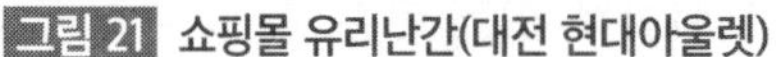

그림 21 쇼핑몰 유리난간(대전 현대아울렛)

그림 22 상가 거리의 확장

2) 애정욕구

식사는 생존을 위한 필수 행위지만 동시에 애정과 친밀관계를 북돋우는 사회적 활동임을 인식하고 이를 고려해 식사공간을 계획해야 한다. 친교, 비즈니스, 정치, 외교 등 교류를 위해 역할 할 수 있도록 공간을 구성하고 테이블을 목적하는 행위에 맞도록 배치해야 한다. 테이블 배치는 사회적 접촉을 촉진하도록 다양한 인원과 모임의 성격에 대응하도록 자리를 조정할 수 있는 구조가 좋다. 2인용 테이블은 작은 크기의 원형이 좋으며 구석이나 창가에 배치하고, 가족 모임 테이블은 모두가 서로를 바라보며 대화할 수 있는 원형이 친밀감을 높인다.

3) 존중욕구

식사공간을 계획할 때 입구와 식사영역 사이 대기 공간을 마련해 이곳에서 손님으로서 기다림을 예측할 수 있도록 식사공간이 관찰되도록 한다. 의전 등 프라이버시가 중요한 식사를 위해서는 모임 단위별 방들을 계획하고, 등받이가 높고 팔걸이가 있는 의자를 두는 것이 좋다. 다양한 인원 단위 식사가 가능하도록 테이블을 배치하고 혼자인 손님을 위한 1인용 좌석도 남의 시선을 의식하지 않을 자리에 둔다.

쇼핑공간은 충분히 고객으로서 존중받는다는 느낌이 들도록 공간과 시설을 계획한다. 기다리는 사람을 위한 좌석과 공간을 마련하고 카트와 물품보관소도 갖춰야 한다. 어린이를 위한 놀이터나 공간을 따로 설치하고, 배리어프리 관점으로 출입문은 자동문으로 계획한다. 과거, 쇼핑공간은 일부러 에스컬레이터를 엇갈리게 배치하고 통로를 미로처럼 구성하는 등 손님을 일부러 매장에 오래 머물게 하는 전략을 구사했으나, 불필요한 이동시간을 늘리는 불편을 초래하기 때문에 지양하는 추세로 바뀌고 있다.

쇼핑공간은 고객을 환영하는 분위기를 연출하도록 건축재료와 식재를 선택하고 편의시설과 공간을 배치한다. 백화점이나 대규모 쇼핑몰은 미술관이나 이벤트홀, 문화센터 등을 함께 운영함으로써 잠재적인 고객의 저변을 확대하는 '문화마케팅' 전략의 공간계획도 고려할 필요가 있다. 동선이 교차하는 지점이나 광장에 이벤트 수용이 가능한 장소를 계획함으로써 공간체험의 즐거움을 선사할 필요가 있다.

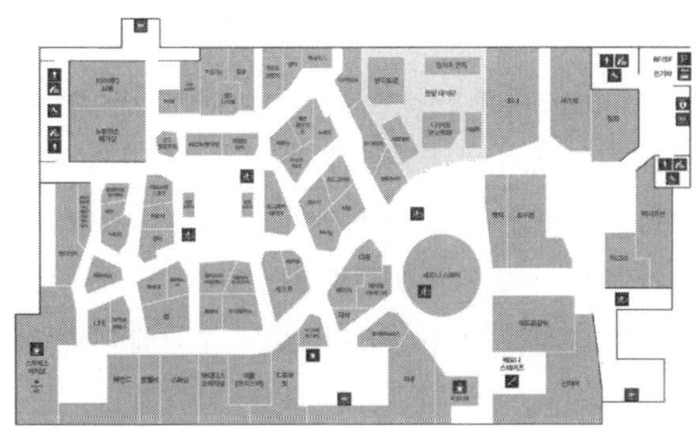

그림 23 친밀도를 높이는 식당가(신세계백화점) 배치

그림 24 쇼핑몰(캐널시티) 야외 이벤트 공간

6. 외부공간

1) 안전욕구

원활한 통행을 위해 보도의 유효폭을 최소 2m 이상으로 하고 보행자를 자동차로부터 안전하게 보호하기 위해 보도와 차도의 경계에 설치하는 연석(경계석) 높이는 25cm 이하로 규정하고 있다.[18] 횡단보도 구간의 연석 높이는 2cm 이하로 하고 경사로에서는 1/12 이하로 하여야 한다.[19] 자동차가 보도로 진입하거나 불법 주정차를 막기 위해 설치하는 '자동차 진입 억제용 말뚝' 볼라드(Bollard)는 보행자 안전을 위해 쉽게 눈에 띄도록 높이 80~100cm, 지름 10~20cm, 간격 1.5m 범위로 한다.[20] 자동차 속도를 줄여 안전한 보행환경을 확보하기 위해서는 도로의 선형을 의도적으로 구부리거나 차도 폭을 좁게 또는 노면을 미세한 진동과 소음이 발생하는 우툴두툴한 재료로 포장하는 방법도 도입할 수 있다.

운동시설, 휴게시설, 어린이놀이터 등은 서로 연계해 이용할 수 있도록 한다. 보행로를 단지 내 다양한 외부공간과 연결하고 산책로는 순환형으로 계획한다. 조경은 사각지대나

18) 도로의 구조·시설 기준에 관한 규칙, 제16조(보도)

19) 교통약자의 이동편의 증진법 시행규칙, [별표 1] 이동편의시설의 구조·재질 등에 관한 세부기준

20) 교통약자의 이동편의 증진법 시행규칙, [별표 2] 보행안전시설물의 구조 시설기준.

고립된 장소가 발생하지 않도록 계획해야 하며, 투시가 가능하도록 식재와 시설물을 배치한다. 대지 경계로부터 건축물 출입구까지 이르는 진입로와 표지판에는 충분한 조명시설을 제공한다. 특별히 어린이가 이용하는 공간은 강화된 안전기준을 적용하는데, '어린이놀이시설 안전관리법'과 행정안전부에서 관리하는 '어린이놀이시설의 시설기준 및 기술기준'을 따라야 한다.

외부공간의 심리적 안전은 범죄예방환경설계(CPTED) 관점으로 점검한다. 어린이놀이터와 공원 등의 외부공간은 자연감시가 가능하도록 통과 보행동선이 집중하는 지점에 배치한다. 인근 주민이 영역성을 확보할 수 있도록 주거단위를 집단화한 다음 어린이 놀이터와 공원을 중심에 배치한다. 공간을 이용할 지역 주민의 요구를 설계과정에 반영함으로써 물리적인 필요뿐만 아니라 심리적인 주인의식이 투영되어 영역성이 확보되고 주민에 의한 지속적인 관리가 가능하여지도록 한다.

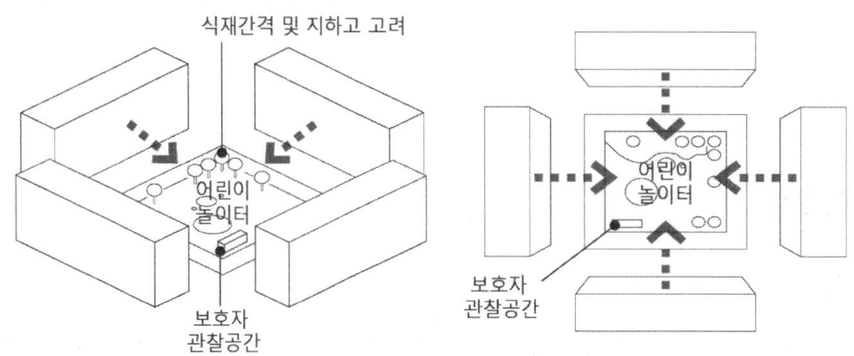

그림 25 공동주택 어린이놀이터 자연감시 방법

2) 애정욕구

외부공간에서도 자연스러운 만남을 통해 친교 형성을 북돋우도록 계획한다. 산책로는 적당한 거리 단위로 공연 등 이벤트가 가능하게 하고 활동이 일어나는 장소에는 벤치 등 편의시설을 배치한다. 커뮤니티 의식이 향상되도록 지역 특성에 맞는 적정한 외부시설을 설정한다. 공간 활성화를 위해 다양한 계층과 연령대, 주야간 이용을 고려해 시설을 계획한다. 가족 단위로 공동이용이 가능한 시설물을 설치하고 지역 주민들의 공간에 대한 주인의식이 증대되도록 의도한다. 각종 문화행사와 프로그램을 활성화해 다양한 연령대의 이용객이 활용할 수 있도록 고려한다.

보행로는 건물 1층의 근린생활시설 및 커뮤니티시설 등과 유기적으로 연계되어 교류 활동이 이루어지도록 조성한다. 단지 내 외부공간에 해당하는 '단지마당'은 주민 간 커뮤니티

증진을 위해 다목적 활동을 담을 수 있도록 계획하고, 대지 안에 조성하는 '공개공지'[21]는 주변 상권 활성화에 이바지하도록 한다. 공원 등 공공공간과 연계되는 '공유마당'은 상시 개방을 원칙으로 하며 주변과 통합해 계획한다.

3) 존중욕구

외부공간은 건축물 바깥이기 때문에 건축계획 시 고려 대상에서 제외되기 쉽지만, 여전히 존중욕구를 충족해야 할 중요한 공간이다. 여러 명이 앉을 수 있는 공원 벤치는 팔걸이 등으로 좌석을 구분하는 것이 개인 공간을 명확히 함으로써 프라이버시를 존중하는 의미가 있다. 야외에는 식물과 물을 이용한 어메니티 공간을 많이 만든다.

인접 건물 때문에 일조권과 조망권을 침해받는다는 주장은 중요하게 다루어져야 한다. 건축법에 따라 적법하게 지어져 법적 시비는 피해간다고 하더라도 조망권은 생활에서 중요한 권리에 속한다.[22] 학교 용지 남쪽에 위치하는 주거단지가 고층으로 건설되면 통상 북쪽으로 배치되는 학교 건물에는 그림자가 드리워지지 않지만, 남쪽 운동장은 동절기 항구적인 그늘이 만들어짐에 따라 겨우내 운동장이 얼고 녹아 질퍽거리는 문제를 생각해야 한다. 건축가는 법적 요건만을 만족하는 설계가 아니라 외부공간을 공유하는 주변 건물 또는 환경과의 관계를 충분히 고려해야 한다.

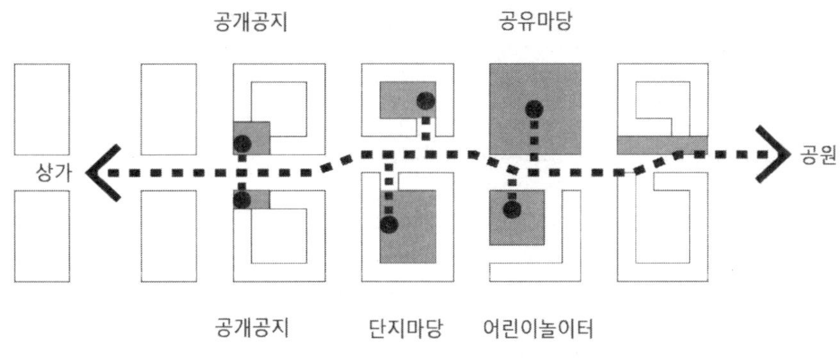

그림 26 보행로 네트워크 개념

---

21) 도시환경을 쾌적하게 조성하기 위해 연면적 5,000m^2 이상인 문화집회시설 등에 대지면적에서 일반이 사용할 수 있도록 10% 이하 범위에서 설치하는 공간을 말한다.

22) 일조권과 조망권 관련한 법적 분쟁에서 그 권리가 점점 더 중요하게 인정받는 추세이며, 부동산 시장에서도 그 가치가 시세에 충분히 반영되고 있다.

3장 | 감각과 환경

인간이 보유한 다섯 개 감각 중 미각을 제외한 시각, 청각, 촉각, 후각은 환경을 인지하는 주요 감각기관이다. 이 장에서는 네 개 감각을 구성하는 물리적 특성과 신체적 반응 메커니즘을 살펴보고 쾌적하고 아름다운 건축환경을 설계하는 기본적 조건들을 다룬다. 시각에서는 명순응과 암순응 등 빛에 반응하는 조건을 살펴보고 공간별 밝기 기준과 조명으로 공간을 구성하는 방법도 배운다. 청각은 소음 기준과 차음 및 흡음 방법을 거쳐 잔향을 고려한 공간별 음향설계를 알아본다. 촉각은 쾌적열환경 조건을 이해한 다음 냉난방 방법과 건축재료를 선택하는 조건을 다룬다. 후각에서는 건축공간 내 존재하는 오염물질과 이를 제거하는 방법에 대해서도 공부한다.

1. 빛과 시각

시각은 인간의 감각 중에서 가장 고도로 발달했다고 여겨지며 빛은 지구상 모든 에너지의 근원임과 동시에 형태와 색깔을 지각하는 바탕이다. 빛이 없으면 건축을 느낄 수도 표현할 수도 없다. 시각은 엄밀히 말하자면 입자와 파동의 특성을 갖는 빛을 망막에 있는 시신경이 반응하고 해석하는 물리적 과정이지만, 다른 한편으로는 인간에게 감동과 즐거움을 선사하는 심리적 존재이기도 하다. 시각의 물리적 특성을 이해하고 이를 이용해 감동을 연출하는 방법을 터득하는 일은 건축가의 중요한 과업 중 하나다.

1) 햇빛

햇빛은 지구 모든 생명의 원천이라 할 수 있다. 식물은 태양 빛을 이용해 광합성을 하며 동물도 빛이 없이는 살 수가 없다. 태양으로부터 오는 광선 중에는 파장이 긴 쪽부터 차례로 전파, 적외선, 가시광선, 자외선, X선, γ선 등으로 구분하는데, 일반적으로 공간을 인지하는 근본이 되는 빛은 인간이 볼 수 있는 가시(可視)광선에 해당한다. 적외선(Infrared ray, 赤外線)은 열을 전달하고 자외선(Ultra Violet ray, 紫外線)은 살균작용에 관여한다고 알려져 있다. 햇볕을 받아 실내를 따뜻하게 하고 침구류를 밖에 널어 소독하는 일은 적외선과 자외선을 건축환경에서 이용하는 예이다.

햇빛을 건물 안으로 들이거나 막는 일은 오랜 건축기술이었다. 겨울철 햇볕을 충분히 받을 수 있도록 건물을 남향으로 배치하거나 여름철 뜨거운 볕을 피하고자 차양을 설치하는 일은 자연을 슬기롭게 이용하는 지혜였다. 더운 지역에선 창을 작게 하고 추운 지역에선 크게 했으며 햇볕이 잘 드는 집은 부동산 가치도 높게 인정한다.

건축에서 에너지원으로 사용하는 햇빛은 태양열과 태양광으로 구분한다. 태양열은 태양에서 오는 열은 모아 난방에너지로 사용하는 것이고 태양광은 햇빛을 전기에너지로 바꿔 이용하는 것을 말한다. 태양광 모듈을 건물의 벽면과 지붕에 일체화하는 'BIPV(Building-Integrated Photovoltaic system)'는 빛을 이용해 에너지를 생산할 뿐만 아니라 그 자체로 디자인 요소로도 활용하는 방법인데 제8장에서 다시 다룬다.

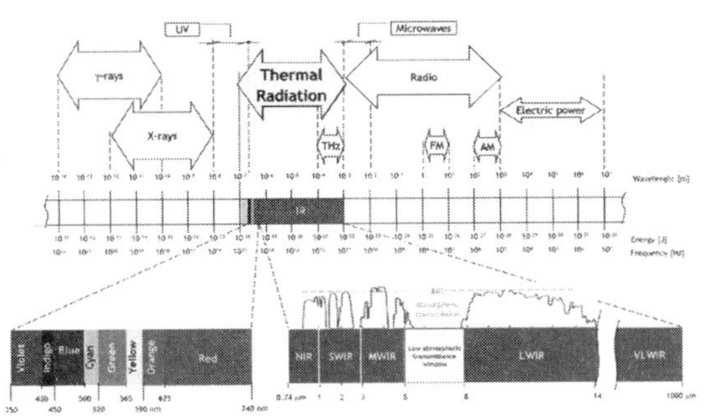

그림 27 태양광 스펙트럼

2) 명순응(light adaptation)과 암순응(dark adaptation)

어두운 곳에 있다가 밝은 곳으로 나오면 처음에는 눈이 부시나 곧 적응하게 되는 현상을 명순응(明順應)이라 한다. 주로 약한 빛 조건에서 눈 망막에 있는 시신경에 있는 '막대세포(Rod cell)'가 명암과 형태를 인지하다가 밝은 곳으로 나오면 시신경 '원뿔세포(Cone cell)'가 물체의 형태뿐만 아니라 색을 구별하는 역할로 활성화하면서 생성되는 로돕신(Rhodopsin)과 아이오돕신(Iodopsin)의 화학작용 때문인데, 대개 어두운 실내에서 밝은 야외로 나왔을 때 1~2분이 지나면 곧 적응한다.

건축설계와 관련해 명순응에 걸리는 시간은 짧아서 크게 고려하지 않아도 되지만, 과도한 휘도 차이에 의한 '눈부심(현휘, Glare)' 현상은 상대적으로 중요하게 취급한다. 실외에서 흰색 계통의 밝은 건축재료를 벽과 바닥에 사용해 눈부심 현상을 일으키지 않는지 살펴야 하고 실내에서 조명기구로 인한 빛 반사 때문에 발생하는 눈부심도 주의해야 한다. 정부는 인공조명으로부터 발생하는 과도한 빛 방사를 '빛공해'로 규정하고 허용기준이 포함된 '빛공해방지법'[23]을 제정해 운용하고 있다.

밝은 곳에서 어두운 곳으로 들어가면 처음에는 어두워 잘 안 보이다가 시간이 흐르면서 서서히 보이기 시작하는 현상을 암순응(暗順應)이라고 한다. 생리적으로는 로돕신이 활성화하면서 명암을 구별하는 막대세포가 감도를 높여 형태를 알아볼 수 있게 되는 과정으로 암순응이 완료될 때까지 약 30분 정도가 걸린다. 사람은 암순응이 끝날 때까지 기다리기보다 먼저 움직이려 하므로 영화관과 같이 어두운 공간을 설계할 때는 특별히 주의할 필요가 있다. 영화관 출입문에서 좌석까지 사이에는 암순응 동안 잠시 기다릴 수 있는 대기공간을 마련해 두어야 한다. 대기공간에서는 잘 보이지 않으므로 벽이나 바닥에 장애물이 없도록

23) '인공조명에 의한 빛공해 방지법', 2012.02.01. 제정.

한다. 대기공간을 칸막이나 바닥 차이를 두는 등 상영공간과 공간적으로 분리한 다음 약한 조명을 적용할 수도 있다. 바닥에 단 차이가 있을 때는 바닥으로 조명을 배치해 계단을 알아볼 수 있도록 설계한다. 영화 상영 후 퇴장과 비상대피를 위해 눈에 띄는 위치에 유도등도 배치한다.

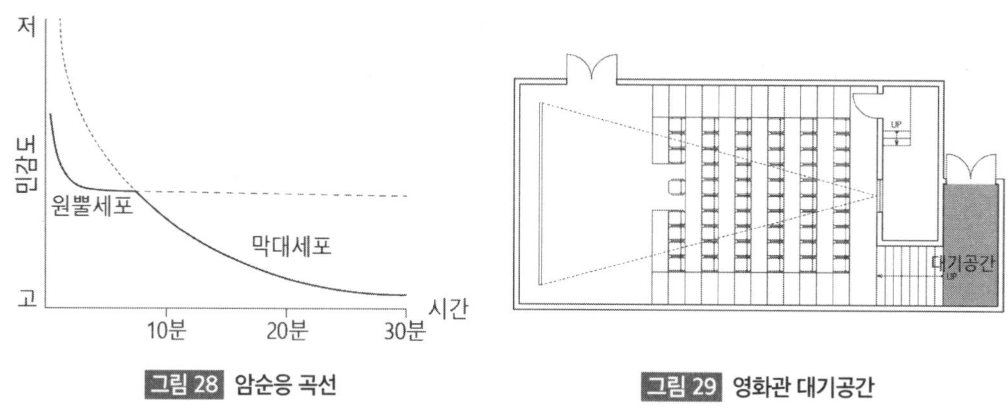

그림 28 암순응 곡선

그림 29 영화관 대기공간

3) 빛의 밝기

빛을 이용해 건축환경을 꾸미는 일은 건축설계에서 중요한 과정이기 때문에 구체적인 측정단위를 사용하도록 정하고 있는데 광속, 광도, 조도, 휘도, 색온도가 대표적이다.

광속(光束, Luminous flux, Ø, lm)은 광원(光源) 전체의 밝기를 의미하는데 단위로 루멘(lm)을 사용한다. 1루멘은 광원이 1칸델라 빛의 세기로 내는 총 광량(光量)이다. 광원인 전구의 밝기를 표시하는 단위로 예전에는 와트(W)를 사용했는데, 와트는 소비하는 전기에너지를 뜻함에 따라 LED 전구의 등장과 함께 빛의 밝기 단위로 루멘을 사용하게 되었다. 루멘 값이 클수록 더 밝은 빛을 내는데 보통 일반조명은 400~470루멘 범위를 사용하고 무드등은 220~360루멘을 사용한다.

광도(光度, Luminous intensity, I, cd)는 광원에서 나오는 어느 방향으로의 빛의 세기를 뜻한다. 단위로 양초를 의미하는 라틴어 칸델라(Candela)를 사용하는데 1칸델라는 촛불 1개의 밝기다. 광도는 광속을 특정의 방향 입체각(Steradian)으로 나눈 값이다.

조도(照度, Illuminance, E, lx)는 광원으로부터 일정한 거리에서 측정한 밝기를 말한다. 1lx는 1lm의 광속이 평방미터 면적에 비칠 때를 의미한다. 광속과 광도가 광원 자체의 밝기를 표시하는 반면, 조도는 광원이 비추는 대상의 밝기를 뜻한다. 조도가 증가하면 시력도 향상함에 따라 건축환경을 위한 조명기준으로 조도를 사용한다.

휘도(輝度, Luminance, L, cd/m², sb)는 조도가 단위면적당 얼마만큼의 빛이 도달하는가를 표시하는 단위라면 휘도는 그 결과로 반사되는 빛이 어느 방향에서 보았을 때 얼마만큼 밝게 보이는가를 말하며 사람이 인지하는 눈부심 정도를 의미한다. 시야 안에 고휘도 광원이나 강한 휘도 대비가 있으면 눈부심 현상인 현휘(眩輝)를 일으킨다.

<표 1> 밝기 정의와 단위

표시	정의	약호	단위
광속(Luminous flux)	광원 전체의 밝기	Ø	루멘(lm)
광도(Luminous intensity)	광원에서 어느 방향으로의 빛의 세기	I	칸델라(cd)
조도(Illuminance)	대상면에 도달하는 빛의 양이나 정도	E	룩스(lx)
휘도(Luminance)	대상면에서 반사되는 빛의 양, 눈부심 정도	L	cd/m², 스틸브(sb)

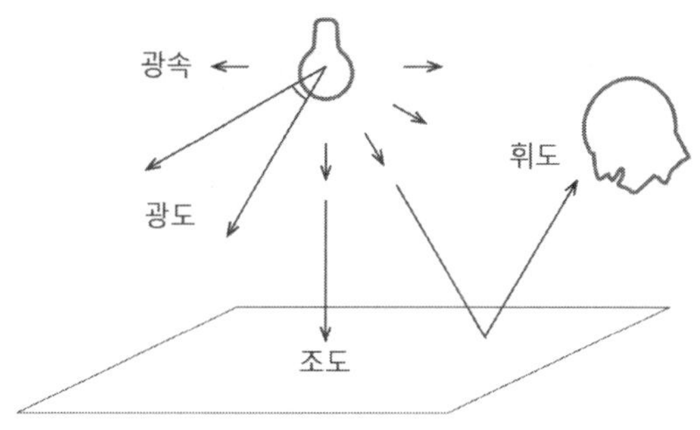

그림 30 빛 측정 단위

그림 31 밝은 건축재료로 인한 눈부심 현상

색온도(色溫度, Color temperature, K)는 광원의 색을 절대온도 값으로 표시한 것으로 단위는 켈빈(K)을 쓴다. LED 전구색을 표시하는 따뜻한 느낌의 '전구색(電球色)'은 2,500~3,500K 범위이고, 한낮의 태양 빛과도 같은 차가운 느낌의 '주광색(晝光色)'은 5,500~7,500K이며, 중간 정도에 해당하는 '주백색(晝白色)'은 4,000~5,000K 범위이다. 색온도 설정은 공간의 분위기를 좌우하는 조명계획의 필수요소 중 하나다.

4) 건축공간별 조도 기준

건축공간에 알맞은 조명환경을 만들기 위해서는 사용자 관점의 적절한 조명조건이 제시되어야 하는데, 정부는 '산업안전보건기준'에 따른 작업면의 조도 기준을 초정밀작업은 750lx 이상, 정밀작업은 300lx 이상, 보통작업은 150lx 이상, 그 밖의 작업은 75lx 이상으로 정해 운용하고 있다.[24] 조도는 시(視)작업면(특별히 시작업면을 지정하지 않을 경우는 바닥 위 85cm, 앉아서 하는 일일 경우에는 바닥 위 40cm, 복도·옥외 등은 바닥면 또는 지면)의 수평면 조도를 기준으로 삼는다. 국부조명을 사용해 기준 조도에 맞추는 경우 전반조명과 국부조명의 급격한 밝기 차이로 인한 혼란스러운 상황을 만들지 않기 위해 전반조명의 조도는 국부조명 조도의 10% 이상이 바람직하며 인접한 방이나 방과 복도 사이 조도 차이도 크지 않도록 한다.[25]

<표 2> 활동유형에 따른 조도 범위(KS A 3011)

활동유형	조도범위(lx) 최저-평균-최고	조명방법
어두운 분위기 중의 시식별(視識別) 작업장	3-4-6	전반조명
어두운 분위기의 이용이 빈번하지 않은 장소(차고 등)	6-10-15	
어두운 분위기의 공공장소(비상계단 등)	15-20-30	
잠깐의 단순 작업장(주택 현관 등)	30-40-60	
시작업이 빈번하지 않은 작업장(학교 복도 등)	60-100-150	
고휘도대비 혹은 큰 물체대상 시작업(학교 일반교실 등)	150-200-300	작업면 조명
일반휘도 대비 혹은 작은 물체대상 시작업(도서열람 등)	300-400-600	
저휘도대비 혹은 매우 작은 물체대상 시작업(병원 응급처치 등)	600-1,000-1,500	
장시간 동안 저휘도대비 혹은 매우 작은 물체 대상 시작업	1,500-2,000-3,000	전반조명과 국부조명 병행
장시간 동안 힘이 드는 시작업	3,000-4,000-6,000	
휘도대비가 거의 안 되며 작은 물체의 매우 특별한 시작업	6,500-10,000-15,000	

24) '산업안전보건기준에 관한 규칙', 제8조(조도)

25) 'KS조도기준 KS A 3011 : 1998', 국가기술표준원

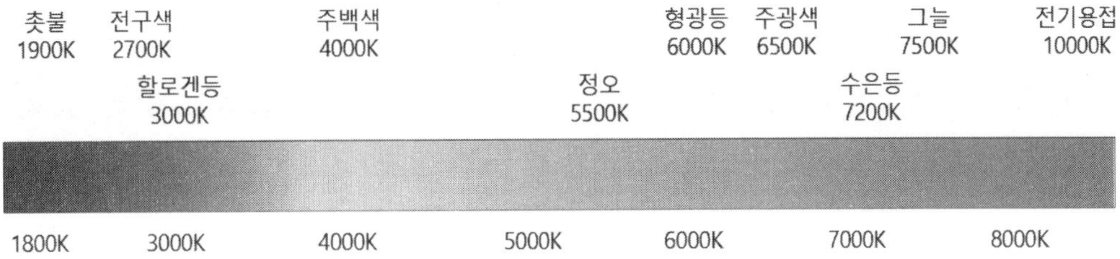

촛불 1900K
전구색 2700K
할로겐등 3000K
주백색 4000K
정오 5500K
형광등 6000K
주광색 6500K
수은등 7200K
그늘 7500K
전기용접 10000K

1800K 3000K 4000K 5000K 6000K 7000K 8000K

그림 32 색온도

5) 조명등 종류

유리구 내부에 전기저항이 큰 필라멘트를 넣고 전기를 흐르게 해서 빛을 내는 백열등을 발명한 이래로 조명등은 여러 방면으로 발전했다. 전력의 10%만을 빛으로 전환하는 백열등에 비해 유리관 내벽에 형광물질을 발라 전자적 충격으로 빛을 만드는 형광등은 오랫동안 효율이 높고 수명이 길어 널리 보급되었다. 형광등과 비슷한 방식으로 유리관에 삽입하는 형광물질의 종류에 따라 다양한 특성이 나타남에 따라 수은등, 할로겐등, 메탈할라이드등, 나트륨등이 개발되어 특성에 맞게 여러 용도로 사용되었다.

2000년대 이후 전압을 가하면 빛을 내는 발광다이오드를 발전시켜 LED(Light- Emitting Diode)등이 개발되었다. LED는 다른 조명방식에 비해 월등히 높은 효율과 수명을 자랑하며 획기적인 발명으로 평가받으면서 빠르게 조명시장을 재편하고 있다. 단위 LED 셀을 추가하고 배치하는 방식에 따라 다양한 형태와 색깔을 표현할 수 있어서 일상생활뿐만 아니라 야간조명 연출에도 폭넓게 사용되고 있다.

<표 3> 조명등 종류와 특성

광원	소비전력 (W)	효율 (lm/W)	수명(H)	광색	색연출	특성
백열등	2 ~1,500	7~22	750 ~2,000	2700K	우수	부드러운 분위기 연출, 휘도 높고 열방사 많음, 배광제어[26] 용이, 수명이 짧고 효율이 낮음, 좁은 장소의 전반조명 및 강조조명에 사용
형광등	6~215	48~80	7,500 ~15,000	6000K	불량	빛의 확산이 고름, 설치와 유지비 저렴, 형광색 조정에 따라 푸른색과 적색 연출 가능, 기온이나 외기 환경에 약해 사용장소 제한
수은등	40 ~1,000	30~55	10,000 ~24,000	7200K	양호	고휘도, 배광제어 용이, 도로조명 및 투광조명
할로겐등	175 ~1,000	75 ~100	7,500 ~10,500	3,000K	양호	고휘도, 배광제어 용이, 광장의 투광조명
메탈할라이드등	175 ~1,000	70~80	6,000 ~15,000	4000K	우수	고휘도, 배광제어 용이, 연색성[27] 우수, 옥외조명에 적합
나트륨등	20 ~1,000	80 ~150	6,000 ~15,000	2,100K	불량	연색성 낮음, 안개지역 및 터널조명에 사용
LED	0.2/셀	260 ~300	50,000	2,700K 5,000K 6,500K	우수	높은 효율과 수명, 배광제어 용이, 광색 조절 가능, 연색성 우수, 열 취약, 대형조명 어려움

그림 33 조명등 형태

---

26) 배광제어(配光制御, Light distribution control)는 조명기구에서 나오는 빛의 분포를 제어하는 것으로 특정 공간에 빛을 어떻게 분산해 배치하는가를 결정한다.

27) 연색성(演色性, Color rendering index)은 조명이 물체의 색감에 미치는 현상으로 물체에 반사되어 보이는 색이 얼마나 원래의 색에 가까운가를 나타내는 척도를 말하며 태양광을 100으로 할 때 백열전구는 80, 형광등은 60, 나트륨등은 40 정도이다.

6) 조명방식

전반조명 방식은 실내 전체를 일정하게 하나의 방식으로 조명하는 것을 말한다. 계획과 설치가 쉽고 실내 가구 등 조건이 바뀌어도 일정하게 유지되는 특성이 있다.

국부조명 방식은 대상물에 필요한 조도를 부분적으로 확보하기 위해 별도의 조명기구를 사용하거나 천장에 스포트라이트를 설치해 조명대상을 국부적으로 비춘다.

국부적 전반조명 방식은 전반조명과 국부조명을 혼합하는 방식으로 넓은 실내공간에서 구역별 작업효율이나 활동영역을 고려해 일반적인 장소에는 평균조도로 조명하고 세밀한 작업을 필요로 하는 구역에는 높은 조도로 조명한다.

TAL(Task & Ambient Lighting) 조명방식은 국부적 전반조명 방식과 같은 개념으로 작업구역(Task)에는 전용의 국부조명을 배치하고, 주변(Ambient)은 간접조명과 같은 낮은 조도로 조명하는 방식을 말한다. 사무자동화가 추진되면서 장시간 모니터를 보며 작업하는 VDT(Visual Display Terminal) 직업환경에 따라 고안된 것이다.

7) 건축화 조명

건축과 조명을 일체화하는 방식으로 건축물의 천장이나 벽에 조명기구를 디자인 요소로 반영해 통합적으로 공간을 계획하는 것을 말한다. '바리솔'[28] 등을 사용해 천장면 전체를 조명하는 광천장조명, 선 모양으로 천장이나 벽면을 조명하는 라인라이트(Line light), 천장에 구멍을 내 조명기구를 매립하고 아래를 비추는 다운라이트(Down light), 사각형이나 원형으로 등기구를 매립하는 트로퍼(Troffer)조명, 천장에 상자 모양의 코퍼(Coffer)를 설치하고 조명을 배치하는 코퍼조명, 천장에 루버(Louver)를 설치해 광원이 가려지도록 한 루버조명, 천장을 특정 모양으로 파낸 다음 광원을 간접조명으로 천장을 비추는 코브(Cove)조명, 벽면이 천장과 만나는 모서리에 광원을 배치하는 코너(Corner)조명, 천장과 벽의 모서리에 장식몰딩(Cornice)을 만들고 그 뒤에 광원을 배치하는 코니스조명, 벽면에 금속이나 나무로 광원을 숨기는 가림판(Valance)을 설치한 다음 위아래로 비추도록 하는 밸런스조명, 넓은 벽면 전체에 조명을 매입해 창 역할을 하도록 하는 광창(光窓)조명 등이 있다.

---

28) 프랑스 Normalu S.A.S사가 개발한 상품명 '바리솔(BARISOL)'은 탄성이 있는 PVC 소재 시트를 특정 형태의 틀에 당겨서 씌우는 방법으로 시공한다.

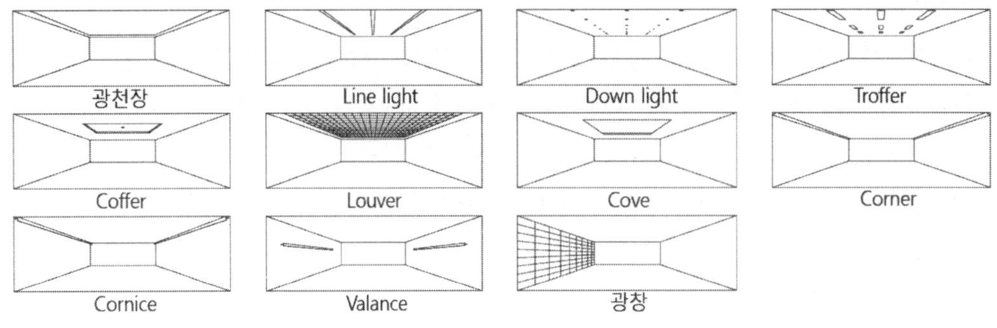

그림 34 건축화 조명 종류

8) 빛과 건축공간

건축가에게 빛은 중요한 재료 중 하나다. 앞서 살펴본 것처럼 빛은 물리적 실체이면서도 인간에게 심미적인 감정을 느끼게 한다. 빛으로 잘 연출된 공간에서 인간은 감동하고 아름다움을 경험한다. 가장 오래된 건축물로 꼽히는 스톤헨즈와 선사시대 구조물들은 태양 절기를 이용했을 것으로 추측되며, 이집트 피라미드와 잉카유적, 석굴암까지도 특정 순간 빛이 공간 내부 깊숙이 침투하는 장면을 염두에 두고 계획했다고 믿어진다. 고딕시대 성당은 빛을 내부로 들이되 스테인드글라스를 통과하면서 여러 색깔의 조명을 만들어내며 아름답고 황홀한 공간 분위기를 만들어 냈다.

뜨겁고 건조한 기후의 북아프리카 환경에서 건설되는 건축은 외벽을 뜨거운 볕을 피하도록 막으면서도 뚫린 지붕에서 내려오는 빛이 중정을 거쳐 방과 부엌으로 이어지도록 함으로써 시간에 따라 빛이 만들어내는 독특한 공간 변화를 연출했다. 우리나라에서도 빛을 들이려 건물을 남향으로 배치하면서도 깊은 처마로 조율했으며, 창호지 문으로 들어오는 빛은 창문 살과 함께 은은한 분위기를 만드는 기법을 창조해냈다.

모더니즘 시대에도 빛은 건축가가 다루는 주요한 자원이었다. 많은 건축가가 빛을 조절해 의도한 분위기를 만들려 시도했다. Le Corbusier는 '브리즈 솔레이유(Brise Soleil)'[29]로 뜨거운 햇볕을 가림과 동시에 드리워지는 그림자가 바닥과 벽에 만들어내는 특별한 광경을 창조해 '유니떼 다비따숑(Unité d'Habitation)'과 'Chandigarh 고등법원' 등에 적용했으며, 'Ronchamp 교회'에서는 극적인 공간 분위기를 연출하기 위해 스테인드글라스가 적용된 좁아지고 넓어지는 두꺼운 콘크리트 벽을 고안했다.

Jean Nouvel(1945~)은 '아랍문화원'에서 남서측에 대응하는 입면을 위해 카메라 셔터를

29) 프랑스어로 '빛을 깬다'라는 의미가 있는 표현으로 일사를 조절하면서 깊이 있고 독특한 입면을 구성한다.

응용한 240개의 자동 빛 제어 방식으로 건물 복도 빛을 조절함으로써 이슬람건축 문양과 빛을 다루는 전통을 재해석했다. 안도 다다오(1941~)는 '빛의 교회'에서 박스 형태의 콘크리트 건물에 좁은 틈으로 최소한의 빛을 내부로 들임으로써 종교공간이 갖는 경건함을 고양하고자 의도했다. 이렇듯 빛은 생명을 위한 물리적 실체이면서도 건축가가 감동적인 공간을 만들기 위해 부단히 씨름하는 대상이다.

그림 35 Le Corbusier의 Ronchamp 교회

그림 36 Jean Nouvel의 아랍문화원

2. 소리와 청각

1) 소리 특성

소리는 파동의 형태로 전달되는데 일반적으로 사람이 귀로 들을 수 있는 주파수 범위는 20~20,000Hz 정도라고 한다. 주파수는 음파가 초당 진동하는 사이클 수를 의미하며 자연계의 소리는 전 대역에 걸친 각 주파수가 합성된 총합의 결과물이다. 베이스음 주파수 63Hz 한 개 파장 길이는 소리가 초당 도달하는 거리 340m를 진동수 63Hz로 나누면 약 5.4m에 해당하며, 같은 원리로 전기톱으로 쇠를 자르는 소리는 6,000Hz 주파수로 파장의 길이는 57cm가 된다. 저주파수는 낮은음이고 고주파수는 높은음이며 파장의 진폭이 크면 큰 소리이고 진폭이 작으면 작은 소리를 낸다.

소리의 물리적 특성을 이용해 소리를 차단하는 설계에 적용할 수 있는데 고주파수의 높은음은 파장이 짧아 방음벽과 만나면 소리가 막히지만, 저주파수의 낮은음은 파장이 길어 방음벽을 타고넘어 간 다음 회절(回折)현상[30]까지 추가된다. 도로에 방음벽이 설치되어 있

30) 음파나 전파 등이 장애물이나 좁은 틈을 통과하면서 파동이 뒤편까지 전달되는 현상

음에도 불구하고 육중한 트럭이 만들어내는 낮은음의 소리가 여전히 벽 너머까지 전달되는 것은 이 때문이다. 게다가 주파수가 적은 저주파가 고주파보다 에너지가 크기 때문에 저주파의 소음을 줄이는 것이 고주파보다 어렵다. 위층에서 싸우는 소리는 들리지 않아도 코 고는 소리가 전달되는 이유는 이런 때문이다.

소리의 측정 단위로 데시벨(dB)을 사용하는데 기준이 되는 소리의 세기와 측정하려는 소리 세기의 비례 값을 상용로그로 변환한 다음 10을 곱해서 얻어지는 값이다. 소리의 단위로 상용로그값으로 표기하는 이유는 인간의 청력이 낮은 소리에는 민감하지만, 소리가 커짐에 따라 점차 둔감해지면서 측정값이 무한대로 가까워지는 현상을 반영한 결과이다. 따라서, 귀로 들을 수 있는 가장 작은 소리의 크기를 0dB로 삼았을 때 10dB씩 증가하는 경우 소리의 세기는 10배씩 강해진다. 20dB의 소리는 10dB의 소리보다 2배가 큰 것이 아니라 10배 강한 소리이고 0dB의 소리보다는 100배가 세다는 의미이다.

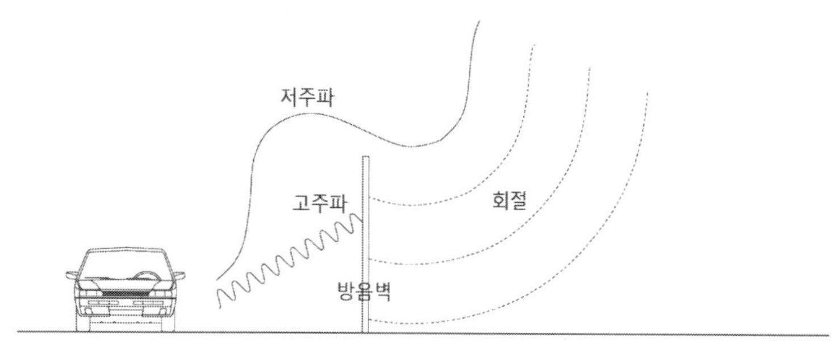

그림 37 방음벽과 소리의 전달 구조

2) 소음 기준

인간이 귀로 들을 수 있는 소리의 범위는 0~130dB 정도라고 하는데, 가정에서의 평균 생활소음은 약 40dB, 일상 대화는 60dB, 집에서 음악을 감상하는 것은 85dB, 소리가 큰 록밴드는 110dB, 제트엔진 소음은 150dB 정도라고 한다. 듣기 좋은 아름다운 소리는 사람을 기분 좋게 하지만 소음은 작업 집중력을 떨어뜨리고 지속적일 경우 정서적 불안증세를 유발하며 심할 경우 소음성 난청으로 청력을 잃게도 된다.

소리는 감각이자 상대적인 개인차가 있어서 즐거움과 불쾌함을 나누는 절대적인 기준은 없지만, 통계적인 자료를 기반으로 소음기준을 법으로 정해 통제하고 있다. 여러 나라가 실내 소음기준을 정해 운용하고 있는데, 우리나라는 공동주택을 건설하는 지점의 소음도가 65dB 미만이 되도록 하되 65dB 이상이면 방음벽과 수림대(樹林帶) 등의 방음시설을 설치하도록 하고 있다.[31] 또한, 법으로 지역을 구분해 지역마다 낮과 밤의 소음기준을 따로 운용하고 있으며, 공동주택의 층간소음에 관한 기준을 강화해 1분간 등가소음도[32]를 주간에는 39dB 야간에는 34dB로 정해 관리하고 있다.[33]

<표 4> 지역별 소음기준(단위: dB, 환경정책기본법시행령 제2조 관련 별표1)

지역구분	적용 대상지역	기준	
		낮(06:00~22:00)	밤(22:00~06:00)
일반 지역	녹지지역, 자연환경보전지역, 전용주거지역, 학교, 도서관	50	40
	생산관리지역, 일반주거지역, 준주거지역	55	45
	상업지역, 계획관리지역, 준공업지역	65	55
	전용공업지역, 일반공업지역	70	65
도로변 지역	녹지지역, 생산관리지역, 주거지역, 학교, 도서관	65	55
	상업지역, 계획관리지역, 준공업지역	70	60
	전용공업지역, 일반공업지역	75	70

소음에 관한 대책으로는 차음, 흡음, 방진 등으로 나뉜다. 차음은 소리를 완전히 차단하는 것으로 차음자재 밀도에 따라 크게 좌우된다. 흡음은 음이 부딪친 매질에 흡수되는 성질을 이용하는 방식으로 스펀지, 발포성 우레탄, 유리섬유 등을 사용한다. 방진은 진동에 의한 음 전달을 막는 방식으로 방진패드 등 기술적 처리가 필요하다.

그림 38 층간소음 저감 기술(SK)

그림 39 방음벽 효과

31) '주택건설기준 등에 관한 규정' 제9조(소음방지대책의 수립)

32) 측정시간 동안 발생한 변동소음의 총량을 같은 시간 내 정상소음 에너지로 등가해 얻어지는 소음도

33) '공동주택 층간소음의 범위와 기준에 관한 규칙' 제3조(층간소음의 기준) [별표]

2) 음향설계

음향설계는 소리의 물리적 특성을 이용해 원하는 목적에 맞는 최적의 음향을 확보하도록 공간환경을 구성하는 것을 말한다. 원하는 소리를 잘 들을 수 있도록 함과 동시에 필요 없는 소리를 차단하거나 줄이는 작업이 음향설계의 골자를 이룬다. 소리가 전달되고 반사되는 원리와 소리를 흡수하고 막는 과정을 조작함으로써 얻고자 하는 소리의 특성을 최대한 발휘하도록 하는 것이다.

소리가 의사전달 도구로 사용될 때는 명료한 형태를 유지해야 한다. 강의와 회의 등 음성을 명확하게 전달하기 위해선 소리를 내는 사람과 듣는 사람 사이의 거리가 멀지 않으면서 음반사에 의한 반향을 최소화해야 한다. 이를 위해선 공간을 너무 크지 않게 설계해야 함과 동시에 소리가 벽과 바닥 및 천장에 부딪혀 반사돼 돌아오지 않도록 흡음 성능을 가진 마감재료를 선택해야 한다. 방송국 스튜디오는 외부 소음은 완벽히 차단하고 내부 소리만을 녹음할 수 있도록 특별한 장치들이 필요하다.

종교공간에서는 음성으로 의미를 전달하기보다는 경건함을 만드는 전체적인 음향 시스템이 더 중요하다. 공간을 크게 하고 반향을 일으켜 울림소리가 만들어 내는 감정을 일부러 의도한다. 천장이 높은 고딕 성당에서는 소음도 울림소리에 흡수되면서 환상적인 분위기를 만들어 낸다. 가톨릭 성당의 긴 잔향시간(6~8초)은 성가와 의식 진행의 장엄함을 부여하는 반면, 개신교 교회는 설교가 더 중요하기 때문에 잔향보다는 명료도를 유지하는 고려가 있어야 한다.

공연장 음향설계는 음악과 음성이 공간 곳곳에 고르게 전달되도록 특별한 장치들을 동원한다. 벽과 천장은 음이 풍부해지도록 반사와 확산의 관점으로 설계하며 객석과 바닥은 불필요한 반향과 소음을 억제하기 위해 흡음과 차음을 기준으로 다룬다. 음향 반사판(reflector)은 무대 위 연주자들이 서로 잘 들을 수 있게 천장과 벽에 설치하는 장치이다. 음악 장르마다 적절한 반향시간(reverberation time)을 필요로 하는데 교향악은 1.8~2.2초, 실내악은 1.5~1.8초, 연극은 1.0~1.2초 정도가 적당함에 따라 이에 맞게 크기와 공간이 구성되어야 한다.

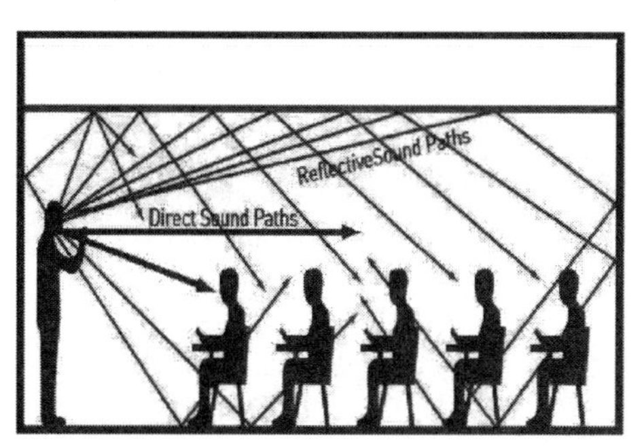

그림 40 강의실 음향 전달 특성

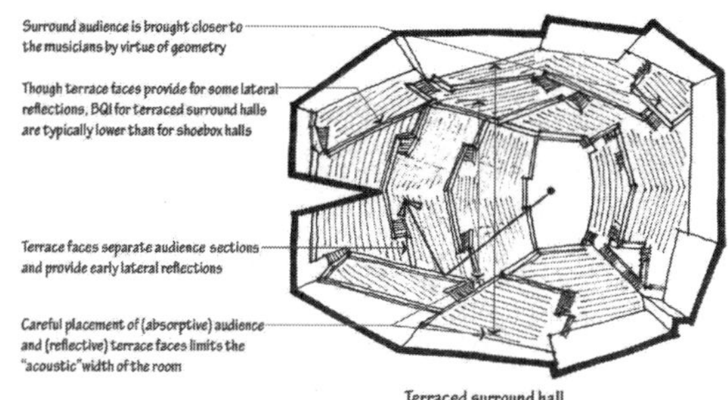

그림 41 콘서트홀 음향설계 방법

3. 열과 촉각

1) 쾌적 열환경

따뜻함과 차가움 등 인체 온열감에 영향을 미치는 물리적 인자들은 기온, 습도, 기류, 평균복사온도가 있다. 기온은 공기의 건구온도(DBT, Dry-Bulb Temperature)를 말하며 가장 중요한 열환경 요소이다. 습도는 인체의 냉·온감에 영향을 주며 습도가 낮으면 정전기 등의 문제가 발생하고 높으면 축축한 불쾌감을 준다. 기류란 공기의 흐름을 말하는데 대류로 인해 인체의 열평형에 영향을 준다. 기류 속도가 빠르면 실내에서도 콜드드래프트(Cold draft)[34] 현상을 일으켜 불쾌해진다. 평균복사온도(MRT, Mean Radiant Temperature)란 복사로 열을 느끼는 인체 표면의 평균온도를 의미한다. 실내 기온이 같아도 여름철 뜨거운 천장 근처에서는 더 덥고 겨울철 차가운 창문 근처에서는 더 추운 이유이다. 정부는 쾌적한 사무실 작업환경 조성을 위해 온도 17~28℃, 상대습도 40~75%, 기류 속도는 0.5㎧ 이하로 기준[35]을 정했다.

실제 온열환경 쾌적도를 평가하기 위해서는 개별 인자들이 복합적으로 작용하는 기준이 필요하다. 유효온도(ET, Effective Temperature)는 건구온도, 습도, 기류를 조합한 열 쾌적 지표로 체감온도라고도 한다. 복사열이 고려되지 않고 저온에서 습도에 의한 영향이 과대평가되는 결점을 보완하고자 건구온도 대신 흑구온도(GT, Glove Temperature)를 사용해 복사열 영향을 고려할 수 있는 수정유효온도(CET, Corrected Effective Temperature)를 따

34) 외부 기온이 낮을 때 유리창이나 벽면이 차가워져 실내에 차가운 공기 흐름이 만들어지는 현상

35) '사무실 작업환경 관리지침', 한국산업안전보건공단, 2012.

로 정했다. 작용온도(OT, Operative Temperature)는 기온, 기류, 평균복사온도의 영향을 조합한 지표로 사용한다.

미국 '냉난방공조협회(ASHRAE)'에서는 1920년대부터 인체의 쾌적감에 관한 연구를 거듭해 유효온도가 포함된 쾌적범위(Comfort zone)를 제안해 'ANSI/ASHRAE 55'를 만들었다. 국제표준화기구는 'ISO 7730'으로 신체 활동수준, 의복 단열, 기온, 상대습도, 풍속, 평균복사온도가 반영된 '평균예상온열감(PMV, Predicted Mean Vote)'과 '예측불만족률(PPD, Predicted Percent Dissatisfaction)'이라는 지표를 사용한다.

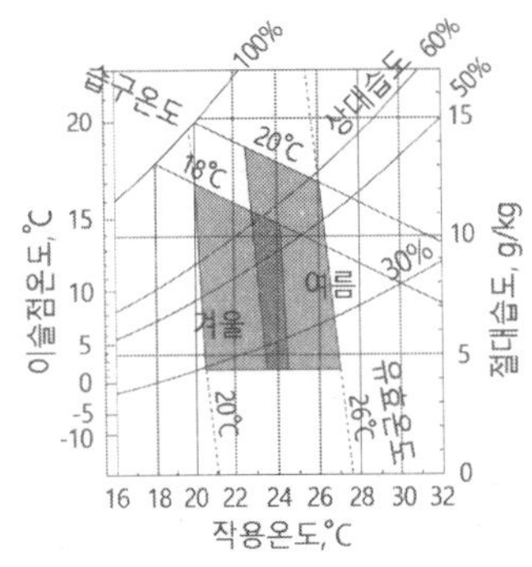

그림 42 ASHRAE 쾌적범위

그림 43 쿨링 포그

2) 냉난방 설계

실내환경 온도와 습도 등을 인체 쾌적범위에 들어오도록 열원과 냉원 및 환기시스템을 적절히 배치하는 것을 냉난방 설계라고 한다. '냉난방공조(冷煖房空調)'라고도 부르며 영어로는 HVAC(Heating, Ventilation, Air Conditioning)로 표기한다. 온도를 조절하는 냉방과 난방에 공기의 청정도와 기류를 만드는 공기조화를 포함한 개념이다,

냉방은 에어컨이라고 하는 설비를 기본으로 사용하는데 차가운 공기를 만드는 실외기와 이를 실내로 공급하는 실내기로 구성된다. 에어컨이 등장하기 전에는 무더운 날 시원한 바람을 자연적인 미기후 조절방식으로 처리했다. 우리 선조들은 여름날 뒤뜰에서 발생한 찬 공기가 대청마루에 열어 둔 분합문(分閤門)을 통해 건물로 들어온 다음 안마당 상승기류를 타고 빠져나가도록 함으로써 바람이 만들어지도록 했다. 서양 중정형 주택은 건물의 바깥쪽 개구부로부터 바람이 들어와 중정에서 위로 빠져나가도록 함으로써 바람을 만들었다. 열대지방은 건물을 땅으로부터 높게 띄워 지음으로써 아래에서 만들어진 바람이 주택의 마룻바닥을 통과하도록 하는 방식을 택했다.

추위에 견디는 것이 큰 숙제였던 인류는 다양한 난방방식을 개발해 냈다. 벽난로를 주거

중심에 두는가 하면 우리 선조들처럼 온돌방식을 개발해 내기도 했다. 근대 들어 서양에서는 난로 외에도 전기나 수증기를 이용해 라디에이터로 공기를 덥히는 방법으로 난방을 해결하려 했다. 라디에이터를 이용한 대류난방 방식은 빠르게 실내공기를 덥히므로 효율이 높지만 열 분포가 균일하지 않을 수 있다. 바닥을 덥히는 복사난방 방식은 복사열이 인체에 직접 전달돼 쾌적하고 우리에게 익숙한 난방방식이지만 그렇지 않은 서양 사람들은 다리가 무겁다는 느낌을 호소하기도 한다.

냉난방 방식은 규모에 따라 개별냉난방과 중앙냉난방으로 구분한다. 개별냉난방은 각 공간에 독립적으로 냉난방 장치를 운용하는 것이며 중앙냉난방은 별도로 마련된 시설에서 온습도와 청정도가 조절된 공기를 덕트를 통해 건물 전체로 공급하는 방식이다. 에너지 절약의 중요성이 강조되면서 환기로 인한 냉난방 열손실을 줄이기 위해 열교환기를 도입하는 방식이 확산하고 있지만 주기적인 자연환기가 필요하다.

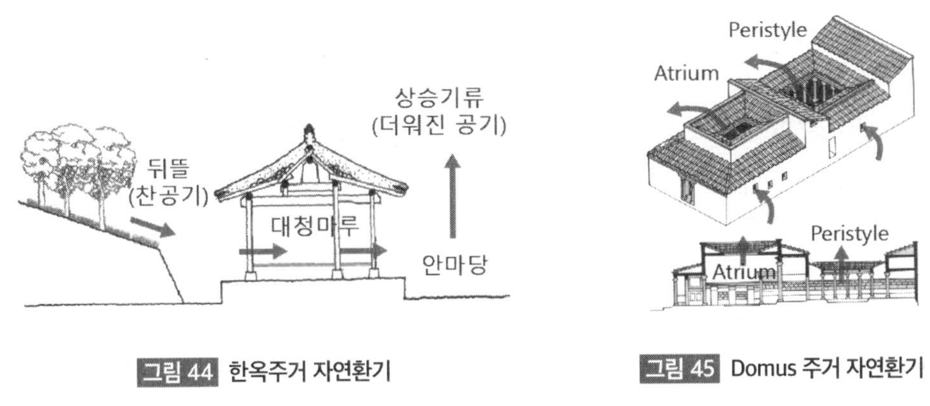

그림 44 한옥주거 자연환기

그림 45 Domus 주거 자연환기

4. 냄새와 후각

화학물질 분자가 콧속 세포를 자극해 냄새를 맡는 감각을 후각(嗅覺)이라고 한다. 건축공간에는 건축재료뿐만 아니라 생활에서도 인체에 해롭고 불쾌한 물질들이 공기 중으로 전달된다. 건축계획 중 냄새와 후각을 고려해 실내 오염원을 적절히 제어할 필요가 있다. 조리과정에서 발생하는 냄새와 일산화탄소를 제거하는 일뿐만 아니라 건강한 삶을 위해 건축재료 속에 포함된 오염원 화학물질을 처리하는 것도 중요하다.

정부는 신축 공동주택에 대해 시간당 0.5회 이상의 환기가 이루어질 수 있도록 자연환기

설비나 기계환기설비를 설치하도록 하고 있다.[36] 사무실도 미세먼지와 이산화탄소 등 공기에 포함된 오염물질 별 관리기준과 공기정화시설을 갖춘 조건에서 1인당 필요한 외기량을 분당 0.57m³ 이상과 환기횟수는 시간당 4회 이상 기준도 정했다.[37] 모든 지하역사와 연면적 2,000m² 이상인 지하도상가, 3,000m² 이상인 도서관, 연면적 430m² 이상인 어린이집 등에서도 실내 공기질을 주기적으로 측정하고 관리해야 한다.[38] 대부분 설비 관점의 기준이지만 건축적으로도 환기에 유리한 설계도 필요하다.

과거 건축물은 단열성능이 떨어지고 기밀도도 낮아 어느 정도 틈새 바람이 용인되어 환기문제가 큰 쟁점이 되지는 못했다. 오늘날은 에너지 절약이 우선시되면서 건물의 단열성능이 강화되고 자연환기가 부족한 상황이 연출되면서 밀폐에 따른 실내공기 오염과 새집증후군처럼 성능이 우수한 건축자재의 유해성 문제가 대두되고 있다. 인체에 해로운 건축자재는 사용하지 말고 자연소재의 마감재를 택해 공기순환과 습도조절도 최적으로 유지되도록 해야 한다. 정부는 거주자에게 건강하고 쾌적한 실내환경을 제공할 수 있도록 500세대 이상 주택건설사업에 대해 포름알데하이드를 포함한 오염물질을 적게 방출하는 건축자재 사용을 의무화하는 '건강친화형 주택' 기준도 적용하고 있다. 이에 따르면 시공자는 모든 실내 내장재와 붙박이 가구를 설치한 후부터 사용검사신청 전까지 환기로 오염원을 방출하는 '플러쉬 아웃(Flush out)'이나 뜨겁게 해 마감재 유해물질을 제거하는 '베이크 아웃(Bake out)'을 실시해 시공과정 중에 발생한 오염물질이 충분히 배출되도록 해야 한다.

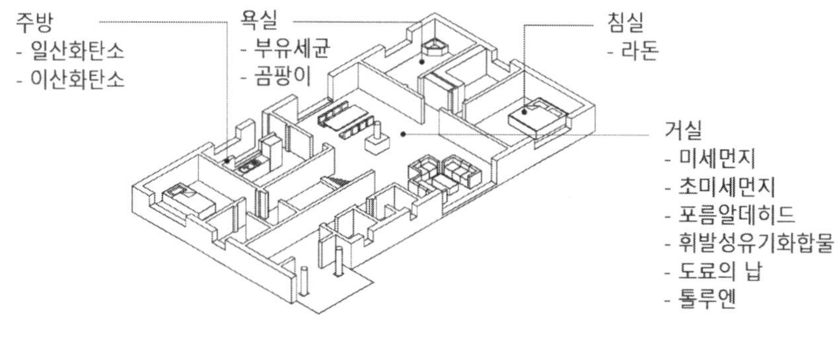

그림 46 실내 오염물질

---

36) '건축물의 설비기준 등에 관한 규칙', 제11조(공동주택 및 다중이용시설의 환기설비기준 등)

37) '사무실 공기관리 지침', 제2조(오염물질 관리기준), 제3조(사무실의 환기기준)

38) '실내공기질 관리법 시행령', 제2조(적용대상)

5. 시지각

1) 게슈탈트(Gestalt) 법칙

'전체는 부분들의 단순한 합 이상의 의미가 있다'라는 주장과 함께 인간이 눈으로 세상을 인지하는 독특한 방식을 연구하는 분야를 '게슈탈트 심리학'[39]이라고 부른다. 'Gestalt는' 독일어로 '전체적인 형태'를 뜻하는데 인간이 외부세계를 효율적으로 지각하기 위해 진화과정 중 발달시킨 특별한 메커니즘일 것으로 여겨진다. 신속하고 효과적으로 세상을 인지하기 위해 부분보다는 전체와 맥락을 먼저 파악하고자 하는 능력이 만들어졌을 것이다. 게슈탈트 특성은 세상을 잘 이해할 수 있는 장점 뿐만 아니라 착시도 일으켜 실수할 수도 있는 단점으로도 해석된다. 건축가로서 게슈탈트 이론을 배우는 이유는 게슈탈트 관점으로 장점을 강화하고 단점을 줄이고자 하기 때문이다.

게슈탈트 이론의 핵심으로 '출현(Emergence)', '구체화(Reification)', '다중안정성(Multi-stability)', '불변성(Invariance)'을 꼽는다. '출현'이란 복잡한 패턴 가운데서 이미 알고 있는 어떤 형태를 떠올리며 지각하는 것을 말한다. 아래 <그림 43>에서 a를 바라보고 있노라면 흑백의 점들 가운데서 달마티안 한 마리가 떠오르는 모습을 확인할 수 있다. '구체화'란 특정 경험을 토대로 어떤 형태를 상상으로 채워 넣는 것을 말한다. b에서 이빨 빠진 동그라미 배열 속에 삼각형이 느껴진다든지, c처럼 호수에 반쯤 잠긴 괴물이 연상되는 모습 등이 이에 해당한다. '다중안정'은 한 개의 사물이 안정적인 여러 모양으로 인지되는 현상이다. d '네커큐브'[40]는 보는 방식에 따라 앞면과 뒷면의 모습이 달라진다. e '루빈의 꽃병'[41]은 전경과 배경을 보는 방식에 따라 꽃병으로도 보이고 서로 마주 보는 두 얼굴로도 보인다. '불변성'은 형태가 변경되는 조건 속에서도 특정 형태를 동일하게 인지하는 현상이다. f 형태는 다양한 각도에서 구부리거나 휘는 등의 변형을 가해도 우리는 같은 형태로 알아본다. 이러한 인간의 게슈탈트 지각특성은 진화과정 중 포식자와 험한 위험환경으로부터 피하는 동시에 먹잇감을 빠르게 알아채기 위해 발달시킨 능력일 것으로 추측한다. 건축과 도시환경에서 혼란을 피하고 대상을 명쾌하게 인지하기 위해 게슈탈트 특성을 알 필요가 있다.

---

39) 19세기말부터 20세기 중반까지 Carl Stumpf(1848-1936), Max Wertheimer(1880-1943), Kurt Koffka(1886-1941), Wolfgang Köhler(1887-1967), Kurt Lewin(1891-1947) 등 베를린대학을 중심으로 활동한 베를린학파의 심리학 이론

40) 1832년 스위스 Lous Albert Necker(1786-1861)가 제안한 형태

41) 덴마크 심리학자 Edgar Rubin(1886-1951)이 1915년 제시한 형태

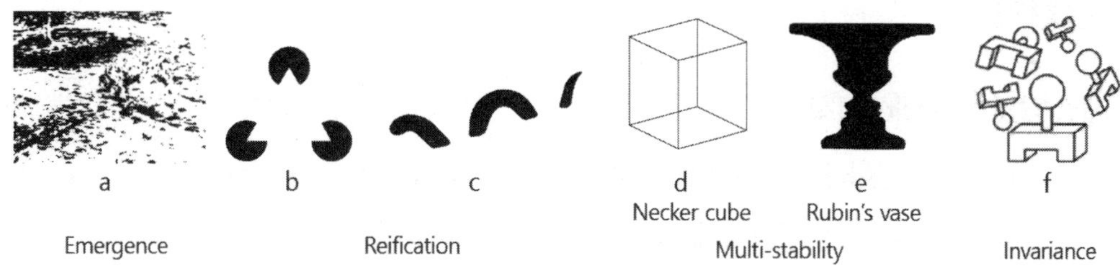

그림 47 게슈탈트 특성(https://en.wikipedia.org/)

게슈탈트를 정의하는 또 다른 설명으로 일곱 가지 법칙을 꼽는다. '근접성 법칙(Law of Proximity)'은 아래 <그림 44> 'a'와 같이 가까이 있는 대상들을 하나의 덩어리로 묶어 인식하는 것을 말한다. '유사성 법칙(Law of Similarity)'은 'b'와 같이 서로 비슷한 것끼리 묶어서 지각하는 것을 뜻한다. '폐쇄성 법칙(Law of Closure)'은 'c'와 같이 이미 알고 있는 지식을 토대로 완성되지 않은 형태도 완성해서 인지하려는 현상을 말한다. '대칭성 법칙(Law of Symmetry)'이란 'd'처럼 대칭으로 보이는 이미지들은 떨어져 있더라도 같은 그룹으로 인지하는 것을 말한다. '공동운명 법칙(Law of Common Fate)'은 'e'와 같이 같은 방향으로 움직이는 물체들을 묶어서 이해하려는 성질이다. '연속성 법칙(Law of Continuity)'은 'f'처럼 어떤 형상들이 방향성을 가지고 연속되어 있을 때 이것이 전체의 고유한 특성이 되어 직선 또는 곡선을 따라 배열된 것처럼 하나의 단위로 이해하는 것이다. '좋은 형태 법칙(Law of Good Gestalt)' 또는 '간결성 법칙(Law of Prägnanz)'이라고도 불리는 현상은 'g'와 같이 대상을 주어진 조건에서 최대한 단순하게 인식하려는 것을 말한다.

게슈탈트 법칙은 건물의 입면을 설계하거나 감상할 때도 활용된다. 일련의 창문을 근접해 배치함으로써 일정 단위로 묶어 지각되도록 하거나, 특정 입면 요소를 개발해 다른 요소들도 비슷하게 구성함으로써 통일성을 유도할 수도 있다. 완성되지 않고 열린 부분을 남겨둔 입면은 보는 이로 하여금 정중동(靜中動)의 움직임을 만들 수도 있고 변화와 상상을 만드는 즐거움을 선사할 수도 있다.

게슈탈트 법칙의 특성을 건축설계에 적극 활용하려 한 이는 포스트모던 건축가들이었다. 일상에서 익숙한 물건을 일부러 크게 하거나 작게 함으로써 시각적 충격을 전달하고자 의도하던가, 동물과 인간 또는 일부 건축장식 요소나 일상의 물건 형태 특성을 건물에 적용해 의도한 이미지를 만들거나 해학적인 표현으로 삼기도 했다. 특히 은유로 건축의 복합성과 다양성을 표현하려 한 포스트모더니즘은 Charles Jencks(1939-2019)가 'Evolutionary tree'에서 주장한 'Metaphor/Metaphisical' 개념과 닮았으면서 게슈탈트 특성을 건축에 대입한 결과라고 평가할 수 있다.

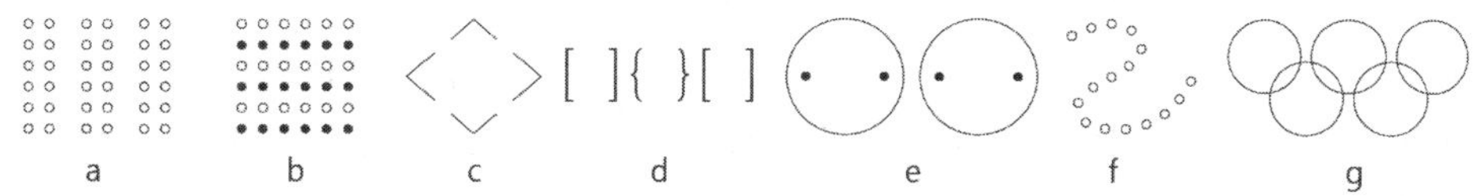

그림 48 게슈탈트 특성(https://en.wikipedia.org/)

그림 49 Vanna Venturi House

그림 50 얼굴 모양 건물

2) 도시유형학(Urban typology)

전경과 배경이 보는 관점에 따라 다르게 인식되는 '루빈의 꽃병'처럼 'Figure-Ground' 개념은 건축에서도 게슈탈트 차원으로 중요하게 다루는 영역이다. 검게 표시하는 건물들과 흰 바탕으로 남는 거리와 오픈스페이스는 도시의 밀도와 빈 공간 간의 연관 관계를 나타내면서 사람이 체험하는 공간이 어떻게 설계되었는지를 웅변하기 때문이다. 도시를 채움과 비움으로 분석하는 일은 그만큼 중요하다.

오스트리아 건축가 Camillo Sitte(1843-1903)는 19세기 말 산업화의 물결로 스러져가는 고풍스러운 도시들을 지켜내야 한다고 주장하며 오래된 유럽 도시들을 '전경과 배경' 개념으로 해석한 바 있다. 도시공간은 채워진 건물만 중요한 것이 아니라, 비워진 공간도 우리가 잘 인식하지 못할 뿐이지 큰 의미가 있기에 도시공간을 즐겁게 체험하기 위한 장면과 시퀀스를 만드는 일에 관심을 가져야 한다는 주장이다. 그의 논리는 당시 건축가들에게 큰 반향을 일으켰지만 시대적인 대세를 거스를 수는 없었고 80여 년이 지나 포스트모더니즘 건축에 영향을 끼쳤다.

포스트모던 건축가 Rob Krier(1938- 2023)는 제2차 세계대전 후 재건하는 도시개발에 전통적인 공간구성 개념을 재도입하자고 주장하면서 공간으로서의 거리와 광장을 유지하면서 건물을 채우는 'Figure-Ground' 개념이 적용된 '도시유형학(Urban typology)'을 주장했다. 즉, 도시공간을 특성에 따라 유형화하고 이를 바탕으로 개별 요소들을 분석해 설계하자는 것이다. 1975년 그의 이론을 담은 'Stadtraum(도시공간)'이 주목받았고 1979년 영어판 'Urban Space'로 번역되었다. 과거의 기억까지도 담고 있는 도시공간적 질서를 현대의 도시설계에 도입하려 애쓴 그는 구체적인 설계 프로젝트에도 참여했다. 1976년 Rob Krier는 동생 Léon Krier(1846-2025)와 함께 1983년 Bernard Tschumi(1944-)가 당선자가 되는 '라빌레뜨공원' 개발 아이디어 공모전에 마스터플랜을 제안한 것이다. 공공시설과 녹지로 이루어진 거대한 도시축을 먼저 설정한 다음 30~60m 규모의 주거블록을 채워 바로크식 도시계획 개념을 현대적으로 적용하고자 했다.

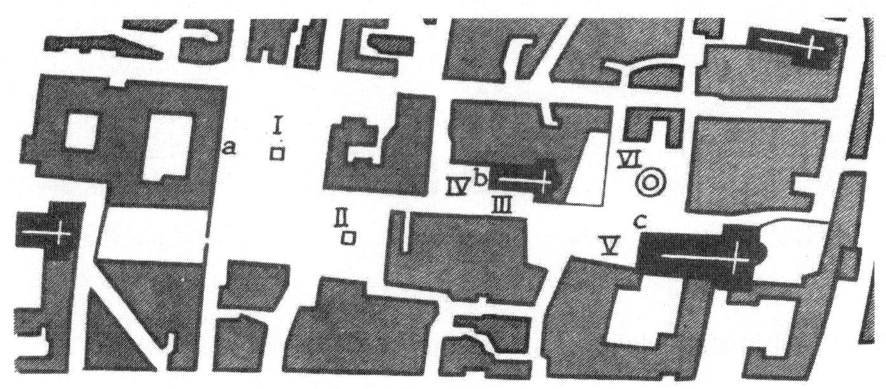

그림 51 Camillo Sitte의 도시공간 분석

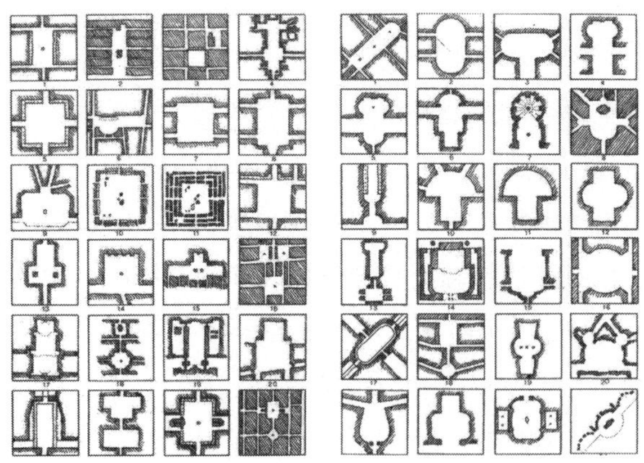

그림 52 Rob Krier의 도시공간 유형화

4장 | 신체동작과 건축치수

건축을 위한 모든 작업은 건축 치수를 적용하는 일부터 시작된다. 실제 지어질 건축물의 크기를 축소한 도면을 만들고, 공사현장에서는 측정도구를 사용해 도면에서 정한 치수를 적용해 필요한 작업을 수행한다. 인류는 오랫동안 신체로부터 기인한 치수를 사용해 건축공간을 만들다가, 세계적으로 통용되는 도량형 체제인 미터법을 적용하면서도 작업의 편리와 경제적 생산을 위해 독특한 치수체계를 적용하고 있다. 건축가 Le Corbusier는 신체치수로부터 출발한 독특한 치수체계를 제안했으며, 단위 치수의 배수를 적용하는 모듈 시스템은 여전히 현재에도 유용하게 쓰인다.

1. 치수 단위

1) 전통적 치수 단위

오랜 옛날부터 길이를 측정하기 위한 단위를 사용했고 이때의 단위는 대부분 신체 또는 인간의 활동에 기반을 둔 것이었다. 고대 이집트와 메소포타미아 문화권에서는 사람의 팔꿈치에서 가운뎃손가락 끝까지의 길이인 '규빗(cubit)'을 사용했는데 약 52.5cm에 해당한다. 마찬가지로 손가락 한 개의 너비를 'digit'이라 했는데 28digit을 1cubit으로 적용했다. 성경에는 노아의 방주 크기에 대해 "네가 만들 방주는 이러하니 그 길이는 삼백 규빗, 너비는 오십 규빗, 높이는 삼십 규빗이라"[42]라고 적혀있다. 오늘날로 치면 규모가 길이 158m, 너비 26m, 높이 16m 정도이다.

영국에서는 엄지손가락 굵기에 해당하는 2.54cm를 1inch라 하고 12inch가 모이면 성인 남자 발 크기인 1feet(30.48cm)를 적용했으며, 한 발걸음 크기인 3ft를 1yd(91.44cm)로 정했는데 미국에서 오늘날까지도 통용되고 있다. 1mile은 1,760yd인 1.6km에 해당하는데 로마시대 행군단위인 1,000걸음(passus)[43]에서 유래했다. 프랑스에서는 엄지손가락 굵기 단위인 1pouce(2,71cm)와 12pouce에 해당하는 32.5cm를 1'pied de roi(왕의 발)'[44]라 하여 프랑스 대혁명 전까지 사용했다.

우리나라는 고대 중국으로부터 유래한 도량형 단위인 '척관법(尺貫法)'을 사용했는데 한 뼘에 해당하는 엄지손가락 끝에서 가운뎃손가락 끝까지를 '1자'라 정했다. 처음에는 18cm 정도였으나 점점 길어져 한나라 때는 23cm, 당나라 때는 24.5cm 정도였다. 고려와 조선시대 초기까지는 32.21cm를 1자로 했으나, 세종 12년 31.22cm로 바꾸어 사용해 오다가 1902년 30.30cm로 통일했다. 한 '자'의 십 분의 일을 '치' 또는 '촌(寸)'이라 했는데 손가락 굵기를 일컫는다. '리(里)'는 주로 마을 간의 거리를 나타내는데 세종 때는 374.31m, 조선 후기는 540m, 대한제국 때는 420m였다가 현재는 일반적으로 10리를 4km라고 부른다. '칸(間)'은 건물의 기둥과 기둥 사이의 길이를 말하는데, 한 칸은 6자(1.82m)에 해당한다. 한 변이 1칸인 정사각형의 넓이를 1'평(坪)'이라 했는데 약 3.3m²의 넓이이다.

---

42) 창세기 6장 15절

43) 로마시대엔 두 번 내딛는 걸음을 한 걸음 단위로 계산했고, mile은 라틴어 'mille(1,000)'로부터 유래했다.

44) 개인마다 다른 차이를 극복하기 위해 왕정시대 상징적 의미로 'Roi(왕)'을 붙여 통일된 단위로 사용했다.

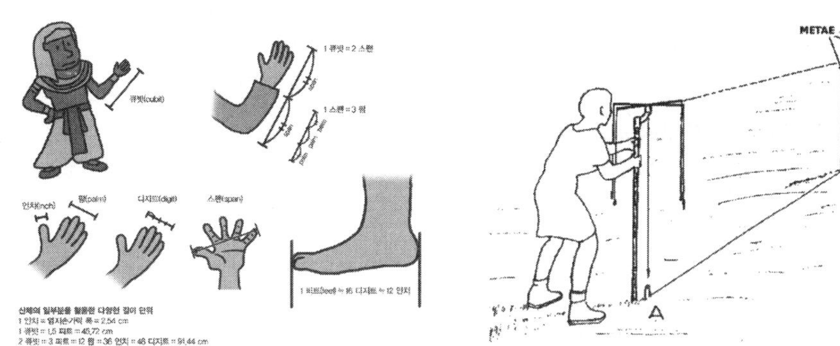

그림 53 전통적 치수단위(https://www.kriss.re.kr)

그림 54 로마시대 측량장비 Groma

2) 미터법

전통적 치수 단위는 손과 발 등 인간에서 비롯된 길이를 기준 삼아 기구의 도움을 받지 않더라도 쉽게 사용할 수 있었다. 그러나 각 개인의 신체 크기가 다르고 지역과 시대에 따라서도 길이가 변하기도 하여 왕의 큰 임무 중 하나가 도량형의 통일이었다. 대항해시대 이후 교역이 늘어나면서 이런 시스템을 계속 유지할 수는 없었다.

모두가 사용할 수 있는 통일된 치수체계가 필요하다고 인식할 즈음 1789년 프랑스 대혁명을 기점으로 새로운 치수 단위를 만들게 되었다. 어느 나라의 전통적 치수체계에도 속하지 않는 새로운 개념으로 당시 지구의 자오선 길이가 계산되자 남북극으로부터 자오선까지 길이를 10,000,000으로 나누어 1m로 정하자고 정치가이자 외교관이었던 Charles-Maurice de Talleyrand(1754-1838)이 제안하게 된다. 제안된 미터법은 1790년 프랑스 의회에서 공표해 사용하기 시작했고 1875년에는 17개국이 협약에 서명하였으며 1889년에 국제 미터원기가 정해지는 등 세계적으로 확산하고 공인되는 과정을 거쳤다. '재다'라는 의미가 있는 그리스어 'metron'에서 비롯된 'metre'는 분명하지 않은 지구 자오선 길이 대신 1960년 '국제도량형 총회'에서 크립톤 원자가 방사하는 스펙트럼 파장 길이를 기준으로 정해 오늘날까지도 사용하고 있다.

영국에선 전래로 내려오던 '야드파운드법'을 1965년부터 미터법으로 바꾸어 사용하고 있다. 독자적인 도량형을 사용하는 미얀마를 제외하면 현재 아프리카 라이베리아와 미국만 인치·피트 치수를 고집하고 있다. 인치·피트 치수는 십이진법 체계를 사용하다 보니 변환 과정에서 혼란을 동반한다. 중목구조에서 채택하는 구조목을 포함해 대부분 목조 건축자재와 구법이 미국식으로 되어 있어서 적용하는 과정에서 유의할 필요가 있다. AutoCAD 프로그램도 단위를 설정하는 과정에서 차이가 발생한다.

우리나라는 1961년 계량법이 제정한 후 1964년부터 거래와 증명을 위해 미터법을 사용하도록 정했다. 2007년부터는 법정 도량형인 미터법을 쓰지 않는 행위를 단속하고 있음에도 불구하고 넓이의 단위로 사용하던 '평'은 여전히 일상에서 영향력을 유지하고 있다. 그만큼 습관을 바꾸는 일이 쉽지 않은 것이다.

2. 인체공학

1) 인체치수

공간을 설계하기 위해서는 인간의 인체치수(anthropometric dimension)와 어떤 움직임으로 만들어지는 동작치수(motion dimension)를 알아야 하는데, 인류는 오래전부터 손과 발을 비롯해 신체로부터 유래한 치수체계를 사용해 왔다. 가장 손쉽게 사용할 수 있는 게 신체이면서도 앉고 눕는 등 몸을 편안히 하면서도 작업을 위한 기능적 환경 공간이 인체이기 때문이다. Leonardo da Vinci(1452-1519)는 로마시대 건축가 Vitruvius의 책을 읽고 인체를 아름다움을 위한 비례의 관점으로 분석했다. 본격적인 인체치수 측정에 관한 연구는 1870년대 프랑스 범죄학자 Alphonse Bertillon(1853-1914)이 사진을 이용해 인체를 측정한 시도에서 기인한다.

Frederick Taylor(1856-1915)는 인체동작에 기초한 '과학적 관리(scientific management)'를 뜻하는 테일러리즘을 제창해 산업생산 전반에 적용하고자 했다. 근대건축가 Le Corbusier(1887-1965)는 1930년대 'Modulor'라는 인체치수에 기반을 둔 새로운 건축치수 체계를 제안했다. 1946년 영국에서 인간 작업에 관심을 가진 학자들이 모여 그리스어 'Ergon(작업)'과 'Nomos(자연법칙)'를 합성하여 'Ergonomics(인간공학)'라는 단어를 만듦으로써 인체치수를 연구하는 학문 분야가 정착했다.

이후, 세계 각국은 산업 표준화 관점에서 자국민을 대상으로 한 인체치수를 조사해 보급하고 있다. 우리나라는 1979년 최초로 인체치수를 조사해 산업계에 보급하기 시작한 이래 5~7년 주기로 한국인의 인체치수를 측정해 발표하고 있다. 'Size Korea'[45]에 의하면 2021년 측정한 20~24세의 남자 평균 키는 174.6cm이며 여자는 161.1cm이다. 이를 기초로 키를 H로 설정했을 때 눈높이는 0.9H, 어깨 폭과 앉은 높이는 0.25H, 책상 높이는 0.4H, 팔을 뻗어 올린 높이는 1.2H 등의 치수체계도 제안되었다.[46] 공간설계를 위한 인체치수는 크게 누

45) 산업통상자원부 산하 국가기술표준원에서 운영하는 한국인 인체치수조사 'Size Korea'

46) 오성훈, 김원경(2013), 건축·도시 설계를 위한 척도연습, 건축도시공간연구소.

운 자세, 바닥에 앉은 자세, 의자에 앉은 자세, 선 자세로 나뉜다. 공간을 설계할 때는 인체 치수를 기본으로 하고 각각의 자세가 연결 동작으로 만들어지는 치수를 파악해 종합적으로 판단하여야 한다.

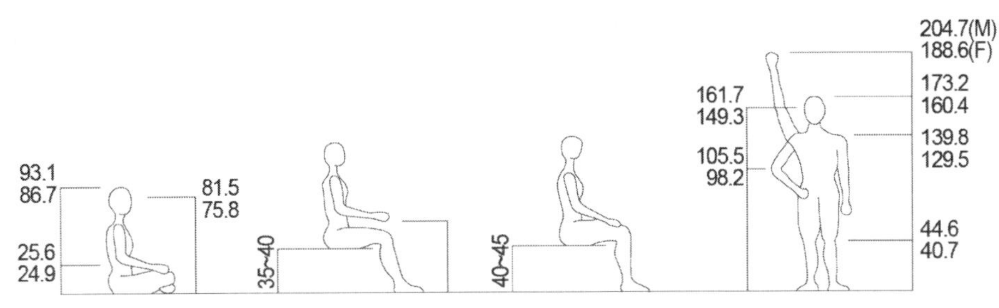

* 사이즈코리아 8차 인체지수 조사 20대 평균, M : 남성 / F : 여성, 단위: cm,

그림 55 20대 평균 인체치수(https://sizekorea.kr/)

2) 손동작

인간이 다른 동물과 우등하게 구별되는 특징 중 하나는 손을 이용해 물건을 조작할 수 있다는 것이다. 직립보행으로 가능해진 자유로운 손은 도구를 만들어 찬란한 문명을 창조하는 바탕을 이루었다. 기계장치의 발명으로 편리한 삶을 살고 있지만 우리는 여전히 손을 이용해 많은 일상의 일을 처리한다. 문을 여닫고 물건을 들어 올리거나 집어 내리는 등 건축공간에서 생활에 필요한 대부분 조작을 손으로 해낸다.

새로운 물건을 만들거나 선택해야 하는 디자이너는 기능과 아름다움 사이에서 고민할 때가 많다. 기능에 충실하지만 투박한 모양을 택할 것인지, 예쁘지만 조작의 불편을 감수할 것인지의 선택 상황에 놓이게 되는 것이다. 그러나 선택에 앞서 손과 인체의 물리적 구조를 이해하고 가능한 동작이 무엇인지를 먼저 파악해야 한다.

가장 일반적인 손동작은 잡기, 집기, 비틀기 등이다. 문손잡이는 잡고 돌리거나 누르기에 적당한 크기여야 한다. 손으로 잡고 돌리는 동작보다 밑으로 눌러 내리는 행동이 더 쉬우므로 문손잡이로 많이 사용되던 '실린더형(원형)'은 '레버형'으로 빠르게 교체되고 있다. 부엌가구는 깔끔하게 보이고 싶은 미적인 이유로 손잡이를 다는 대신 손가락으로 꺼내는 방식이 선호되고 있지만, 이 경우 손가락으로 조작하기에 편하고 안전한 구조인지 먼저 살펴야 한다. 계단 손잡이는 최대지름이 32~38mm 이하인 원형 또는 타원형 단면이 되도록 규정하고 있는데[47] 손으로 움켜쥐기에 적당한 크기로부터 기인한 것이다. 손으로 잡는 대상의

47) 건축물의 피난·방화구조 등의 기준에 관한 규칙 제15조(계단의 설치기준)

형태도 중요하지만, 어떤 재질을 사용할 것인가도 동시에 고려하여야 한다. 관리의 편리함을 위해 금속으로 만들어진 핸드레일은 미끄러져 놓칠 수도 있고 겨울철 차가운 접촉으로 불쾌감을 유발하기도 한다.

유명 건축가와 디자이너들이 직접 문손잡이를 제작한 사례가 많다. 건축 개념과 어울리는 시설물을 추구한 까닭이다. 근대건축가 Walter Gropius(1883-1969)는 1923년 기능적이고 모던한 레버형 손잡이를 제작했고 제품디자이너 Philippe Starck(1949-)은 유선형의 레버형 손잡이를 디자인했으며 건축가 Jean Nouvel(1945-)과 Zaha Hadid(1950-2016)도 그들만의 독특한 스타일의 문손잡이를 제안했다.

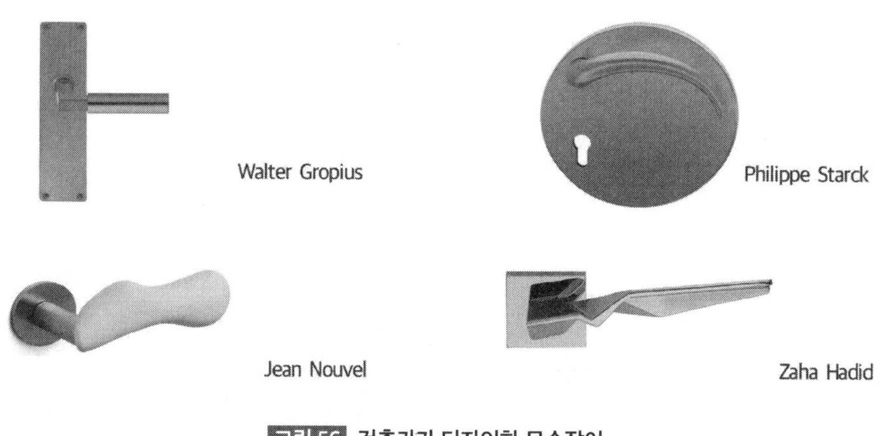

그림 56 건축가가 디자인한 문손잡이

3) 작업영역과 동작공간

손을 움직여 작업할 때 팔이 미치는 한계에 따라 작업이 가능한 범위가 정해지는데 이를 '작업영역'이라 한다. 대부분 작업은 팔이 움직이는 수평적, 수직적 움직임에 따라 입체적으로 전개되지만, 이를 수평적 관점으로 측정하면 '수평적 작업영역' 수직적 측면으로 분석하면 '수직적 작업영역'이 된다. 팔이 미치는 최대 범위를 '최대작업영역'이라 하고 일상적인 작업 범위를 '정상작업영역'이라 구분하기도 한다. 대부분 작업을 정상 작업영역 범위에 들어가도록 설계하는 것이 바람직하다.

각각의 동작에 필요한 인체치수와 물건치수 및 여유치수가 포함된 적절한 치수범위를 '동작공간'이라 한다. 동작공간은 하려는 작업의 성격이 기능 중심적이며 공간이 작을 때 결정적 요인으로 작용한다. 부엌에서의 조리행위, 식당에서의 식사 준비, 욕실에서의 세면과 샤워, 세탁실 작업, 창고 일 등이 대표적이다. 오늘날 부엌과 욕실이 일을 처리하는 '기능공간'에서 점차 분위기와 사회적 상호작용을 중시하는 '경험공간'으로 진화하고 있지만, 기본적인 기능적 치수체계는 우선해 검토하여야 한다.

식사할 때는 뒤로 의자를 빼거나 앉아 있는 상태에서 등 뒤로 사람이 지나가는 경우를 대비해 여유 공간을 확보해야 한다. 부엌은 조리할 때뿐만 아니라 싱크대 위와 아래에 있는 수납장을 열 경우를 대비해 충분한 공간이 필요하다. 침실에서는 양말을 신거나 옷을 갈아입는 데 불편함이 없도록 침대와 벽 사이에 충분한 공간을 마련해야 한다. 책상 작업을 위해선 작업 내용에 따라 책상의 높이와 넓이가 여유 있게 계획되어야 한다. 컴퓨터 작업과 비교해 제도용 작업 책상은 넓은 면적과 조절 가능한 기울기가 필요하다. 욕실은 세면대, 변기, 욕조와 함께 세면과 샤워 등 동작에 필요한 충분한 공간이 마련되어야 한다.

건축공간은 인체치수와 작업영역 및 동작공간이 배려된 충분한 크기로 설계해야 한다. 대부분 건축공간에 필요한 치수는 어느 정도 표준화가 되어 있어서, 유럽에서 사용하는 'Neufert Architects' Data'[48]나 미국에서 사용하는 'American Graphic Standards'[49]처럼 자료집 혹은 핸드북 형태도 제공되고 있다.

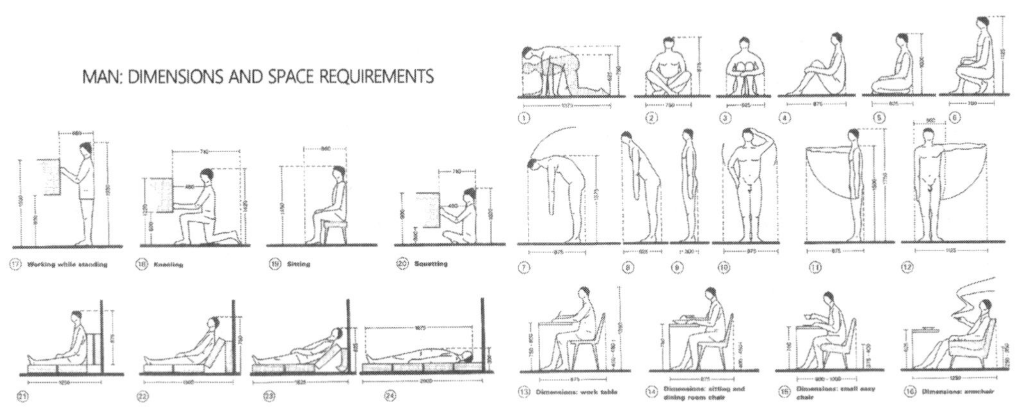

그림 57 Neufert Architects' Data 인체 동작치수

4) Frankfurt Kitchen

노동자의 작업영역과 동선 등을 합리화해서 생산성을 높이려는 Taylorism의 영향으로 20세기 초부터 부엌 내 작업을 과학화하려는 노력이 연구와 운동으로 나타났다. Taylorism 신봉자였던 미국 경제학자 Christine Frederick(1883-1970)이 1913년 주방 작업 효율화를 목적으로 다양한 주방기구와 제품을 조사해 노동력을 절감하는 방법을 제안하는 'The New

48) BAUHAUS 학생 출신인 Ernst Neufert(1900-1986)가 1936년 출판한 건축설계 관련 자료집

49) American Institute of Architects가 1932년부터 펴낸 핸드북으로 인치법 체계로 되어 있다.

Housekeeping Efficiency Studies in Home Management'라는 책을 출판하는가 하면, 이에 영향을 받은 프랑스 저널리스트 Paulette Bernège (1896-1973)는 왕성한 활동으로 유럽에서 1920년대 여성의 가사노동 해방 관련 연구와 단체가 만들어지는 데 결정적 역할을 담당했다.

오스트리아 출신 여성 건축가 Margarete Schutte-Lihotzky(1897-2000)가 설계한 'Frankfurt Kitchen'은 주거건축에서 이정표가 되는 사건으로 기록된다. 1926년 독일 근대 건축가 Ernst May(1885-1970)가 기획한 프랑크푸르트 Römerstadt 지역 '사회주택'[50] 단지 설계를 위해 과학적 동선분석에 기초한 주방 배치와 수납장 등이 갖추어진 오늘날 '시스템 부엌'의 효시가 되는 '근대부엌'을 설계한 것이다.

1.9m×3.4m 좁은 공간에 입구를 짧은 편에 두고 반대편에 창문과 작업대를 배치함으로써 긴 벽을 따라 싱크대와 캐비닛을 배열하는 구조를 택했다. 긴 변의 반대쪽에는 부엌과 식당을 연결하는 문을 미닫이로 하고 접이식 다리미판을 설치함으로써 최대한 작업공간을 확보하도록 했다. 알루미늄으로 주조된 서랍장을 제작해 설치했으며 주방가구 색깔은 파리가 싫어한다는 파란색을 칠했고 작업대는 얼룩과 긁힘에 강한 너도밤나무를 사용하는 등 합리적인 근거에 기반을 둔 혁신적 시도들이었다.

이 부엌은 1929년 '최소주거(Minimum dwelling)'를 주제로 프랑크푸르트에서 개최된 근대건축가연맹(CIAM) 제2차 회의에서 발표되기도 했다. 'Frankfurt Kitchen'은 주부를 노동공간에 가둔다는 비평을 받기도 했지만 제2차 세계대전 후 공동주택이 세계적으로 빠르게 확산하는 과정에 폭발적인 가전제품 보급과 더불어 현대식 주방 모델이 개발되고 혁신하는 출발점으로 평가되고 있다.

1. 가스 스토브
2. 조리대
3. 요리상자
4. 접이식 다리미판
5. 식품저장고
6. 회전 의자
7. 작업대
8. 쓰레기통
9. 식기 건조대
10. 싱크대
11. 알루미늄 서랍장
12. 그릇장
13. 청소용구 보관함
14. 히터
15. 접이식 작업대

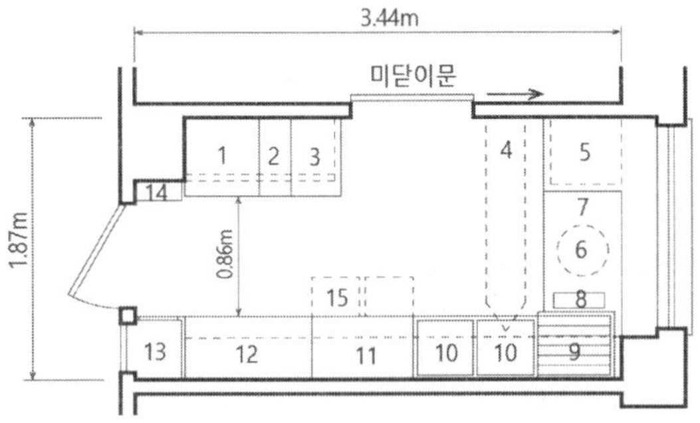

그림 58 Frankfurt Kitchen

50) 바이마르 공화국 시절 프랑크푸르트 시장이 Ernst May를 총괄 책임자로 해 Walter Gropius, Adolf Meyer, Bruno Taut 등 건축가가 설계에 참여하게 한 프로젝트로 12,000개 공동주택이 지어진 대규모 단지이다.

3. 모듈러

1) 황금비(Golden Ratio)

전체와 부분 또는 부분들 간의 상대적 크기를 비례라고 하는데 균형 잡힌 비례는 인간에게 시각적인 조화와 안정감을 준다. 사람의 신체도 아름다운 비례가 있다고 믿었으며 자연계에 존재하는 비례는 진리처럼 여겨지기도 했다. 나뭇잎이 성장하는 구조나 해바라기 씨앗이 만들어내는 구성, 솔방울 씨앗 배열, 조개껍데기가 이루는 소용돌이 모양 등은 널리 인용되는 아름다운 비례에 속한다.

인간은 오래전부터 자연계에 존재하는 비례의 규칙을 밝혀내 아름다운 형태를 만드는 데 활용하고자 했고 그 결과를 수학모델로 정리하기도 했다. 피보나치수열(Fibonacci sequence)은 그 대표적 예로 1, 1, 2, 3, 5, 8, 13…… 처럼 앞의 나란한 두 수를 더해 세 번째 수를 만드는 연속된 구조다. 많은 생물에게서 발견되는 피보나치수열 형태의 구조는 자연계에서 가장 안정된 상태를 나타낸다고 알려져 있다.

'황금비'는 고대 그리스에서도 조각이나 건물 등을 제작하는데 널리 쓰였는데 수학적으로는 피보나치수열 구조를 이룬다. 비례 중 가장 아름다운 비례라고 여겨 황금비라 부르게 되었던 것이다. 선분을 2개로 나누어 한쪽의 제곱이 나머지와 전체와의 곱과 같아지게 하는 비율을 말하며 1:1.618의 구조를 이룬다.

황금비를 이용해 아름다움을 창조하려는 노력은 오래전부터 있었는데 이집트 피라미드나 파르테논 신전, 밀로의 비너스 조각상 등을 대표적 사례로 꼽는다. 성당 평면을 계획할 때 가로와 세로 또는 주공간과 부공간의 크기를 정할 때도 사용하고, 입면계획 시 본 건물과 지붕의 비율을 정하거나 창문의 크기를 정할 때도 활용하였다.

Le Corbusier는 조화로운 비례를 찾는 '규준선(Regulating lines)' 개념을 도입해 입면계획의 주요한 전략으로 사용하기도 했다. 건물 입면 모서리에 대각선을 긋고 황금비 범위에 들어오도록 개구부를 조절하는 등의 작업을 말한다. Le Corbusier는 나중에 규준선 개념을 발전시켜 Modulor 이론으로 제안하게 된다.

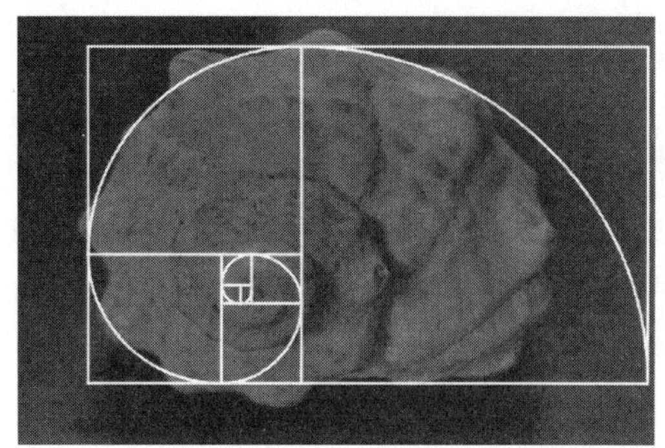

그림 59 자연 속 황금비

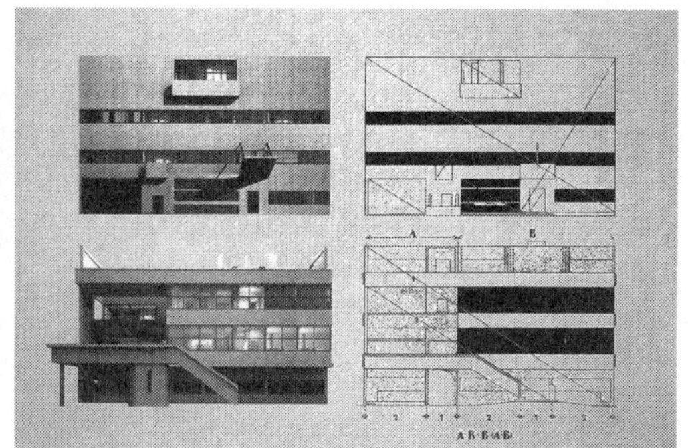

그림 60 Villa Stein 적용 Regulation lines

2) Modulor Man

인체로부터 유래한 치수체계를 포기하고 인위적으로 지구 자오선 길이로부터 기인한 미터법은 오랫동안 익숙해진 치수체계를 사용하던 사람들에게 생소한 관념적 설정이었다. 전통적으로 사용하던 치수체계는 십진법이 아닌 손가락 너비의 12배가 발자국(feet) 크기가 되고 세 발자국이 한 걸음(yard)이 되는 식으로 인체 친화적이었다고 볼 수 있었다. 건축에 적용하는 미터법 체계에 의문을 품은 건축가 Le Corbusier는 다시 사람으로부터 출발하는 새로운 치수체계를 제안한다. 신체로부터 출발한 치수체계가 아름다운 비례라 일컬어지는 황금비와도 조응한다면 얼마나 기쁜 일이겠는가?

'Modulor'라 명명한 이 치수체계는 사람의 신체 치수를 황금비에 연결해 새로운 시스템을 만들었다. 183cm[51] 크기의 표준형 인간을 'Modulor man'이라 부르고 1:1.618의 황금비 구조를 갖는 피보나치수열의 역순인 183, 113, 70, 43, 27의 치수체계를 만들고 '적색계열'이라 불렀다. 한편, 'Modulor man'이 손을 들어 올렸을 때의 높이인 226cm를 기준으로 다시 226, 140, 86, 53, 33의 치수체계를 만들어 '청색계열'이라 정했다. 이 숫자들은 각각 신체 부위에 대응하는데 183cm가 키라면 113cm는 배꼽까지의 높이, 70cm는 팔꿈치 높이, 43cm는 앉았을 때 엉덩이까지 높이 등이다.

이 치수체계는 사람 몸으로부터 나온 치수이지만 곧 사람이 이용하는 가구의 치수로 변환할 수 있는 구조를 가졌다. 따라서 의자의 크기는 적색계열의 43cm, 책상의 높이는 적색계열의 70cm, 서서 작업하는 작업대의 높이는 청색계열의 86cm, 팔을 올릴 수 있는 칸막이의 높이는 청색계열의 140cm 등의 건축치수를 구할 수 있는 것이다.

Le Corbusier는 Modulor 이론을 발표한 이래 자신의 설계에 이 치수체계를 적용하고

51) 초기에는 'Modulor man'의 키를 당시 성인 남성 평균 175cm로 설정했다가 더 큰 사람을 위한 공간 설정에 어려움이 있음을 확인하고 183cm로 조정하였다.

자 애썼다. 그 대표적인 작품이 1952년 지어진 'Unite d'Habitation'이다. 입면의 창문 모듈을 정하고 나누는 데 사용하였을 뿐만 아니라 내부의 가구디자인을 위해서도 적용했다. Le Corbusier는 세계 모든 건축가가 이 치수체계를 사용하기를 바랐으나 심미적이긴 하지만 황금비율과 피보나치수열 체계에 바탕을 둔 복잡한 치수체계 때문에 다른 건축가와 대중으로부터 받아들여지지는 못했다.

그림 61 Modulor man과 건축치수 적용

4. 건축치수

건축은 사람에게 감동을 주는 아름다운 공간을 창조하지만, 그 안에서 생활할 사람들이 불편을 겪지 않도록 충분한 치수를 확보해야 한다. 기능적으로 작동하여야 하는 시설들은 최소한의 치수를 법으로 규정하거나 기준으로 권장한다. 건축가는 치수에 대해 충분히 알아야 하고 각각의 상황에 필요한 치수를 제안할 수 있어야 한다.

1) 계단

계단은 수직 이동을 가능하게 하는 주요 시설 중 하나다. 건축법은 연면적 200m²를 초과하는 건축물에 대해 안전기준에 적합한 계단 설치를 의무화하고 있다.[52] 높이가 3m를 넘는 계단에는 3m 이내마다 잠시 쉴 수 있도록 너비 120cm 이상의 계단참을 설치해야 하고 높이가 1m를 넘는 계단과 계단참 양옆에는 안전을 위해 난간을 설치해야 하며 계단바닥부

52) 건축법 시행령, 제48조(계단·복도 및 출입구의 설치)

터 수직 방향 마감까지 높이는 2.1m 이상으로 해야 한다[53]. 계단 종류에 따른 필요 치수는 다음 〈표 5〉의 기준에 적합해야 한다.

<표 5> 계단 필요치수

계단의 종류	계단, 계단참 너비	단 높이(챌판)	단 너비(디딤판)
초등학교 계단	150cm 이상	16cm 이하	26cm 이상
중·고등학교 계단	150cm 이상	18cm 이하	26cm 이상
문화 및 집회시설, 판매시설	120cm 이상		
바닥면적 합계 $200m^2$(지상층) / $100m^2$(지하층) 이상	120cm 이상		
기타 계단	60cm 이상		

주) 돌음계단 단 너비는 좁은 너비 끝부분부터 30cm의 위치에서 측정

난간과 벽 손잡이는 손으로 잡기 편할 수 있도록 최대지름이 3.2~3.8cm 범위의 원형 또는 타원형 단면으로 하여야 한다. 손잡이는 벽으로부터 5cm 이상 떨어지도록 하고 계단바닥에서 85cm 높이에 설치한다. 계단이 끝나는 수평부분 손잡이는 30cm 이상 나오도록 설치해야 한다. 계단을 대체하는 경사로(ramp)의 경사도는 1:8을 넘지 않아야 하며 표면을 거친 면으로 하거나 미끄러지지 않는 재료로 마감해야 한다.

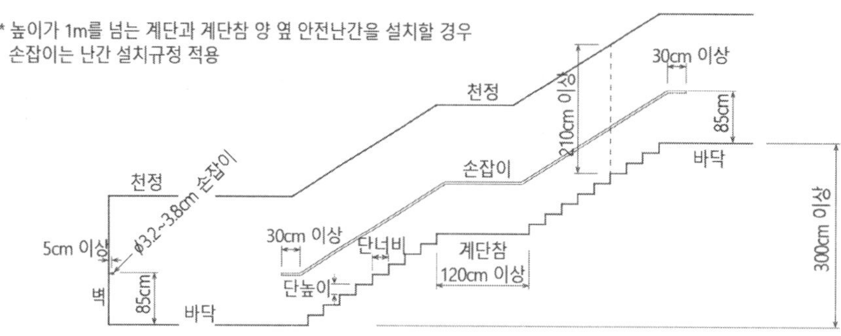

그림 62 계단 설치기준

53) 건축물의 피난·방화구조 등의 기준에 관한 규칙, 제15조(계단의 설치)

2) 화장실

여러 사람이 이용하는 공용시설과 일정 규모 이상의 민간시설은[54] 공중화장실을 설치해야 한다. 공중화장실은 남녀화장실을 구분해야 하며 여성 화장실의 대변기 수는 남성 화장실의 대·소변기 수의 합 이상이 되도록 설치해야 한다. 남성 화장실 소변기에는 가림막을 설치해야 한다. 대변기 칸 출입문은 안여닫이로 하고 아랫부분은 환기 등을 위해 바닥에서 10cm 이상 20cm 이하의 공간을 두어야 하고 출입문을 제외한 옆 칸막이 아랫부분과 바닥 간 거리는 위생과 안전을 위해 5mm 이하여야 하며 환기를 위해 칸막이 윗부분과 천장 간 거리는 30cm 이상으로 해야 한다.[55]

정부는 공중화장실 연면적을 33m² 이상, 대변기 7개(남자용 2개, 여자용 5개) 이상, 소변기 3개 이상, 대변기 칸막이 규격을 짧은 변이 85cm 이상이고 긴 변이 115cm 이상(서양식 변기를 설치하는 경우 130cm 이상), 소변기 1인이 점용하는 폭은 75cm 이상 등의 구체적인 설치기준을 운용해오다가, 엄격하게 규정된 설치기준을 개선하여 지방자치단체가 지역 특성, 시설 여건, 이용자 특성 등을 고려해 공중화장실을 유연하게 운영할 수 있도록 2018년 관련 규정을 개정했다.

대신, 유니버설디자인 관점으로 공중화장실 관련한 상세한 가이드라인을 따로 적용하기도 한다.[56] 공중화장실에 장애인·노인·임산부 등이 사용할 수 있는 변기를 설치하는 경우 '장애인·노인·임산부 등의 편의증진 보장에 관한 법률' 기준에 적합해야 한다. 대변기 칸막이 안에는 영·유아를 동반한 사람의 이용 편의를 위해 영·유아용 변기, 거치대, 보조의자 등을 갖춘 영유아 보조화장실을 설치할 수 있다. 어린이용 세면대는 어린이가 사용하기에 불편하지 않도록 낮은 높이로 설치하거나 높낮이가 조절되는 것으로 설치해야 한다.

공중화장실은 기능적 관점의 최소 기준을 만족하여야 하지만 주택과 같이 그 외의 경우에는 생활공간으로서 쾌적하고 안락하게 설계할 필요가 있다. 화장실에서 목욕뿐만 아니라 화장 기능도 담당할 수 있도록 고려한다. 이 경우 변기는 공간을 분리해 따로 설치할 필요가 있다. 화장실과 욕실에서의 안전은 우선하여 고려하여야 한다.

---

54) 바닥면적 합계가 2,000m² 이상인 제1종 근린생활시설, 제2종 근린생활시설, 업무시설/ 공중화장실 등에 관한 법률 시행령 제3조(적용범위) ②항

55) 공중화장실 등에 관한 법률 시행령 [별표] 공중화장실 등의 설치기준

56) '모두를 위한 공중화장실 유니버설디자인 적용지침', 서울특별시, 2023.

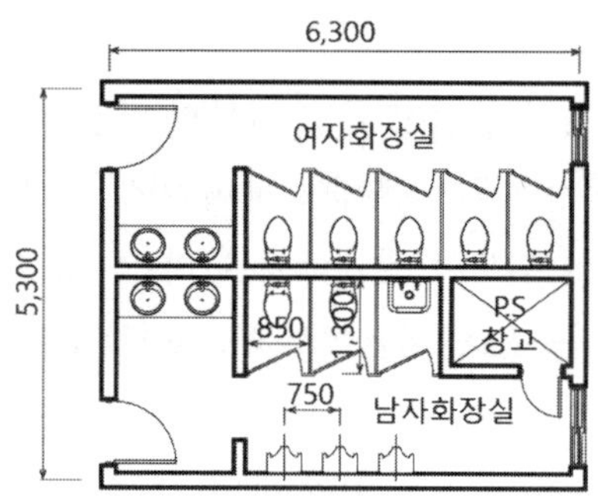

그림 63 폐지되기 전 공중화장실 최소 기준

3) 주차장

주차장은 기능적으로 충실해야 한다. 법은 주차장을 도로에 설치하는 노상주차장(路上駐車場)과 그 외의 장소에 설치하는 노외주차장(路外駐車場)으로 구분하고 주차수요를 유발하는 건물에 설치하는 부설주차장을 따로 규정하고 있다. 주차단위 구획은 아래 <표 6>과 같으며 흰색 실선(경형 자동차는 파란색 실선)으로 표시한다.[57)]

<표 6> 주차단위

평행주차 형식

구분	너비	길이
경형	1.7m 이상	4.5m 이상
일반형	2.0m 이상	6.0m 이상
보도와 차도 구분 없는 주거지	2.0m 이상	5.0m 이상
이륜자동차 전용	1.0m 이상	2.3m 이상

평행주차 외 형식

구분	너비	길이
경형	2.0m 이상	3.6m 이상
일반형	2.5m 이상	5.0m 이상
확장형	2.6m 이상	5.2m 이상
장애인 전용	3.3m 이상	5.0m 이상
이륜자동차 전용	1.0m 이상	2.3m 이상

주차장 출입구 너비는 3.5m 이상으로 하여야 하며 주차 규모가 50대 이상이면 출구와 입구를 분리하거나 너비 5.5m 이상의 출입구를 설치하여야 한다. 주차구획선의 긴 변과 짧은 변 중 한 변 이상이 차로에 접해야 하는데 차로 너비는 <표 7>과 같다.[58)]

57) 주차장법 시행규칙 제3조(주차장의 주차구획)

58) 주차장법 시행규칙 제6조(노외주차장의 구조·설비기준)

<표 7> 주차장 차로 너비

이륜자동차 전용 노외주차장

주차형식	차로의 너비	
	출입구 2개 이상	출입구 1개
평행주차	2.25m	3.5m
직각주차	4.0m	4.0m
45° 대향주차	2.3m	3.5m

이외의 노외주차장

주차형식	차로의 너비	
	출입구 2개 이상	출입구 1개
평행주차	3.3m	5.0m
직각주차	6.0m	6.0m
60° 대향주차	4.5m	5.5m
45° 대향주차	3.5m	5.0m

법적 규정은 최소한의 요건으로 주차장 설계를 위해서는 여유 있는 기준을 적용해야 한다. SUV를 등 많은 차종이 커지고 있으며 안전과 편리한 주차를 위해 충분한 공간을 확보할 필요가 있다. 주차대수가 최대 용적률 확보를 위한 필요조건으로 작용하는 현실에서 법적 최소 요건만을 충족하기보다는 사용자 편리를 우선으로 생각해야 한다.

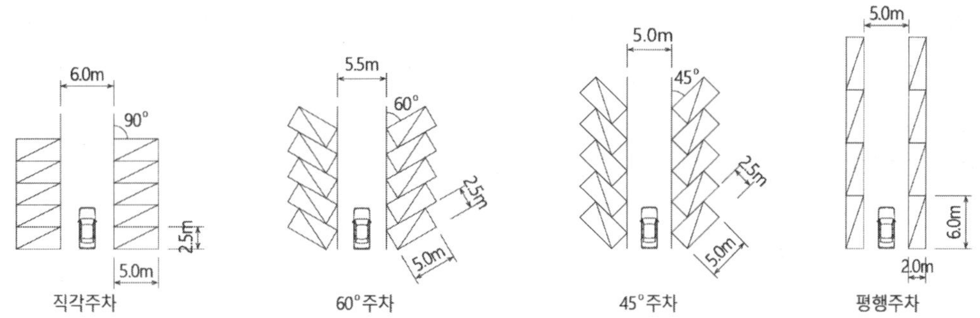

그림 64 주차 설치기준(일반형)

4) 건축모듈

건축물을 설계할 때 기준단위로 삼는 치수체계를 '모듈(Module)'이라 한다. 동서양을 막론하고 전통적으로 건축은 모듈 체계를 사용해 왔다. 미터법 이전에 서양에서는 사람의 몸을 이용한 치수체계를 건축에 적용해 모듈로 썼다. 현재까지도 북미권에서는 신체치수에 기인한 인치와 피트를 사용하고 있으며 목재 크기도 2″×4″[59], 2″×6″ 등으로 규격화해 쓴다. 우리나라는 설계를 위한 공간 단위로 칸(間)을 사용했고 목재 등 단위 부재는 자(尺)를 썼으며 작은 치수를 위해서는 치(寸)를 적용했다.

59) 2″×4″는 실제론 1-1/2″×3-1/2″(38×89mm)로 건조와 가공을 거치기 전 치수를 사용한다.

건축모듈은 경제적 관점에서도 유리하다. 건축물 치수의 경우 건축가에 따라 크기가 다르고 불필요하게 세분된다면 재료 사용상 경제적이지 못하며 가공할 때도 대량생산이 곤란해 항상 특수 제품으로 주문해야 하는 어려움도 따른다. 그러므로 건축계에서는 오랫동안 모듈화된 치수체계 도입해 사용해 왔다.

일반적으로 우리나라에서 가장 많이 사용하는 모듈체계는 30cm 단위이다. 건축 현장에서는 오래전부터 한 자에 해당하는 이 치수를 사용해 왔고 거푸집을 비롯해 많은 건축 부재들이 이 모듈에 맞추어 보급되고 있다. 30cm, 60cm, 90cm, 1.2m, 1.5m, 1.8m, 2.1m, 2.4m, 3.0m 등 30cm의 배수가 되는 치수를 모듈로 사용한다. 한편, 치수가 작아질수록 이 치수체계 적용이 어려워서 작은 치수에서는 10cm 단위의 모듈을 사용한다. 가구 등을 위한 세밀한 치수를 제외하고는 mm 단위의 치수체계는 가급적 건축공간에 적용하지 않는 것이 바람직하다고 할 것이다.

과거 정부에서는 모듈화된 치수체계를 표준설계라는 이름으로 공공건축 분야에 보급하려 애썼다. 대학교 건물설계의 경우, 9m×3.6m와 4.5m×3.6m를 단위모듈로 정하고 대학원 강의실과 세미나실은 9m×3.6m, 강의실은 9m×10.8m, 교수연구실은 4.5m×3.6m 모듈을 권장했었다.[60] 시스템화된 모듈 적용은 경제적이고 기능적인 설계를 이끌었지만, 반면 경직된 건축 평면을 양산해 특성 없이 획일화된 건축설계를 초래했다는 비판을 받았다. 현재는 정부에 의한 강제적인 모듈 도입은 없는 상태이지만 건축가가 기능적이고 합리적인 측면을 고려해 모듈을 적용하는 것이 유리하다.

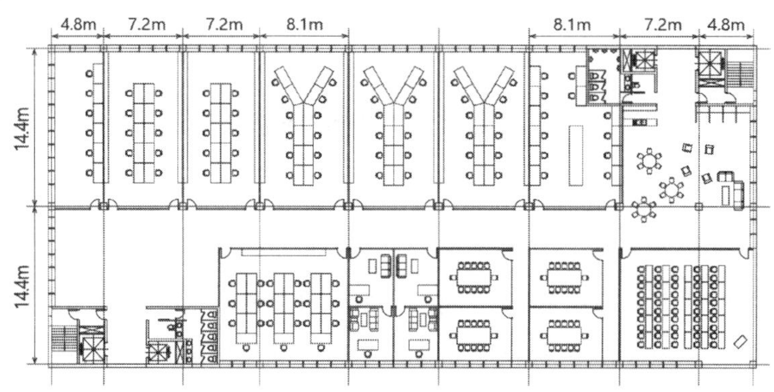

그림 65 모듈 적용 스타트업파크 평면 계획안

60) 서울대학교 응용과학연구소(1972), 7.2m 모듈을 도입한 대학교 건물.

5장 | 다양한 개인과 건축

모더니즘 시대 건축은 표준형 인간을 설정하고 이를 준용하는 효율과 기능적 측면만을 강조했다. 이 시대 건축 치수는 건축가가 지켜야 하는 통제적 수단으로 법적 구속력을 가졌다. 사회가 다양화하고 발전함에 따라 개인차를 고려한 다양한 조건의 인간을 위한 물리적 환경조성 요구가 늘어남에 따라 'Barrier-Free'와 'Universal Design' 등의 개념이 등장해 발전을 거듭하고 적용 범위를 확대하고 있다. 이 장에서는 우리가 모두 어느 순간 맞닥뜨리게 되는 노인과 장애인을 정의하고 모두를 위한 물리적 환경을 개선하는 노력으로써 'Barrier-Free', 'Universal Design', 'Design for All' 등의 개념을 살펴본다. 아울러, 법률로 정하고 있는 장애인을 위한 건축치수를 최소한의 요건이자 권장 개념으로 다룬다. 건축치수 적용과 관련해 제약적 수단이 사라짐에 따라 치수는 건축가가 자유로움 속에서도 책임을 지고 숙고해야 하는 도구가 되었다.

1. 노인

인간은 태어나서 성장하고 어른으로 성숙하며 나이 들어 노화하는 생애 과정을 거친다. 건축공간이 인간 성장단계에 적합한 환경을 제공해야 함에도 모더니즘 시대 건축은 건강한 성인 남성 중심 표준형 인간만을 고려 대상으로 삼았다. 건물유형마다 공간적 요구사항을 참고자료로 제공하는 건축설계 가이드북 'Architectural Graphic Standards'와 'Neufert Architects' Data'도 인간공학에 기초한 성인 남성을 표준으로 설정했다. 상대적으로 제일 큰 성인 남성을 기준으로 삼는 건축공간이 모두에게도 적당하리라 판단한 결과이지만, 장애인과 자율적 활동에 어려움이 발생하기 시작하는 노인에 대한 고려가 빠졌다. 기대수명이 늘어나고 노인으로 사는 기간이 길어짐에 따라 노인에 대한 고려는 건축설계 과정 중 중요하게 다루어야 할 주제로 부상했다.

법률이 노인의 기준을 명확히 정의하고 있지는 않지만, 일반적으로 생리적, 신체적 기능 감퇴와 사회적 기능이 약화한 사람이라 일컫는다. UN은 65세 이상을 노인으로 규정하고 전체 인구 대비 65세 인구가 7%에서 14% 미만인 사회를 '고령화 사회(aging society)', 14%에서 20% 미만을 '고령사회(aged society)', 20% 이상을 '초고령사회(super-aged society)'로 구분하고 있다. 우리나라는 2000년에 노인 인구가 전체의 7%인 336만 명에 도달해 '고령화 사회'로 진입했고 2023년에는 18.2%가 되어 '고령사회'로 접어들었으며 2025년에는 20.3%로 '초고령사회'가 되었다.[61]

20세기 초만 하더라도 인간의 평균수명은 40세 후반에 불과했고 노인은 소수로 취급되었다. 오늘날 백신, 위생, 영양 등의 조건이 나아지면서 기대수명은 80세를 넘었으며 65세 이상 인구 비율도 1/5을 차지한다. 우리는 모두 미래의 어느 순간 노인이 되어 물리적 환경이나 누군가의 도움을 받아 살아가야 할 때가 올 것이다. 노인을 위한 건축환경 조성은 점점 중요하게 다뤄지고 있으며 특별한 건축기준을 위한 연구와 제도 등을 마련할 필요가 있다.[62] 제도적으로는 '장애인·노인·임산부 등의 편의증진 보장에 관한 법률'이 노인을 포함하므로 시설기준은 이를 따르고 있다. 노인의 특성이 반영된 특별한 건축환경 조성에 관한 연구와 제도가 필요하다.

---

61) 국가통계포털(KOSIS), https://kosis.kr

62) 현재, '주택건설기준 등에 관한 규정' 제55조는 100세대 이상 주택단지에는 15m^2에 100세대를 넘는 매 세대당 0.1m^2를 더한 면적 이상의 노인정 설치를 의무화하는 정도에 머물고 있다.

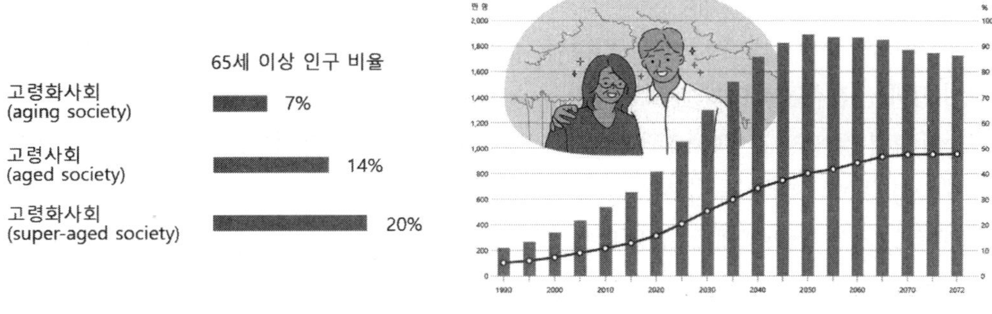

그림 66 고령사회 기준(UN)

그림 67 우리나라 노인인구추계(통계청)

2. 장애인

장애인은 신체적, 정신적 장애로 오랫동안 일상생활이나 사회생활에서 상당한 제약을 받는 사람을 말하며[63)] 선천적 장애와 후천적 장애로부터 비롯된다. 과거 장애는 정상에 대한 부정적인 의미의 결격으로 보는 시각이 있었으나 인간다운 삶과 인권보장 등을 국가가 보장하고 책임지는 선진사회로 이행함에 따라 이에 대한 인식과 명칭이 개선되었다. 영어권에서는 한때 'Handicapped'라는 단어를 사용하기도 했으나 오늘날에는 보편적으로 'Disabled'라는 명칭을 사용하고 있다.

1980년 국제보건기구(WHO)는 장애인을 정의하는 분류체계로 'ICIDH(International Classification of Impairments, Disabilities and Handicaps)'를 발표했다. 여기서 'Impairment(기능장애)'는 심리적, 생리학적, 해부학적 구조나 기능을 상실하거나 정상적이지 않은 상태를 의미한다. 'Disability(능력장애)'는 인간에게 정상이라고 생각되는 방법 또는 범위 내에서 동작하는 능력이 제한되거나 불가능한 상황을 뜻한다. 'Handicap(사회적 불리)'은 기능장애 또는 능력장애의 결과로 정상적인 역할 수행이 제한되거나 못하게 되는 불리한 조건을 말한다.[64)]

1999년 WHO는 다시 'ICIDH-2를 발표했는데 다소 부정적 이미지를 가지고 있는 'Disabilities'와 'Handicaps'를 각각 긍정적 함의를 담은 'Activities(활동)'와 'Participation(참여)'으로 변경했다. 2001년에는 장애에 관해 좀 더 포괄적 개념을 담고 있는 'ICF(International

63) 장애인복지법 제2조(장애인의 정의 등)

64) WHO(1980), International Classification of Impairments, Disabilities, and Handicaps.

Classification of Functioning, Disability and Health)'를 선언했다.[65] 여기서 'Disability'와 'Health' 개념의 등장은 누구나 평생 건강이 나빠질 때가 있으며 그로 인해 무력한 상태를 경험하게 된다는 진취적 의미를 내포한다.

건축가로서 장애인 관련해서 관심을 가져야 하는 영역은 주로 활동 제한과 관계가 있는 건축계획적 대책들이다. 특히 시각장애와 지체장애에 관해서는 건축환경과 도시공간에 대한 구체적인 설계기준이 제도로 정착했으며 점점 강화하고 있다. 장애인은 각종 시설과 교통수단 이용 등에서 불편을 겪고 있으며 이러한 대책은 'Barrier-Free', 'Universal Design' 등의 개념으로 발전했다.

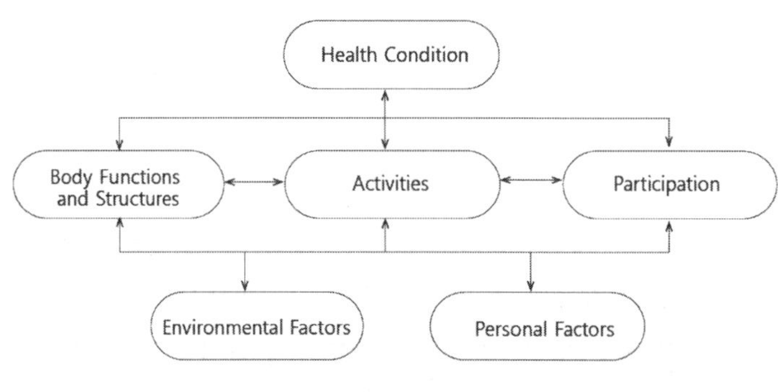

그림 68 WHO ICF 정의

3. Barrier-Free(무장애 설계)

어느 시대나 장애인이 존재했을 것으로 여겨지나 사회적 소수로 취급되어 공공의 관심과 이들을 위한 특별한 지원이 사회 전체적으로 다뤄지는 일이 드물었다. 1950년대에 이르러 제2차 세계대전의 여파로 전쟁에서 부상한 상이군인의 요구가 공공이 본격적으로 장애인 문제에 관심을 가지는 계기가 되었다. 1960년대엔 세계적으로 인권이 대두되고 미국에선 베트남전에서 돌아온 부상자가 공공공간 이동에 대한 제약을 주장하는 분위기 속에서 장애인 관련 법 제정과 기준마련 등 제도화로 이어졌다.

1948년부터 Timothy Nugent(1923-2015)에 의해 시작된 장애인을 위한 인간공학적 연구가 1960년대에 장애인을 위한 기준들이 마련되는 기반을 닦았다. 1961년 발표된 미

65) https://iris.who.int/handle/10665/65990

국표준 ANSI A117.1[66]은 최초의 'Barrier-Free' 기준으로 기록된다. 영국에선 Selwyn Goldsmith(1932-2011)가 1963년 발표한 'Designing for the disabled'에서 장애인을 위해 '턱을 없앤 연석(dropped kerb)'을 제안했다. 1974년 UN이 발표한 보고서 'Barrier Free Design'[67]에서 비롯했던 용어는 곧 'Universal Design'으로 대체되기 시작한다. 'Barrier-Free'가 기존의 물리적 환경이 장애인에게 '장벽(barrier)'으로 작용해 다소 부정적 의미가 내포되어 있음에 비해 'Universal Design'은 새로운 공간을 만들며 지향해야 할 긍정적이고 발전적인 개념으로 여겨지기 때문이다.

'Barrier-Free'는 주로 일본과 우리나라를 비롯해 비영어권에서 쓰이는 데 비해 영어권에서는 'accessibility'라는 단어를 사용해왔다. UN도 관련 기준을 'Accessibility for the Disabled'라고 했다.[68] 우리나라에서는 법률적으로 '어린이, 노인, 장애인, 임산부뿐만 아니라 일시적 장애인 등이 개별시설물, 지역을 접근, 이용, 이동함에 있어 불편을 느끼지 않도록 계획, 설계, 시공하는 것'[69]이라고 'Barrier-Free'를 정의하고 있다. 결국 사회구성원 모두 편리한 생활이 가능하도록 환경을 조성한다는 개념으로 도시와 건축설계 분야에서 장애인 등이 이용하기에 불편한 물리적인 장벽을 제거한다는 의미로 사용된다. 'Barrier-Free'는 고령사회로 진전함에 따라 주거뿐만 아니라 도시공간 전체가 편리하고 안전하게 조성되어야 함을 전제로 한다.

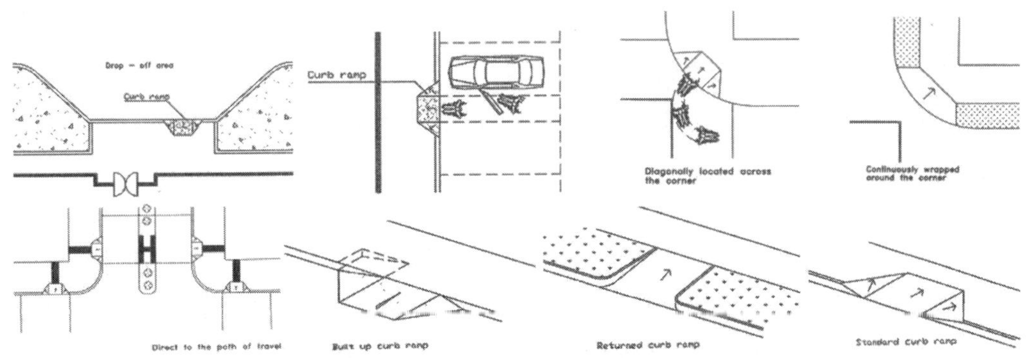

그림 69 UN 가이드라인 Barrier-Free 연석 사례

---

66) Accessible and usable buildings and facilities

67) Barrier Free Design, 1974, United Nations Secretariat, New York

68) https://www.un.org/esa/socdev/enable/designm/index.html

69) '장애물 없는 생활환경(Barrier Free) 인증제도 시행지침' 제2조(정의)

4. Universal Design

'Universal Design' 개념은 건축가 Ronald L. Mace(1942-1998)에 의해 정립되었다고 알려져 있는데, 장애 유무, 나이, 성별, 체격의 차이에도 불구하고 가능한 모든 이들이 이용할 수 있는 제품, 건물, 공간 등을 디자인하는 것을 말한다.[70] 자신이 장애인이었던 그는 1966년 North Carolina 주립대학 건축학과를 졸업하고 몇 년의 실무 후에 장애인을 위한 설계기준을 만드는 작업에 참여하게 되는데, 이는 1973년 North Carolina 주가 관련 법률을 제정하고 기준을 적용하는 정책으로 이어졌다. 1989년 모교에 연방정부의 지원을 받아 '유니버설 디자인센터'를 설립해 관련 연구를 수행하고 정보를 제공하는 중요한 역할을 담당했고, 이러한 활동은 1990년 미국에서 '장애인법(Americans with Disabilities Act)'이 제정되는 데에 결정적으로 이바지했다.

일상생활에서 불편이 없도록 물리적 장벽을 제거한다는 차원에서는 'Barrier-Free'와 의미가 같지만, 'Barrier-Free'가 장벽 제거라는 분명하고 구체적인 목표를 제시하는 데 비해 'Universal Design'은 보편 개념을 지향한다. 규정으로 제한하기보다는 방향을 제시함으로써 창의적이고 다양한 실천 방법이 개발되기를 장려한다는 개념이다. 게다가 'Universal Design'은 'Barrier-Free'에 비해 미학적인 고려도 추가했다.

1997년 North Carolina 주립대학 '유니버설 디자인센터'는 일곱 가지 Universal Design 원칙[71]을 발표했다. 모든 사용자가 같은 방법으로 사용할 수 있도록 하는 '공평한 사용(Equitable use)', 다양한 사용자의 선호와 능력에 맞게 사용할 수 있는 '사용의 유용성(Flexibility in use)', 사용법을 누구라도 쉽게 알 수 있게 해야 한다는 '단순하고 직관적인 사용(Simple and intuitive)', 사용법을 즉각적으로 이해할 수 있어야 하는 '인지할 수 있는 정보(Perceptible information)', 이용자가 잘못 사용하더라도 위험이나 역효과가 최소가 되도록 디자인하는 '오류에 대한 관대함(Tolerance for error)', 적은 힘으로도 편리하게 작동할 수 있도록 하는 '최소의 물리적 노력(Low physical effort)', 접근하고 이용하기에 적절한 크기와 공간으로 설계해야 하는 '사용에 적합한 크기와 공간(Size and space for approach and use)'이다.

70) https://en.wikipedia.org/wiki/Universal_design#Design_for_All.

71) www.ncsu.edu

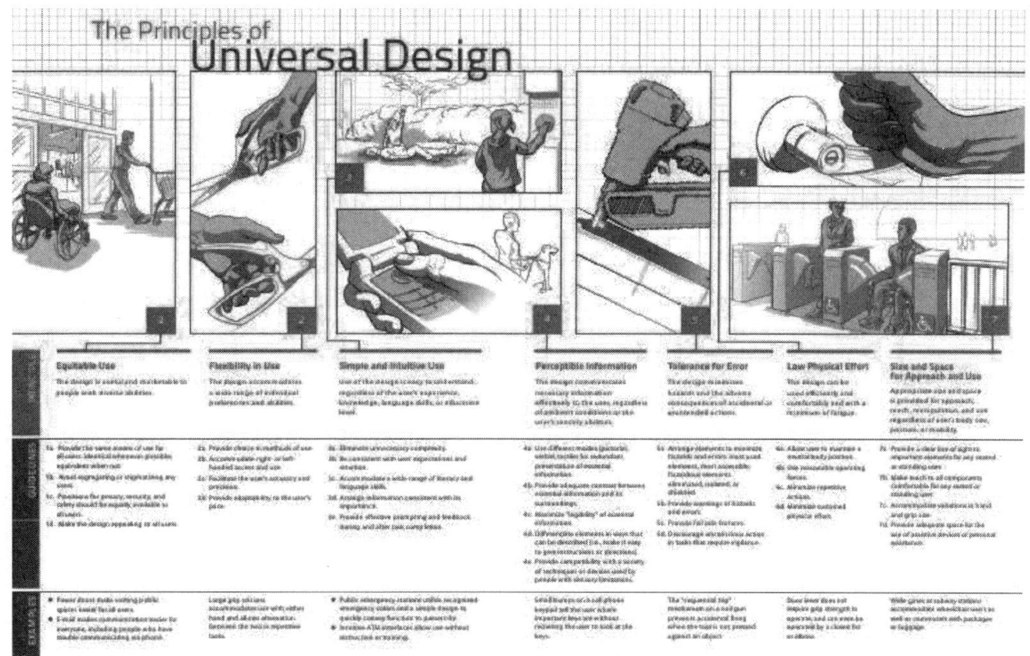

그림 70 Universal Design 7원칙

5. Inclusive Design

'Inclusive Design'은 'Universal Design'과 궤를 같이하지만 좀 더 포괄적인 개념이라고 볼 수 있다. 'Universal Design'이 미국에서 시작돼 확산했다고 한다면 'Inclusive Design'은 유럽을 중심으로 전개되었다. 영국에서는 1995년 그동안 디자인과 건축 분야에서 간과했던 장애인을 포함하는 '장애인 차별금지법'을 제정했고 2010년에는 고령층을 포함하는 '평등법' 제정으로 이어졌다. 영국에서 입지를 굳힌 'Inclusive Design'은 능력, 언어, 문화, 성별, 나이 등 어떤 형태의 차이와 관련해 인간의 다양성 전체를 고려해야 한다는 좀 더 포괄적인 개념으로 사용된다.[72)]

1994년 Roger Coleman(1943-)이 '국제인간공학협회(IEA)'에서 'Inclusive Design' 개념을 최초로 제안했다고 알려져 있는데 사용자의 요구사항을 이해하는 노력을 중시한다. 영국 '건축·공간환경위원회(CABE)'[73)]는 2006년 '포용형(Inclusive)', '반응형(Responsive)', '유

---

72) https://idrc.ocadu.ca/about/philosophy/

73) Commission for Architecture and the Built Environment

연한(Flexible)', '편리한(Convenient)', '친절한(Accommodating)', '환영하는(Welcoming)', '현실적인(Realistic)', '이해하기 쉬운(Understandable)'의 여덟 가지 'Inclusive Design' 원칙을 발표했다. 'Inclusive Design'은 건축과 공간환경이 건축가와 관리자 등에 의해 만들어지지만, 궁극적으로 이러한 환경을 만드는 것이 개발자이자 서비스 제공자의 손에 달렸음을 강조함으로써 'Inclusive Design' 원칙에 따라 설계, 건설 및 운영되도록 하는 것이 건축주이자 공공의 책임이라고 주장한다.[74)]

유럽에서는 다른 이름으로 'DfA(Design for All)'이라고도 부른다. 인구 고령화와 장애인을 주류사회에 통합하는 시대적 추세 속에서 어린이, 노인, 다양한 신체적, 정서적, 인지적 장애가 있는 사람들을 포함하는 개념으로 발전한 것이다. 1993년 설립된 'EIDD(European Institute for Design and Disability)'는 'DfA을 통해 삶의 질을 향상하자'라는 기치 아래 2004년 '유럽의 모든 기관, 국가 및 지방 정부, 전문가, 기업인, 사회 활동가가 정책과 활동에 모두를 위한 적절한 디자인 실행방안을 모색할 것을 촉구'하는 스톡홀름 선언을 채택했다.[75)] 'DfA'은 고령화와 다인종 사회로 구성된 유럽사회에서 주류 개념으로 자리 잡고 있다.

그림 71 EIDD DfA 사례(https://dfaeurope.eu/)

74) CABE(2006), The principles of inclusive design.

75) EIDD(European Institute for Design and Disability) 스톡홀름 선언(2004).

6. 우리나라 현황

우리나라에 도입된 'Barrier-Free' 또는 'Universal Design' 관련 제도로는 1997년 제정된 보건복지부 소관 '장애인·노인·임산부 등의 편의증진보장에 관한 법률'이 있고, 2005년 제정된 국토해양부 소관 '교통약자의 이동편의 증진법'이 있으며, 2010년 행정안전부가 제정한 '보행안전 및 편의 증진에 관한 법률'이 있다. 국토해양부는 2010년 '장애물 없는 생활환경 인증에 관한 규칙'을 제정해 장애물 없는(Barrier-Free) 생활환경 인증제도를 시행하고 있다. '건축법'과 '국토의 계획 및 이용에 관한 법률'에도 보행환경 개선과 장애인 등 이동 약자를 위한 편의시설 기준 등을 정하고 있다.

지방자치단체는 '교통약자의 이동편의 증진법'에서 정한 5년 단위의 '지방 교통약자 이동편의 증진계획'[76)]에 따라 2010년대부터 'Universal Design' 개념을 도입하고 관련 조례 제정과 자체적인 가이드라인을 개발해 운용하고 있다. 서울시는 2020년 유니버설디자인센터를 설립하고 통합 가이드라인 뿐만 아니라 어린이집, 장애인복지관, 노인요양시설 등 개별 시설에 특화된 지침을 적용한다. 서울시 디자인 가이드라인은 기존 환경이 평균 개념이 적용된 일부한테는 불편한 사회라고 전제하고 'Universal Design'으로 이용자 행태에 기반을 둔 맞춤형 디자인 확대로 궁극적으로는 만족감을 높여 사회참여를 촉진하는 구조를 만드는 것이라고 역설한다.[77)] 경기도는 2011년 '경기도 유니버설디자인 가이드라인'을 수립하고 공공공간, 공공건축물, 도시기반시설물, 가로시설물, 공공정보매체로 부문을 나누어 관리한다. 2013년 '경기도 유니버설디자인 기본조례'를 제정하고 2024년에는 '경기도 유니버설디자인 사례집'[78)]도 펴냈다. 경상남도와 제주도 등도 지역 특성에 맞는 가이드라인을 개발해 운용하는 등 지자체별로 확대하는 추세이다. 공공기관도 성격에 따라 개별적인 가이드라인을 적용한다. 경기도 교육청은 학교시설에 특화된 지침을 사용하고 문화체육관광부는 문화시설, 전시시설, 도서관 등을, 행정안전부는 공공청사의 가이드라인을 정했다. 보건복지부 산하 '한국장애인개발원'은 2011년 '장애인 편의시설 표준상세도'를 발간하며 건축설계 과정에서 사용할 수 있는 CAD 파일을 .dwg 파일 형식으로 제공하고 있다.

76) 교통약자의 이동편의 증진법, 제7조(지방 교통약자 이동편의 증진계획의 수립 등)

77) 서울시 유니버설디자인 통합 가이드라인(2017)

78) 경기도 유니버설디자인(2014-2024)

그림 72 서울시 유니버설디자인 가이드라인

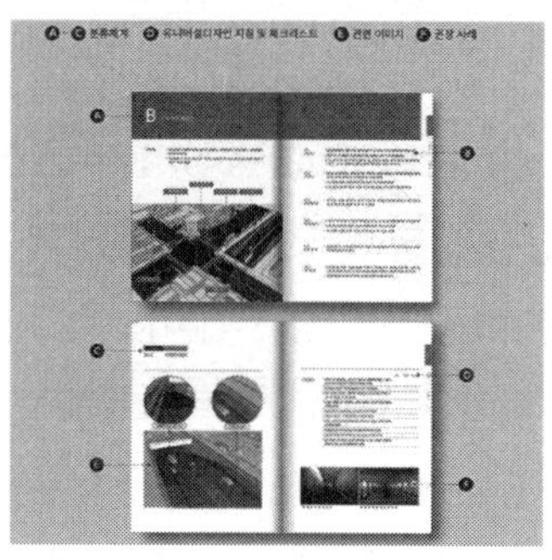

그림 73 경기도 유니버설디자인 가이드라인

그림 74 장애인 편의시설 상세표준도

7. 장애인 편의시설 기준[79)]

1) 접근로

휠체어 사용자가 통행할 수 있도록 외부에서 건물 출입구까지 이르는 접근로 유효폭은 1.2m 이상이어야 하며 다른 휠체어 또는 유모차 등과 교행할 수 있도록 50m마다 1.5m×1.5m 이상의 교행구역을 설치하도록 한다. 접근로의 기울기는 1/18 이하로 하여야 하며 휠체어 사용자가 휴식할 수 있도록 30m마다 1.5m×1.5m 이상 수평면으로 된 참을 설치한다. 접근로에 단차가 있을 때 그 높이 차이는 2cm 이하로 하여야 하며 접근로와 차도의 경계 부분에는 연석을 설치하여야 하는데 높이는 6~15cm 범위로 한다. 접근로에 틈새가 있는 경우는 간격이 2cm 이하가 되도록 하여야 한다.

2) 장애인전용 주차구역

장애인전용 주차구역은 건축물의 출입구 또는 장애인용 승강설비와 가장 가까운 위치에 설치해야 하며 통로의 유효폭은 1.2m 이상이다. 주차대수 1대의 규격은 길이 5m, 폭 3.3m인데 주차를 위한 2.3m와 승하차를 위한 1m이다. 주차 바닥면에는 가로 1.3m, 세로 1.5m, 주차 구역선에는 가로 50cm, 세로 58cm로 운전자가 식별하기 쉬운 색으로 장애인 전용표시를 해야 한다. 주차공간 바닥면 기울기는 1/50 이하로 한다.

---

79) 장애인·노인·임산부 등의 편의증진 보장에 관한 법률 시행규칙, 제2조(편의시설의 세부기준), [별표 1]

3) 주출입구

출입구 통과 유효폭을 0.9m 이상 전면 유효거리는 1.2m 이상으로 하며 자동문이 아닌 경우에는 출입문 옆에 0.6m 이상 활동공간을 확보한다. 출입문은 회전문을 제외한 다른 형태의 문을 설치해야 하며 여닫이문에 도어체크를 설치할 때는 문이 닫히는 시간이 3초 이상이 되도록 충분하게 확보하여야 한다. 자동문은 휠체어 사용자의 통행을 고려하여 문의 개방 시간은 충분하게 확보하며 개폐기 작동장치는 될 수 있는 대로 감지 범위를 넓게 해야 한다. 출입문 손잡이는 바닥면으로부터 0.8~0.9m 사이에 위치하도록 하며 레버형이나 수평 또는 수직 막대형을 권장한다. 주출입구 30cm 전면에는 문 폭만큼 점형블록을 설치하거나 바닥재 질감을 달리한다.

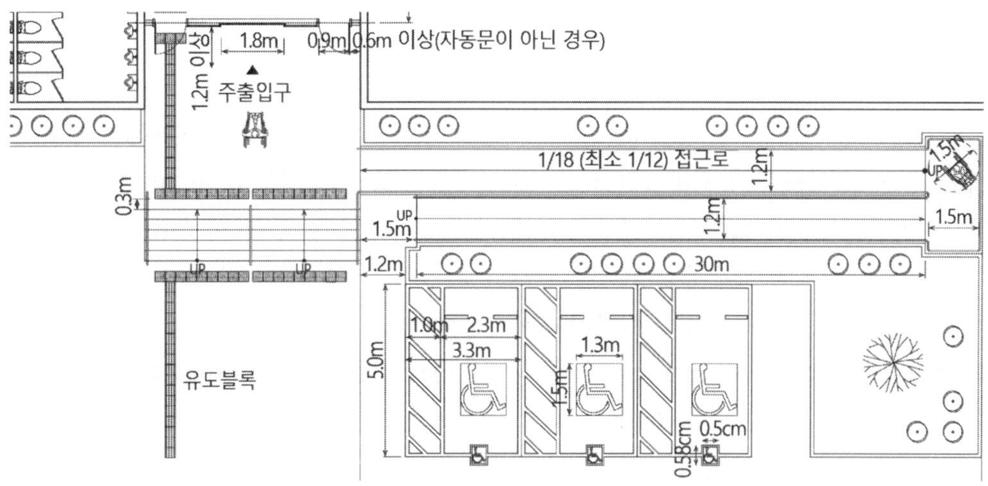

그림 75 장애인 편의시설 주차장, 접근로, 출입구 기준

4) 복도 및 통로

복도의 유효폭은 1.2m 이상으로 하되 양옆에 사람이 거주하는 공간이 있는 경우에는 1.5m 이상으로 할 수 있다. 병원급 의료기관과 노인복지시설의 복도 양 측면에는 손잡이를 연속해 설치하는데 손잡이 높이는 바닥면으로부터 0.8~0.9m로 한다. 휠체어 사용자의 안전을 위해 바닥면에서 15~35cm 사이 '킥 플레이트'를 설치할 수 있다.

5) 계단

계단과 참의 유효폭은 1.2m 이상으로 하여야 하며 바닥면으로부터 높이 1.8m 이내마다 수평참을 설치할 수 있다. 디딤판 너비는 28cm 이상 챌면 높이는 18cm 이하로 하고 같은 계단에서 디딤판 너비와 챌면 높이는 균일하게 해야 한다. 디딤판 끝부분에 발끝이나 목발 끝이 걸리지 않도록 챌면 기울기는 디딤판의 수평면으로부터 60° 이상으로 해야 하며 계단 코는 3cm 이상 돌출해서는 안 된다. 계단의 양 측면에는 손잡이를 연속해 설치하여야 한다. 경사면에 설치된 손잡이의 끝부분에는 30cm 이상의 수평손잡이를 연장해야 한다. 계단이 시작되는 지점과 끝나는 지점의 30cm 전면에는 계단의 폭만큼 점형블록을 설치하거나 시각장애인이 감지할 수 있도록 바닥재의 질감 등을 달리한다. 계단 측면 난간 바닥에 높이 2cm 이상 추락방지턱을 설치한다.

6) 승강기

장애인용 승강기는 되도록 건축물 출입구와 가까운 위치에 설치해야 한다. 승강기 전면에는 1.4×1.4m 이상의 활동공간을 확보해야 한다. 승강기 내부의 유효바닥면적은 폭 1.6m 이상 깊이 1.35m 이상으로 한다. 출입문의 통과 유효폭은 0.8m 이상으로 해야 한다. 승강기 내부의 휠체어 사용자용 조작반은 진입방향 우측면에 가로형으로 설치하고 그 높이는 바닥면으로부터 85cm 내외로 하되 수평손잡이와 겹치지 않도록 한다. 조작설비의 형태는 버튼식으로 하되 시각장애인 등이 감지할 수 있도록 층수 등을 점자로 표시해야 한다. 각 층의 장애인용 승강기 호출버튼의 30cm 전면에는 점형블록을 설치하거나 시각장애인이 감지할 수 있도록 바닥재의 질감 등을 달리하여야 한다. 끼었을 경우 작동이 멈추고 다시 열릴 수 있는 되열림장치를 설치한다.

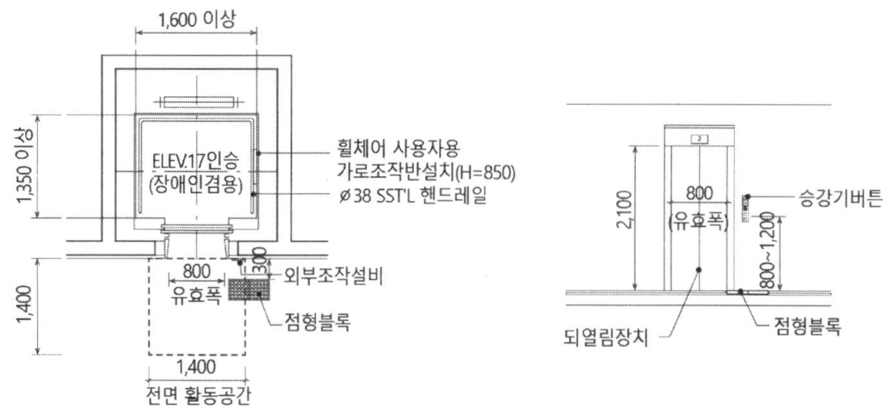

그림 76 장애인 편의시설 승강기 기준(단위: mm)

7) 휠체어리프트

계단 상부와 하부 각 1개소에 탑승자 스스로 휠체어 리프트를 사용할 수 있는 설비를 갖춘 1.4×1.4m 이상의 승강장을 갖추어야 한다. 승강장에는 휠체어 리프트 사용자의 이용 편의를 위해 시설관리자 등을 호출할 수 있는 벨을 설치하고 작동설명서를 부착하여야 한다. 운행 중 돌발상태가 발생하는 경우 비상 정지를 하게 시킬 수 있고 과속을 제한할 수 있는 장치도 설치해야 한다.

8) 경사로

경사로의 유효폭은 1.2m 이상 기울기는 1/12 이하로 하여야 하고 바닥면으로부터 높이 0.75m 이내마다 휴식할 수 있도록 수평면으로 된 참을 설치해야 한다. 경사로의 시작과 끝, 굴절 부분과 참에는 1.5×1.5m 이상의 활동공간을 확보해야 한다. 경사로의 길이가 1.8m 이상이거나 높이가 15cm 이상이면 양 측면에 손잡이를 연속해 설치해야 한다. 손잡이를 설치할 때는 경사로의 시작과 끝부분에 수평 손잡이를 30cm 이상 연장해 설치해야 한다. 양 측면에는 5cm 이상의 바퀴 추락방지턱을 설치한다.

9) 장애인용 화장실

장애인용 화장실은 장애인 등이 접근할 수 있는 통로에 연결해 설치해야 하며 장애인용 변기와 세면대는 출입구와 가까운 위치에 설치해야 한다. 출입문의 통과 유효폭은 0.9m 이상으로 해야 한다. 출입문에는 화장실 사용 여부를 시각적으로 알 수 있는 설비와 잠금장치도 갖추어야 한다. 대변기의 유효바닥면적이 폭 1.6m 이상 깊이 2.0m 이상이 되도록 해야 하며 대변기의 좌측 또는 우측에는 휠체어의 측면 접근을 위해 유효폭 75cm 이상의 활동공간을 확보해야 한다. 대변기 전면에는 휠체어가 회전할 수 있도록 1.4×1.4m 이상 활동공간을 확보해야 한다. 출입문의 형태는 자동문, 미닫이문 또는 접이문 등으로 할 수 있으며 여닫이문을 설치할 때는 바깥쪽으로 개폐되도록 해야 한다. 휠체어 사용자용 세면대 상단 높이는 바닥면으로부터 상단 85cm 하단 65cm 이상으로 하며 하부는 무릎 및 휠체어의 발판이 들어갈 수 있도록 한다.

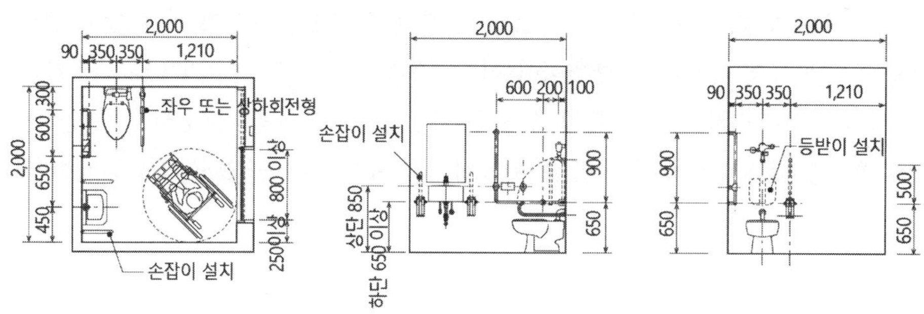

그림 77 장애인 편의시설 화장실 기준(단위: mm)

10) 장애인용 침실

휠체어 사용자를 위한 침실은 침대방으로 한다. 침대의 높이는 바닥면으로부터 40~45cm로 하고 그 측면에는 1.4m 이상의 활동공간을 확보해야 한다. 콘센트, 스위치, 수납선반, 옷걸이 등의 높이는 바닥면으로부터 0.8~1.2m 범위로 설치해야 한다.

11) 장애인용 관람석

휠체어 사용자를 위한 관람석 또는 열람석은 출입구 및 피난통로에서 접근하기 쉬운 위치에 설치해야 한다. 관람석의 유효바닥면적은 한 자리당 폭 0.9m 이상 깊이 1.3m 이상으로 하며 동반인과 함께 관람할 수 있도록 의자(이동식 가능)를 함께 배치한다. 시야가 확보될 수 있도록 관람석 앞에 기둥이나 시야를 가리는 장애물 등을 두어서는 안 되며 안전을 위한 손잡이는 바닥에서 0.8m 이하의 높이로 설치해야 한다.

12) 장애인용 접수대

장애인복지시설을 포함한 사회복지시설에 설치하는 접수대 높이는 바닥면으로부터 0.7~0.9m로 하여야 한다. 접수대 하부에는 무릎 및 휠체어의 발판이 들어갈 수 있도록 바닥면으로부터 높이 65cm 이상 깊이 45cm 이상의 공간을 확보해야 한다.

13) 임산부 휴게시설

임산부 등을 위한 휴게시설에는 수유실로 사용할 수 있는 장소를 별도로 마련하되 기저귀교환대, 세면대 등의 설비를 갖추어야 한다. 기저귀교환대, 세면대 등은 휠체어 사용자가 접근할 수 있도록 1.4×1.4m 공간을 확보하고 기저귀교환대 및 세면대의 상단 높이는 바닥면으로부터 65~85cm로 하여야 하며 하부에는 휠체어의 발판이 들어갈 수 있도록 해야 한다.

14) 점자블록

점자블록 크기는 30×30cm를 표준형으로 하며 높이는 바닥재와 같게 하여야 한다. 위험을 사전 경고하는 점형블록은 블록당 36개의 돌출점을 가진 것이 표준형이다. 진행 방향을 유도하는 선형블록은 블록당 4개의 돌출선을 가진 것을 표준형으로 한다.

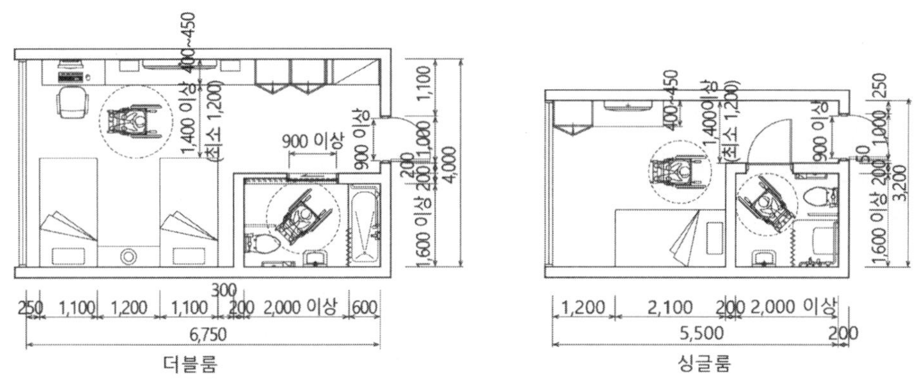

그림 78 장애인 편의시설 침실 기준(단위: mm)

Architecture and Human, Society, Culture

PART Ⅱ

건축과 사회

6장 | 사회 변화와 건축

건축은 생존을 위한 물리적인 환경을 제공하면서도 인간 삶을 담아내기 위해 사회가 변하는 모양을 따라 진화해 왔다. 이 장에서는 사회가 변화하는 모습에 맞게 건축이 어떻게 변했는지를 살펴봄으로써 앞으로의 건축을 유추하는 실마리를 찾고자 한다. 건축공간의 바탕을 이루는 가족공동체의 변모 과정을 살핀 다음 쾌적하고 행복한 가정 공간을 제공하기 위해 어떠한 노력이 있었는지를 알아본다. 주거공간의 변화를 이끈 요인을 분석하고 새로운 가족 형태도 조사한다. 가족 공간의 확장된 모습인 마을이 공간단위를 구성하고 공동체를 유지하기 위해 들인 노력과 새롭게 제시되고 있는 공동체 단위 모형을 분석한 다음 제도적, 사회적 논의 과정을 살핌으로써 사회 변화에 능동적으로 대응해야 하는 건축가의 자세에 대해 생각해 본다.

1. 가족공동체

가족은 친족 관계로 연결되는 여러 사람으로 구성된 집합체이다. 대개 혈연으로 이루어지며 같은 공간에 거주하고 가사노동을 분담하는 등 서비스 공동체 특성을 갖는다. 인류학자 Ralph Linton(1893-1953)은 인간이 가족을 이루어 사는 이유로, 부부관계는 성적 활동 리듬보다 오랫동안 유지되고 출생한 아기는 오랜 보살핌을 필요로 하며 연속적 상태는 부부간, 부모와 자식간, 형제간 관계를 형성해 서비스 공동체가 된다고 설명한다.[80] 가족은 사회를 구성하는 가장 기본적인 공동체 단위이다.

근대 이전에는 여러 요인이 가족을 오늘날보다 지속적이지 못하게 하였다. 남편이나 아내가 먼저 사망하거나 자녀의 죽음 혹은 조기 출가 등으로 인해 가족이 일찍 해체되는 경우가 많았다. 유럽에서 중세시대까지는 가족 구성원 간의 정서적 유대보다는 핏줄로 연결되는 개방형 혈통가족 체제였다가 16세기 초부터 18세기 초 사이 아버지의 권위적 힘이 확고하면서도 부부 중심의 사랑과 부모와 자식 간의 애정이 중요하게 두드러지는 제한적 가부장 가족제도로 진전한 다음, 근·현대에 이르러 긴밀한 정서적 결속력으로 뭉쳐 자녀 양육에 전념하는 폐쇄적 가족 중심 핵가족체제로 진화했다.[81]

가족은 형태에 따라 한 가구에 두 명의 성인과 출생 또는 입양한 자녀로 구성되는 핵가족(Nuclear family), 친족이 같은 공간에 거주하거나 지속적인 접촉을 형성하는 확대가족(Extended family)으로 구분한다. 가족 유형을 제도적으로는 핵가족과 직계가족으로 나누기도 하고[82] 세대 수를 기준으로 분류하기도 한다.[83] 거주형태에 따라 부부가 신부 부모의 거주지역 근처나 동일 가구로 이사 와서 사는 모거제(母居制, Matrilocal) 또는 반대 경우인 부거제(父居制, Patrilocal) 등으로도 구분한다.

다양한 문화는 다양한 가족 형태를 구성하지만 전 세계 가족 유형은 혈족과 협동적 친족 조직의 영향력이 쇠퇴하고 배우자의 자유 선택이 확대하면서 결혼 선택과 가족 내 의사결정에서 여성의 권리가 신장했으며 성 개방 풍조가 보편화하고 아동의 권리가 신장하는 변화를 겪고 있다. 특히 우리나라는 1인 가구 비율이 가파르게 증가하는 특징을 보인다. 이러한 가족 형태의 변화는 주거공간 구성과 배치에 영향을 미친다.

80) Ralph Linton(1949), The natural history of the family.

81) Yvonne Castellan(1994), La famille, PUF.

82) 지표누리, e-나라지표, https://www.index.go.kr/

83) 여성가족부, '2023년 가족실태조사 분석 연구', 2023.12.

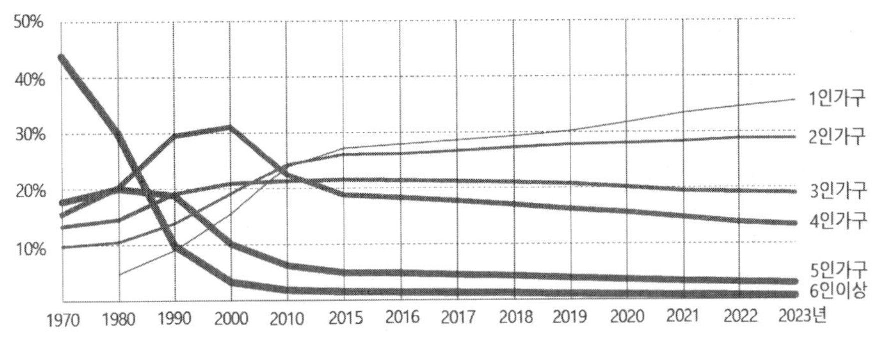

그림 79 우리나라 가구원 수 변화(국가통계포털)

2. 주거공간

1) 가족공간 연구

가족이 거주하는 공간이 주거이자 가족공간이다. 가족은 오랫동안 같은 공간에서 친밀한 관계를 맺으며 산다. 맹수 등 적을 피하고 더위와 추위로부터 보호하며 먹고 휴식하고 씻고 애정을 교환한다. 그러므로 가족으로부터 주거를 박탈한다는 것은 가족의 해체와 다름없었다. 19세기에 이르러 산업혁명의 여파로 노동자 도시집중, 저임금, 장시간 노동, 여성과 아동의 노동은 단란한 가족 구성을 어렵게 했다. 가족문제는 곧 폭동 등의 사회문제로 이어졌고 가족문제가 곧 사회문제라는 인식이 확산하기 시작했다. '집이 없으면 가정이 없고 가정이 없으면 정신이 없고 정신이 없으면 애국심이 없다.'[84]라며 가족공간 공급을 국가적 과업으로 떠맡아야 한다는 움직임도 일었다. '집은 사람이 머무는 곳이 아니라 사람을 돌아오게 하는 장소여야 한다.'[85]는 생각과 함께 쾌적하고 단란한 가족공간을 마련해줌으로써 사회문제를 해결하고자 하는 운동이 19세기 말부터 영국과 프랑스를 중심으로 '노동자 주거' 연구로 나타났다.

가정용 주철제 난로 개발로 성공한 프랑스 사업가 Jean-Baptiste André Godin (1817-1888)은 공장 인근에 'Familistère de Guise'라는 이름의 노동자 주거단지를 건설하면서 철학자 Charles Fourier(1772-1837)가 주창한 '사회궁전(Palais social)' 개념의 'Phalanstère'를 실현하고자 애썼다. 주거단지를 북부지방 추운 기후에 대응해 천장이 덮인 4층짜리 중정형

84) Roger-Henri GUERRAND(1966), Les origines du logement social en France, Éditions ouvrières.

85) Henry de Montherlant(1937), Le démon du bien, Gallimard.

건물 네 동으로 구성했고 별도의 건물에 학교, 공동식당, 극장, 보육원, 세탁소, 공중목욕탕, 수영장을 배치했다. 개별 주거는 침실과 부엌 겸 거실로 구성되는데 부엌은 음식을 간단히 데워 먹을 수 있을 정도로 제한하고 주로 공동식당을 이용하도록 함으로써 여성을 가사노동으로부터 해방하도록 의도했다.

'Familistère de Guise'가 도시계획적 배치를 실험했다면, 1899년 설립된 회사 'Groupe des Maisons Ouvrières'[86]가 지은 노동자 주거는 가족공간을 위한 건축계획적 진보를 이룬다. 1층에 공동식당, 도서실, 카페, 세탁소를 배치하고 지하에는 공동목욕탕도 두어 노동자의 복지와 편의를 위해 이바지하도록 공간을 구성했다.

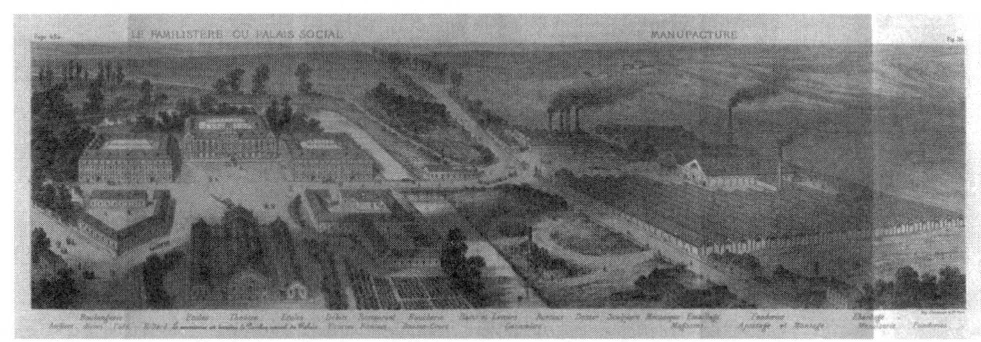

그림 80 Familistère de Guise 전경

2) 배치 실험

공간배치를 실험해서 주민을 계몽하려 한 움직임은 근대적인 주거 평면 개발에 박차를 가했다. 19세기엔 도시노동자를 위한 주거는 개념조차 없었으며 위생 면에서도 최악의 상태였다. 이때 참조모델로 부르주아 주거의 공간구조와 농촌주택의 '공동실(la salle commune)'이 주목받았다. 부르주아 주거는 응접, 프라이버시, 서비스의 3분할 구조였고 농촌주택은 공적공간과 사적공간의 2분할 구조였다. 부르주아 주거의 서비스와 응접 공간이 노동자 주거에서는 통합되어야 했다. 농촌주택에 있던 부엌과 식당이 결합한 '공동실'이 도시노동자 주거를 위한 가족 중심공간으로 부상하게 된다.

부엌과 식당을 통합해 가족 중심공간으로 설정하고자 하는 시도는 우선 위생문제를 극복해야 했다. 부엌은 요리과정 중 발생하는 물과 기름때 등으로 항상 습하고 지저분한 공간이

86) '노동자 주거 그룹'은 Mme Jules Lebaudy(1847-1917)에 의해 설립되었고 건축가 Auguste Labussière (1863-1956)가 설계해 1908년 파리 Avenue Daumesnil을 비롯한 여러 곳에 노동자 주택을 건설했다.

었기 때문이다. 부르주아 주거에서 부엌은 주로 하녀의 작업공간이자 조리 냄새 때문에 가족이 식사하는 식당과는 직접 연결하지 않았었다. 부엌과 식당 사이 완충공간으로 팬트리가 있었는데 손님과 함께하는 만찬의 경우 하녀가 부엌에서 조리한 후 팬트리에 가져다 놓은 다음 식당으로 옮겨 식탁을 차리는 방식이었다.

시골 처녀가 상경해 도시 부르주아 가정에 하녀로 들어가던 관행에서 산업혁명이 시작되면서 변화가 생겼다. 적은 임금에 감정노동을 감수해야 하는 하녀 일보다는 좀 더 심리적으로 자유로운 공장으로 옮겨가는 선택을 한 것이다. 부족한 하녀 일자리가 임금상승으로 이어지면서 안주인이 부엌일을 도맡아야 하는 상황이 벌어지자 노동집약적이던 부엌에 물리적 제약을 최소화하는 노력이 부엌과 식당을 통합하고 편리한 기구를 개발하는 노력으로 이어졌다. 이런 상황은 제1차 세계대전 여파로 남편이 전쟁터로 향하고 아내가 군수산업에 종사해야 하는 상황에 이르자 절정에 달했다.

1920년대와 1930년대에 본격적으로 공급되기 시작한 가스와 전기도 부엌 근대화에 큰 영향을 끼쳤으며 자동화된 각종 주방기기의 등장도 한몫했다. 여성잡지와 TV는 근대식 부엌을 전파하는 데 중요한 역할을 담당했다. 이리하여 부엌공간은 '노동에서 통제로' 개념이 바뀜에 따라 부엌에서 식사 외의 다른 활동이 가능해졌다.

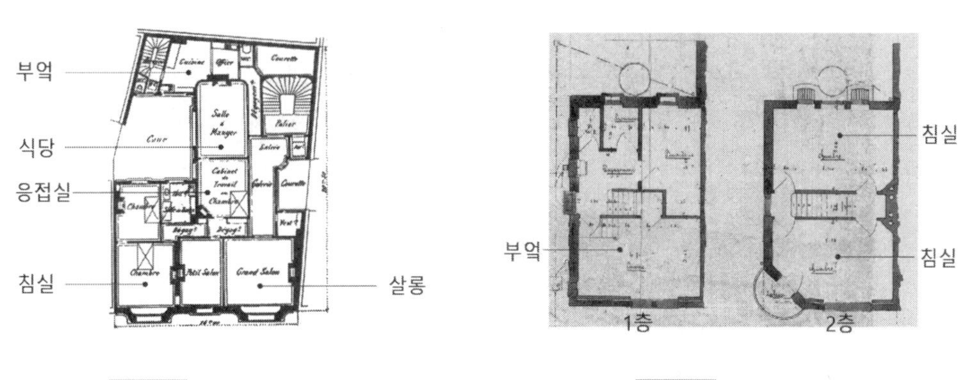

그림 81 부르주아 주거

그림 82 노동자 주거

3) 생활양식 변화와 새로운 주거공간

제2차 세계대전이 끝나고 본격적인 재건사업이 시작되는 1945년부터 제4차 중동전쟁의 여파로 촉발된 석유파동으로 이어진 경기침체와 부동산시장이 위축되는 1975년까지를 서양에서는 '영광의 30년'[87]이라 부른다. 고도 경제성장 분위기 속에서 늘어난 유급휴가[88]와 자유시간 증가는 주말주택 수요를 촉진했을 뿐만 아니라 가족과 함께 보내는 시간이 늘어남에 따라 주거와 여가에 관한 관심이 증가하도록 이끌었다.

1930년대 등장한 '근대식 부엌'은 발전을 거듭해 1960년대는 주방가구 일체형 '시스템 부엌'이 주거 표준으로 자리를 잡았고 1970년대와 1980년대를 거치면서 부엌이 주거 내 중심 공간으로 역할을 하며 거실과 식당 및 부엌이 통합된 소위 'LDK'[89] 구조가 보편화한다. 우리나라도 시간 차이가 있을 뿐 비슷한 과정을 거쳐 부엌이 진화했는데 최근에는 부엌에 딸린 가변형 다용도 공간인 '알파룸'이 등장하고 미국식 아일랜드형 주방이 정착하는 등 변화가 있었다. 가정에서 부엌과 더불어 가장 많이 변한 공간이 욕실인데 강제 환기시스템[90] 도입으로 욕실이 주거 중심에 위치하게 되었을 뿐만 아니라 고급욕조와 비데를 갖추고 면적이 느는 등 '웰빙 공간화'하고 있다.

가정 내 침실과 욕실 등 사적 공간을 제외하고 다양한 변형에 대응할 수 있는 유연한 공간구성이 가장 큰 변화의 핵심이다. 가족 구성의 변화와 다양한 거주자의 요구에 대응할 수 있도록 공간을 재구성할 수 있는 '순응형 주거'[91]도 정책적으로 추진되고 있다. 또한, 아파트 1층 세대의 단점인 방범과 프라이버시 침해 문제를 극복하고자 1층을 필로티로 계획해 공동출입구로만 사용하는 경향도 두드러진다.

제2차 세계대전 후부터 본격화한 여성에 대한 사회적 인식 변화와 3차 산업 비중의 증대는 여성활동 증가를 이끌어 주거와 관련한 재정문제, 위치 선택, 가정 내 선호형태의 변화를 이끌었다. 독신 가구, 편부모 가구, 재혼 가구, 동거 가구, 노령화 등 현대 가족 구성의 변화는 건축가와 정책담당자 등 관련 분야 종사자들에게 새로운 주거공간 개발을 끊임없이 주문하고 있다. 기후위기 및 친환경과 지속 가능한 개발에 대한 시대적 관심도 주택단지 설계방식의 변화를 요구한다.

---

87) 프랑스 경제학자 Jean Fourastié(1907-1990)가 1979년 출판한 저서 'Les Trente Glorieuses(영광의 30년)'에서 처음 인용한 유럽의 경제 호황기를 일컫는 말

88) 이 시기 프랑스에서는 민간소비 175%, 출산율 30%, 경제성장률 연평균 5% 등 황금기를 구가하며 유급휴가도 연 4주로 늘었다. '바캉스(Vacance)'로 불리는 프랑스 유급휴가 제도는 1936년 '인민전선(Front Populaire)' 정부 때 처음 도입되어 2주로 시행하다가 1956년 3주, 1968년 4주, 1984년부터 5주로 늘었다.

89) Living-Dining-Kitchen의 약자로 일본식 영어 표현인데 우리나라에서도 광범위하게 사용되었다.

90) 1960년대 환풍기에 의한 강제 환기 방식이 제도적으로 허용되면서 욕실에서 외기에 면한 창 설치가 면제됨에 따라 주거의 중심에 위치할 수 있었다.

91) '가변형 주택'이라고도 하며 1970년대 일본으로부터 전해진 개념으로 거주자의 개성에 맞게 평면이 변할 수 있는 구조를 말한다. 비슷한 개념의 '장수명 주택'은 구조적으로 오래 유지될 수 있는 구조를 갖추고 입주자의 필요에 따라 내부 구조를 쉽게 바꿀 수 있는 주택을 말한다.

3. 주거공간의 변화

1) 주거환경 변화

우리나라 인구는 2020년 5,184만 명으로 정점을 찍은 후 감소세로 돌아섰으며 노동력 감소와 경제성장 둔화로 이어짐과 동시에 노인 부양비가 증가하는 연쇄적 현상을 일으킬 것으로 예상한다. 주택정책도 신축 중심의 '공급(flow)'으로부터 리모델링과 도시재생 차원의 '재고(stock) 관리'로 변하고 있다. 노인인구가 급증함에 따라 요양원 등 의료복지시설과 도시 내 노인주거시설(실버타운)도 늘고 있다. 삶의 질에 관한 관심과 수요가 증가해 주민복지 차원의 공공시설[92]이 생활권 단위로 공급되고 있다.

대가족 중심에서 핵가족과 1인 가구 등으로 분화하며 외국인 유입에 따른 다문화가구 등 다양한 가족형태가 늘어나고 있다. 주거공간에서 거실의 중요성이 커지는 양상을 보이며 부부간, 부모와 자식 간, 자녀 간 공간 분화도 관찰된다. 늦게 결혼하는 만혼 경향과 고령화는 1인 가구 비율이 가장 높은 결과로 이어졌다.[93] 여성의 사회진출이 크게 늘면서 전반적인 가사노동의 소프트화를 이끌었고 외식생활 증가로 주거 내 주방과 식당 공간을 축소하고 공동주택 단지 내 가사와 보육 및 체육단련 시설 수요를 증가시켰다. 아파트단지 내 공용식당도 주민공동시설화하는 움직임도 있다.

산업구조 변화 가운데 전반적으로 노동시간이 줄어들고 여가시간이 증가하면서 펜션 산업이 부상하고 가족 중심의 여행문화가 활성화하는 여건을 마련하였다. 일터와 집을 출퇴근하는 직장과 주거의 '2 거점'으로부터 세컨드하우스가 추가되어 '3 거점'으로 주거패턴도 보편화할 것으로 예상한다. 코로나19 이후 재택근무가 일상화하면서 직장과 주거가 합쳐진 형태인 SOHO[94]주택이 자리를 잡아가고 있다.

급격한 도시화와 녹지면적 감소에 따른 도시 열섬현상에[95] 대응하고자 수변공간을 어메니티화 하는 노력을 경주하고 있으며 옥상녹화로 미기후를 개선하는 움직임도 쉽게 관찰된다. 경관의 중요성이 증대되면서 이를 자산 가치화하는 흐름도 생겼다. 기후위기에 따른 심각한 자연재해를 극복하는 방안도 도시 공간구조를 재편하고 있다.

---

92) 행정업무를 담당하던 동사무소가 2007년부터 '주민센터' 2016년부터 '행정복지센터'로 이름을 바꾸었고 행정복지 기능에 도서관과 편의시설 등을 통합한 '복합커뮤니티센터'가 보편화하고 있다.

93) 2023년 기준 1인 가구 비율은 35.5%, 2인 가구는 28.8%, 지표누리(https://www.index.go.kr/)

94) 'Small Office Home Office'의 약자로 주거 내에서 업무가 가능한 소규모 사무실 겸 주거

95) '도시열섬(Urban heat island)현상'은 지표면 개발로 녹지가 감소해 주위 지역보다 온도가 높아지는 현상

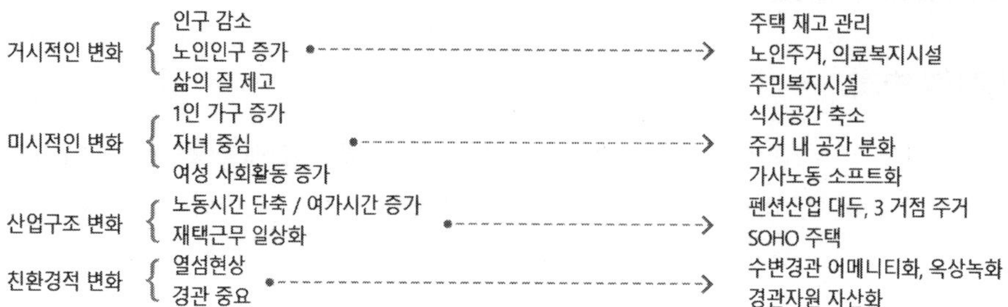

그림 83 주거환경 변화 요인과 영향

2) 새로운 가족형태와 건축공간

경제적 여건과 시대적 가치관이 변하면서 새롭게 변모하는 다양한 형태의 가족구성은 이에 부응하는 건축공간 개발과 공급으로 이어질 수 있기 때문에 유심히 관찰할 필요가 있다. 2000년대 이후 세계적으로 아래와 같은 유형의 가족형태가 보고되고 있는데, 이러한 변화는 지속적이면서도 유동적임에 따라 고전적이고 학문적인 정의보다는 신조어를 만드는 등 유희적이면서도 임의적인 속성을 보인다.

① **DINK(Dual Income No Kids)족**: 정상적인 부부생활을 영위하면서 의도적으로 자녀를 두지 않는 맞벌이 부부를 일컫는다. 개인의 생활방식을 존중해 부부간에도 취침공간을 분리하거나 개인 서재와 취미공간을 따로 두기도 한다.

② **DEWK(Dual Employed With Kids)족**: 아이가 있는 맞벌이 부부로 아이를 낳고도 잘 살 수 있다는 자신감이 있다. 아이에 대한 투자를 아끼지 않고 거실과 안방 및 욕실로부터 최단 거리에 아이방을 배치하는 등 아이 중심의 공간배치가 특징이다.

③ **TONK(Two Only No Kids)족**: 자녀가 출가한 뒤 노인부부만 사는 가구다. 넓은 주택을 선호하던 관점에서 변화해 교통과 도시 인프라가 발달한 소규모 주택을 선호한다. 자녀 세대와 같은 건물에 살면서도 출입구를 분리해 독립된 주거공간에 거주하거나, 단지 내 공동식당과 커뮤니티시설이 발달한 실버타운에 거주하기를 희망한다.

④ **Nomad족**: 노트북과 스마트폰 등 첨단장비를 갖추고 시간과 공간의 제약을 넘어 일하고 생활하는 창조적인 사고의 소유자들이다. 이들에겐 정착하는 주거보다는 활동을 위한 공간이 더 중요하다. 일시적인 생활방식이 공간에 반영되기를 원한다.

⑤ **Downshift족**: 생활방식을 여유롭게 바꾸어 여가를 즐기고 삶의 질을 추구하는 '느림보족'이다. 경쟁과 속도에서 벗어나 도시 외곽이나 전원으로 주거지를 옮겨 생활한다.

⑥ **Cocoon족**: 외부 세상으로부터 도피해 자신만의 공간에 머물려는 칩거 증후군 사람들을 일컫는 용어다. 1인 가구 비율이 꾸준히 늘고 있으며 원룸 시장이 확대되고 인터넷 환경 속에서 배달문화와 공동 편의시설 배치 등 새로운 공간구성이 예상된다.

그림 84 새로운 가족형태와 관심 공간

4. 커뮤니티 문화

1) 마을공동체

전통적인 마을 구조는 공간적 범위가 한정되고 구성원 간 사회적인 유대가 깊었다. 농경사회에서 생산과 경제활동을 효과적으로 수행하고 일정정도 적에 맞서 방어기제를 작동하기 위해선 집단으로 마을을 이뤄 생활하는 것이 합당한 선택이었을 것이다. 동성동본(同姓同本) 성씨가 모여 사는 집성촌(集姓村)이 발달하고 마을 입구에 수호신 역할과 복을 기원하는 장승과 솟대를 배치하며 당산나무 아래서 동신제(洞神祭)를 지내는 일들은 마을공동체를 공고히 하는 기반이자 의례였다.

산업사회로 이행하고 도시화가 진행되면서 전통적 마을공동체는 해체되기 시작했다. 마을단위 공간적 구분이 사라진 채 대규모 도시개발이 유행했으며, 주민의 사회적 단위를 고려한 공간계획이 아닌 조달 가능한 토지 위주로 주거단지가 공급되었다. 산업화 과정에서 대부분 나라가 도시로 몰려드는 인구를 수용하기 위해 대규모 단지를 건설하기에 바빴다. 그 여파로 마을단위 공동체 개념은 유지되기 어려웠다.

미국에서 도시 확장이 한창일 무렵인 1929년 Clarence Perry(1872-1944)가 초등학교 통학권 범위의 도시계획 개념인 '근린주구(近隣住區)[96]' 이론을 발표했다. 약 400m 반경 초등

학생 600명을 포함하면서 통과교통이 배제된 인구 5,000명 규모의 공간 단위가 간선도로로 둘러싸이고, 중심에 학교와 공공건축용지가 위치하면서 전체 면적의 10%가 오픈스페이스인 공간 단위를 설정한 것이다. 그러나 이때에도 사회적 관계를 공고히 하는 개념의 마을공동체 보다는 물리적인 보행권이 중요한 관점이었다.

'마을'은 '주민이 일상생활을 영위하면서 경제·문화·환경 등을 공유하는 공간적·사회적 범위'로 정의하고 '마을공동체'란 마을에 관한 일을 주민이 결정하고 추진하는 주민자치 공동체를 의미한다.[97] 우리나라는 1991년 지방의원 선거와 1995년 지방자치단체장 선거를 기점으로 본격적인 지방자치가 시작되었고 거버넌스[98] 개념이 성장하면서 최근 정책적 지원에 힘입어 행정구역 단위로 주민자치 활동이 확대되고 있다.

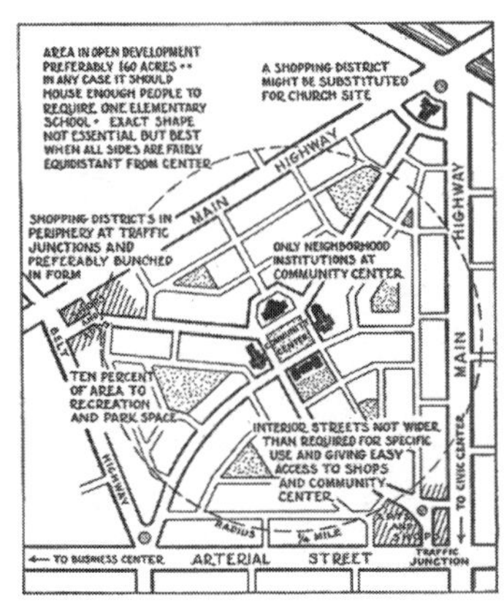

그림 85 Perry의 근린주구 개념

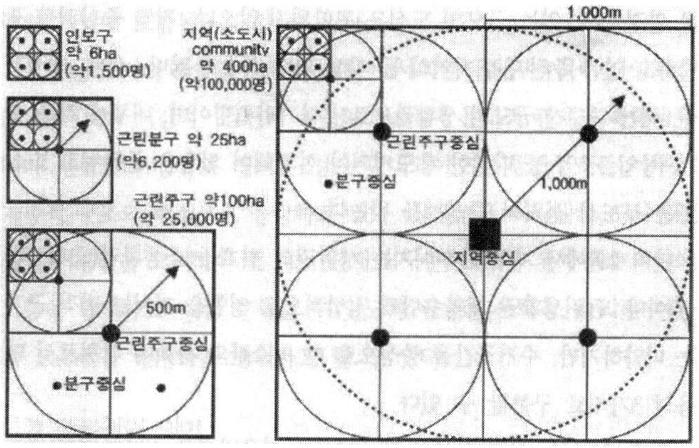

그림 86 현재 적용 중인 근린주구 개념

2) 마을 만들기

늘어나는 집 수요를 공급이 따라가지 못하던 시절에 정부는 물량 위주 주택공급 정책을 추진하느라 여념이 없었다. 인구감소와 고령화 등으로 새로운 정책 전환이 필요하고 국민소득 증가에 따른 삶의 질 욕구가 향상하여 관련한 정책 수요가 높아지고 있다. 행정 주도 공공서비스 공급은 한계를 드러내고 있으며 지방자치 확산과 주민의식 향상으로 주민 직접 참여 욕구가 증대되어 새로운 거버넌스 체계를 구축하고 삶의 터전을 주민 스스로 개선하

96) Clarence Perry가 사용한 'Neighborhood unit'은 '이웃 단위'로 번역되지만, 용어를 번역하는 과정에서 '가까울 近', '이웃 隣', '살 住', '지경 區'의 한자 조합 용어 '근린주구'를 만들어 사용하고 있다.

97) 서울특별시 마을공동체 만들기 지원 등에 관한 조례, 제2조(정의), 2012. 3. 15. 제정

98) 일방적인 관 주도로부터 다양한 이해관계자가 참여하여 공동의 지역문제를 해결하는 민주적 운영방식

려는 '마을 만들기' 운동이 확산하고 있다.

1970년대 일본에서 시작된 '마치즈쿠리'[99] 운동의 영향을 받아 우리나라도 1990년대부터 '마을 만들기' 프로젝트가 곳곳에서 펼쳐지고 있다. 1998년 시작된 인천 부평 '문화의 거리'는 민간 주도로 '차 없는 거리'를 만들고 최초로 상가와 노점상의 상생방안을 담은 '노점 관리제'를 추진하면서 거리환경 변화를 이끌었다. 경직되게 규제 일변도로 진행된 한옥보전 정책에 반대하던 주민들이 1999년부터 주민조직인 '종로 북촌 가꾸기회'를 결성하고 정책방향을 전환해 사업을 진행한 결과 성공적인 평가와 함께 2009년 '유네스코 아·태 문화유산 보존상'을 수상하기에 이른다. 1999년부터 시작한 대구 삼덕동 '담장 허물기' 운동은 주민주도 물리적 환경개선 운동이 공동체 의식 전환으로 발전한 사례로 꼽힌다. NGO단체인 '도시연대'가 2002년부터 추진한 '한평공원 만들기'도 동네 자투리 공간을 주민 생활공간으로 변모시킨 모범적인 본보기로 평가된다. 2005년 결성된 '마을 만들기 네트워크'는 법적 지위를 갖지 않는 순수 민간차원의 협력 네트워크로써 '마을 만들기' 확산 운동을 계속하고 있다.

민간에서 시작된 '마을 만들기'는 공공 영역에서 제도화로 이어졌다. 2004년 광주광역시 북구에서는 최초로 '마을 만들기' 조례를 제정하고 2005년 지원센터를 개설하였다. 정부도 제4차 국토종합계획(2011-2020)을 이전의 '내 집 마련' 정책에서 '살기 좋은 우리동네'로 전환하며 공동체 단위 주거단지와 공공시설 확충을 추진했다. 2018년 서울시에서 도입한 '마을건축가' 제도는 건축가로서 마을단위 건축과 공간환경 현안에 대해 자문하고 참여하는 '마을 만들기' 사업의 새로운 가능성을 열고 있다.

그림 87 2006공간문화대상(원주 문막) 그림 88 2024행복농촌만들기 금상(음성 원당리)

99) 마을을 뜻하는 '마치'와 만들기를 의미하는 '즈쿠리'가 합성된 단어

3) Urban Village

제2차 세계대전 후 산업화와 도시화가 빠르게 진행하면서 전 세계적으로 업무지구와 주거지를 분리하는 방식의 땅의 용도를 '조닝(Zoning)'으로 구분해 대단위로 개발하는 사업이 급속도로 확산했다. 이는 필연적으로 도시가 교외로 무질서하게 확장하는 'Urban sprawl'[100]현상으로 이어졌고 교통 혼잡과 환경오염 및 공공인프라 부족 등 연쇄적인 도시문제를 일으켰다. 1980년대 초부터 그간의 도시개발 방식에 대한 반성과 대안 마련의 목소리가 높아감에 따라 새롭게 등장한 도시계획 개념을 영미권에서는 'New urbanism'이라 이름 지었고 유럽에서는 'Compact city'라 불렀다.

도시개발방식에 대해 비판적 대안을 제시하던 미국의 건축가와 학자들이 1993년 'Congress for the New Urbanism'을 결성하고 '뉴어바니즘 헌장'을 발표했다. 동네는 인구와 용도가 다양하면서 보행자와 대중교통 중심으로 설계해야 하고, 도시와 마을은 보편적으로 접근 가능한 공공 공간과 커뮤니티시설을 갖추어야 하며, 도시 속 장소는 지역의 역사, 기후, 생태를 반영하는 건축과 조경을 중심으로 구성해야 함을 천명한 것이다.[101] 구체적인 실천 전략으로 TND(Traditional Neighborhood Development)와 TOD(Transit-Oriented Development)를 주장하는데 각각 전통적인 마을 개념을 반영하고 대중교통 중심 이론을 적용해 도시를 개발하는 개념이다.

'New urbanism'과 비슷한 개념으로 지속가능한 도시성장을 추구하는 'Smart growth' 이론에 영향을 받아 등장한 'Urban Village'는 중밀도 개발, 복합용도 계획, 양호한 대중교통, 보행중심 디자인 특성을 갖는 도시계획과 디자인 개념을 뜻한다.[102] 1980년대 후반 영국에서 시작된 이 운동은 자동차 의존도를 줄이고 자전거와 대중교통 및 보행자 중심으로 도시 공간을 재편하자고 주장하며 높은 자족기능을 보유하면서 직주근접 등 주민 간 용이한 접촉과 교류 기회를 제공하자는 도시개발 모델이다.

이렇듯, 도시가 지향해야 할 이상적인 개발방식과 철학은 관점과 주체에 따라 다양한 용어와 주장으로 표현되지만, 가치지향적인 개념을 구체적인 실천방법이자 실질적인 공간으로 구현해내기 위해선 건축이 설계로 해결해 내야 하는 역할이 필요하다.

---

100) 프랑스에서는 물 위에 떨어진 기름방울이 사방으로 확산하는 모습으로 비유하는데 Urban sprawl의 결과로 도시 간 경계가 사라지는 현상을 'Conurbation' 또는 '도시연담화(都市連擔化)'라고 부른다.

101) 'The Charter of the New Urbanism', 1996, https://www.cnu.org/who-we-are/charter-new-urbanism.

102) https://en.wikipedia.org/wiki/Urban_village#cite_note-1

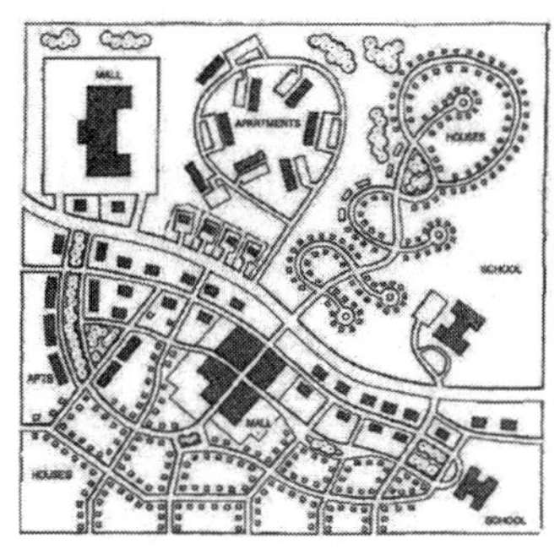

그림 89 TND 개념

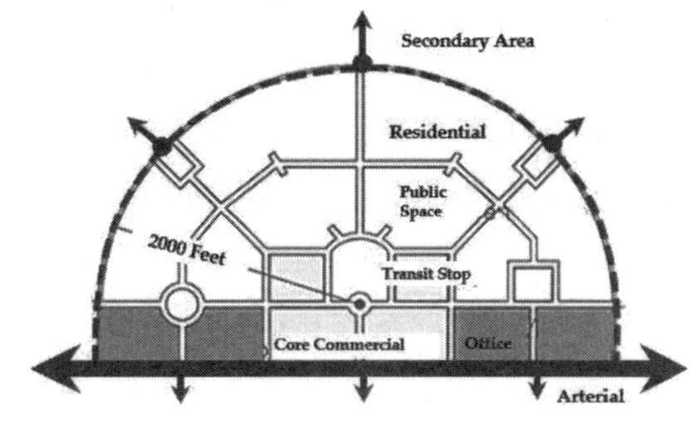

그림 90 TOD 개념

5. 주거복지

1) 주거권

의식주(衣食住)를 인간이 생명을 유지하고 살아가는데 필수적인 3대 요소로 꼽는다. 근대로 가는 역사 속에서 공공은 삶의 가장 근원적인 조건으로써 의식주를 보장하기 위한 제도와 장치를 마련하려 애썼다. 산업화와 도시화 과정 중 불거진 주거문제를 해결하기 위해 국가와 공공이 역할 해야 한다는 사회적인 공감대가 19세기부터 만들어지기 시작했으나, 주거문제를 복지 차원으로 다루는 일은 상대적으로 더디게 진행되어 20세기에 들어서야 비로소 제도적 틀을 갖추게 되었다.

현대사회로 이행하며 삶의 질에 관한 관심이 늘어나고 주거복지 의식이 성장하면서 주거문제가 사회통합의 걸림돌이 될 수도 있다는 정치적 책임의식도 아울러 커졌다. 주거복지는 복지사회 구현을 위한 필수적인 필요조건으로 간주되며 인간이 가져야 할 기본적인 권리로써 주거권이 사회적으로 보장되는 것을 말한다. 1948년 제정된 'UN인권선언(UDHR)'[103]은 '주거가 개인이나 가족의 안정과 안전의 기반이므로 우리의 사회적, 정서적, 경제적 삶의 중심인 집은 안식처, 즉 평화롭고 안전하며 존엄하게 살 수 있는 곳이어야 하고 주택은 상품이 아니라 권리임'[104]을 강조한다.

그러나 세계적으로 주거복지가 공공으로부터 보장되는 나라는 많지 않고 그 수준도 나라

103) Universal Declaration of Human Rights

104) https://www.ohchr.org/en/special-procedures/sr-housing/human-right-adequate-housing

와 사회별로 차이가 크며 다른 생활조건에 비해 뒤처지는 형편이다. 전쟁과 재난으로 발생한 주거문제 외에도 주택을 상품으로 취급하는 자본주의사회에서의 강제퇴거와 비자발적 이주, 노숙자 문제와 비공식 주거[105] 등은 선진국이나 후진국을 가리지 않고 대부분 나라가 겪고 있는 고민거리이다. 오늘날 주거를 인권으로 인식하고 여러 나라가 공공과 민간영역에서 다양한 지원 활동을 확대하고 있다. 1976년 미국에서 시작된 '해비타트운동'은 열악한 조건의 거주환경에서 살아가는 사람들에게 건축가를 비롯해 자원봉사자들이 집을 지어 주는 활동을 해오고 있는데, 우리나라도 1989년부터 '한국해비타트'에서 '희망의 집짓기' 등의 사업을 벌이고 있으며 방송 프로그램으로 진행된 집 고치기 활동은 많은 사회적 관심을 불러일으켰다.

그림 91 미국 LA 노숙자 주거

그림 92 국립한밭대학교 해비타트 활동

2) 프랑스 주거복지

주거를 인권의 하나로 인식하고 시민에게 적절한 주거가 보장되도록 하는 제도를 갖추기까지는 매우 어렵고 긴 과정을 거쳤다. 프랑스는 영국과 함께 산업화와 도시화의 여파로 발생한 주거문제를 가장 먼저 겪은 나라이므로 그 역사와 과정을 살피는 것은 많은 유용한 정보를 제공한다. 대부분 후발국이 앞서간 나라를 참고해서 제도를 시행했고 우리나라도 그 중 하나이기 때문이다.

산업화로 앞섰던 나라들에서 산업혁명으로 촉발된 이농(離農) 현상과 인구 도시집중에 따라 도시주거문제가 발생했으나, 방임적 야경(夜警)국가 분위기의 19세기 시대 상황 속에서 국가가 책임질 정책으로 다뤄지지 못했다. 반면, 민간영역에서 박애주의 차원의 노

105) 판자촌으로 불리던 주거와 쪽방촌으로 대표되는 주거를 일컫데 2004년부터 주택법으로 부엌과 화장실 및 목욕실을 갖춘 1인가구 14m², 2인가구 26m², 3인가구 36m², 4인가구 43m²의 '최저주거기준'을 정했다.

동자주택 건설이 시도되었고, 비위생적 주거환경에 따른 전염병을 우려하는 위생학자들의 경고에 영향받아 정부는 1850년 '비위생주택법'[106]을 만들었는데 도시위생 차원의 주거정책을 권고하는 수준이었다. 1894년에는 'Siegfried법'[107]으로 민간이 노동자주택을 지으면 공적자금을 지원할 수 있도록 했다. 1·2차 세계대전 후 전후 재건사업과 대규모 주택건설 수요에 따라 국가개입을 확대하고 임대료 통제, 가족수당 도입, 기업의 공공임대주택 건설 참여 등의 사업이 추진되었다. 1950년대 후반부터 1970년대 중반 사이 고성장 인구 도시집중 분위기 속에서 대량의 공공임대주택이 공급되었다. 1977년부턴 공급 위주에서 임대료 보조로 정책을 전환하였고 1990년에는 'Besson법'[108]으로 빈곤, 사회·공간적 분리(segregation), 사회적 배제(exclusion), 지역 슬럼화 등 사회적 측면을 강조하는 인식 전환이 있었다.

프랑스는 공공임대주택을 확대하는 정책을 꾸준히 추진하고 있는데 2000년에는 '연대와 도시재생법'[109] 제정으로 2025년까지 지자체 단위 전체 주택수의 25%를 공공임대주택이 담당하도록 의무화했다. 중산층과 서민층의 사회계층간 공간적 분리가 심화하지 않도록 하는 'Social mix' 정책도 의무화하여 공공임대주택의 면적별 유형도 저소득형(PLAI), 기본형(PLUS), 중산층형(PLS), 고소득형(PLI)로 구분해 적용하고 있으며 한 건물에 다양한 주거유형을 섞는 정책도 추진했다.

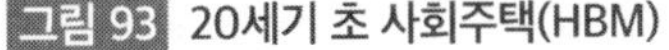
그림 93 20세기 초 사회주택(HBM)

그림 94 21세기 사회주택(HLM)

106) La loi du 13 avril 1850 sur le logement insalubre(비위생주택법)

107) Loi du 30 novembre 1894 relative aux habitations à bon marché(저렴주택법)

108) Loi du 31 mai 1990 visant à la mise en œuvre du droit au logement(주거권법)

109) Loi du 13 décembre 2000 relative à la solidarité et au renouvellement urbains(연대와 도시재생법)

3) 우리나라 주거복지

우리나라는 2002년 주택공급률 100%를 넘어서면서 '양으로부터 질'로의 주택정책 전환이 필요하게 되었다. 1972년에 제정된 '주택건설촉진법'이 주택공급으로 국민의 주거생활 안정을 목표로 삼았다면, 2003년 만들어진 '주택법'은 주거의 질적 수준 향상으로 정책을 전환한 것이다. 2015년에는 '주거기본법'[110]이 제정되어 주거권을 국가적 책무로 보장하는 단계에 이르렀다. '국민은 관계 법령 및 조례로 정하는 바에 따라 물리적·사회적 위험으로부터 벗어나 쾌적하고 안정적인 주거환경에서 인간다운 주거생활을 할 권리를 갖는다.'라고 주거권을 정의함으로써 주택정책 패러다임이 '주택공급'에서 '주거복지'로 변한 것을 확인할 수 있다.[111]

'주거기본법'은 주택정책의 기본원칙을 밝히고 있는데 소득수준과 생애주기 등에 따른 주택공급과 주거비 지원으로 국민의 주거비가 부담 가능한 수준으로 유지되도록 하고, 주거복지 수요에 따른 임대주택 우선공급과 주거비 우선지원으로 장애인·고령자·저소득층·신혼부부·청년층·지원대상아동 등 주거지원이 필요한 계층의 주거수준이 향상되도록 하며, 장애인·고령자 등 주거약자가 안전하고 편리한 주거생활을 영위할 수 있도록 지원하고, 저출산·고령화, 생활양식 다양화 등 장기적인 사회경제적 변화에 선제적으로 대응한다는 것이다.[112]

그러나 여전히 주거복지가 국가적 중요 정책 중 하나임에도 불구하고 만족할 만한 성과와 해답을 내놓지 못하고 있는 현실이다. 부동산을 자산증식 수단으로 인식하는 오랜 관행과 공급 위주의 건설산업 시스템으로 인해 단기적인 대책으로 연연하고 있다. 유럽 선진국들에서 공공임대주택이 큰 비율을 차지함과 비교하면 우리나라는 아직 미미한 수준이다. 'Social mix'도 시도되고 있으나 여전히 제한적 범위에 머물고 있다. 프랑스의 예에서 보듯 주택문제는 산업의 관점이 아니라 복지와 인권의 문제로 접근해야 근본적인 해결책이 마련될 수 있다. 'Social mix'도 함께 사는 사회에 대한 가치 변화가 우선되어야 한다. 건축이 수동적으로 사회의 수요를 반영할 뿐만 아니라 긍정적 사회 변화를 이끄는 혁신적 공간 제안을 앞서 제시할 수도 있어야 한다.

---

110) 주거기본법 제1조(목적) "이 법은 주거복지 등 주거정책의 수립 · 추진 등에 관한 사항을 정하고 주거권을 보장함으로써 국민의 주거안정과 주거수준의 향상에 이바지하는 것을 목적으로 한다."

111) 주거기본법 제2조(주거권)

112) 주거기본법 제3조(주거정책의 기본원칙)

그림 95 세계 주거의 날 시위(연합뉴스)

그림 96 소셜믹스를 보도하는 언론(MBC)

7장 | 건축생산방식

건축은 건물을 기획하고 설계와 건설의 과정을 거쳐 이용자가 공간을 사용할 때까지 전 과정으로 이루어진다. 각각의 과정에는 역할을 맡은 담당자가 존재하고 특유의 기능에 따라 건축을 대하는 태도도 차이가 난다. 건축을 성공적으로 완성하기 위해선 각 담당의 역할과 관점을 이해할 필요가 있으며 사업을 효율적으로 진행하기 위해 만든 다양한 사업방식에도 정통해야만 건축가로서 설계작업을 적절하게 수행할 수 있다. 사회적으로 보편화하고 있는 설계공모도 목적과 이해관계에 따라 다양한 방식이 존재하며 인허가를 담당하는 건축행정 시스템도 여러 방면으로 발전을 거듭하고 있다.

1. 건축생산 담당자

건축설계는 그 자체가 최종의 목표가 아니라 건축물을 생산하는 일련의 과정 중 하나의 단계에 해당한다고 할 수 있다. 설계가 복잡한 건축 생산과정의 한 부분을 담당하는 것처럼 기획부터 완성까지 단계별로 기능과 역할에 따라 여러 주체가 참여한다.

1) 발주자(owner, orderer)

계약을 맺음으로써 용역 또는 서비스를 주문하는 것을 발주(發注, order)라 하는데 대개 건축주(owner)가 발주자(orderer)가 된다. 발주자는 개인, 기업, 법인, 공공기관, 정부 등이 될 수 있다. 복잡한 계약사항을 처리하기 위해서는 전문적인 기술이 요구되므로 발주처 조직 내에 별도의 발주부서를 운용하거나, 정부나 공공기관에서는 그 역할을 조달청과 같이 전문조직에 위탁해 처리하기도 한다. 기업이나 개인은 발주업무를 자신이 처리하거나 별도의 용역회사에 계약을 맺고 맡긴다.

2) 도급자(contractor)

발주자의 상대편에서 계약으로 건축공사를 도급(都給)받은 사업자를 도급자 또는 수급인(受給人)이라고 부른다. 도급자는 본인이 직접 공사를 맡아 수행하는 시공자가 되는 것이 일반적이지만, 필요에 따라 공사내용을 구분해 전부 또는 일부를 제삼자인 시공자에게 맡길 수 있는 데 이를 하도급(下都給)이라 부른다. 수급인으로부터 건설공사 시공을 맡은 시공자를 하도급받았다고 하여 하수급인이라고도 한다.

3) 시공자(builder)

건물을 계약에 따라 설계도서 내용대로 건설하는 일을 맡은 조직을 시공자라고 부른다. 시공자가 발주자와 계약하여 도급자가 될 수도 있지만, 하도급의 경우 시공자는 도급자에게 계약에 따라 맡은 범위의 공사만을 수행한다. 시공자는 토목공사, 건축공사, 설비공사, 조경공사 등 건설공사를 담당한다. 시공자가 되기 위해 건설사업자로 등록해야 하는데 법률이 정한 기준을 충족해야 한다. 건설사업자는 국가기술자격법에 따른 기술능력과 자본금, 시설과 장비 등을 갖추어야 한다.[113)]

---

113) 건설산업기본법 시행령 제13조(건설업의 등록기준)

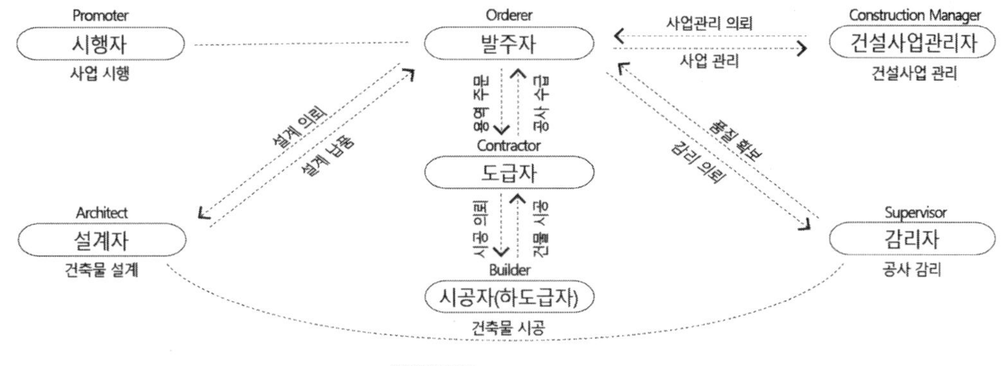

그림 97 건축생산 담당자

4) 설계자(architect)

발주자의 의뢰로 설계도서를 작성하고 인허가 등 관련 업무를 처리하는 담당자를 설계자라고 한다. 바닥면적 200m^2 이상 등의 건축설계 업무는 독점적 전문자격을 보유하고 있는 건축사만이 처리할 수 있는데, 건축사는 공인된 교육과정을 마치고 국가가 시행하는 자격조건을 통과한 사람으로서 건축물의 설계와 공사감리 등의 업무를 수행한다. 우리나라를 포함한 대부분 나라는 등록건축사 또는 건축사사무소에 소속된 등록건축사만이 건축물을 설계할 수 있도록 건축사 자격의 독점권을 인정하고 있다.

5) 감리자(supervisor)

발주자의 위탁을 받아서 건축시공 과정을 검사하고 승인하는 역할을 담당하는 것이 감리자인데, 법이 정하는 바에 따라 건축물 · 건축설비 또는 공작물이 설계도서 내용대로 시공되는지를 확인하고 품질관리 · 공사관리 및 안전관리 등에 대하여 지도 · 감독하는 자로 규정하고 있다.[114] 우리나라 감리제도는 1990년대부터 각종 대형사고가 발생하면서 강화되어 오늘에 이르고 있다. 일반적으로 건축사사무소에서 수행하는 공사감리는 엔지니어링업체가 수행하는 건설공사에 관한 기획, 타당성 조사, 분석, 설계, 조달, 계약, 시공관리, 감리, 평가 또는 사후관리 등에 관한 관리를 수행하는[115] 건설사업관리(Construction Management)와 구분된다. 즉, 안전과 관련된 공사감리는 의무이지만[116] 효율 및 경제성을 추구하는 건설사업관리는 선택사항이다.

114) 국토교통부, 건축공사 감리세부기준

115) 건설산업기본법 제2조(정의)

116) 건축법 제25조(건축물의 공사감리)

6) 시행자(promoter)

시행자 또는 시행사란 토지 등 소유자의 동의를 얻어 사업의 기획, 건설, 분양, 자금조달 등 건설사업의 전 과정을 자신의 권한과 책임으로 주도하는 자를 말한다. 시행자는 국가나 지방자치단체, 공공기관, 정부출연기관, 지방공사, 토지 소유자, 조합, 법인, 부동산개발업자 등이 수행할 수 있다.[117] 시공자가 건설공사 자체만을 수행하는 반면, 시행자는 기획을 비롯해 사업 전반을 책임진다. 과거에는 시공회사가 사업시행을 총괄하는 것이 일반적이었다면, 시공자가 시행자로부터 도급을 받아 공사를 수행하는 방식으로 변화하는 추세이며 사업 시행자의 책임과 전문성이 강조되고 있다.

2. 건축 발주방식

1) 직영방식(direct management)

건축주가 직접 시공하는 방식으로 소규모 주택 등 업무가 상대적으로 간단하거나 건축주가 충분히 수행할 수 있는 능력이 있다고 판단할 때 택한다. 건축주가 자재선정부터 실내장식까지 자신의 취향대로 맘껏 건물을 지을 수 있지만, 기술적인 문제 처리와 경험 부족에서 오는 한계로 말미암아 전문업체에 맡기는 게 일반적이다. 건축주가 공사를 담당하는 사람과 일일이 계약하기 때문에 번거롭고 공사내용과 진행과정을 숙지하지 못하면 공사관리가 어려워지고 공사기간이 늘거나 공사비가 더 많이 들 수도 있다. 공사현장에서 사고가 발생할 때도 모든 책임을 건축주가 지게 된다. 법적으로는 200m^2 이하 건축물과 농업용 및 축산업용 창고나 축사 등에 대해 건설업면허 없이 건축주가 직접 공사할 수 있으나,[118] 공사예정금액 5,000만원 이상의 소규모 건축물은 건설기술자 1명을 현장관리인으로 지정하여야 한다.[119]

2) 도급방식(contract)

건설산업기본법은 도급을 '건설공사를 완성할 것을 약정하고 상대방이 그 공사의 결과에 대하여 대가를 지급할 것을 약정하는 계약'이라고 정의하고 있다.[120] 건축주로서 발주

---

117) 도시개발법 제11조(시행자 등)

118) 건설산업기본법 제41조(건설공사 시공자의 제한)

119) 건축법 제24조(건축시공)

120) 건설산업기본법 제2조(정의)

자는 도급자인 건설사업자에게 공사비를 지급할 의무를 지니며, 반대로 건설사업자는 공사비를 받기 위해 건물을 완성할 책임을 지게 된다. 도급방식에는 건축공사 전체를 하나의 도급자에게 맡기는 '일식도급(general contract)'이 있고, 난방, 냉방, 공조, 위생, 전기, 통신 등의 부대설비 공사와 같이 전문적인 공사를 일반도급 공사에 포함하지 않고 나누어 전문업자와 계약을 맺는 '분할도급(several contract)'이 있으며, 골조공사, 내장공사 등 공정별로 입찰해 맡기는 '공사별도급(separate contract)'으로 구분한다. 둘 이상의 도급자가 함께 수행하는 공동도급 방식은 각자의 기업을 유지한 채 특정 공사에 대해서만 협정을 맺는 'Joint venture'와 하나의 특정 공사를 위한 공동 기업체를 만들어 공사를 도급하는 '컨소시엄(consortium)' 방식이 있다.

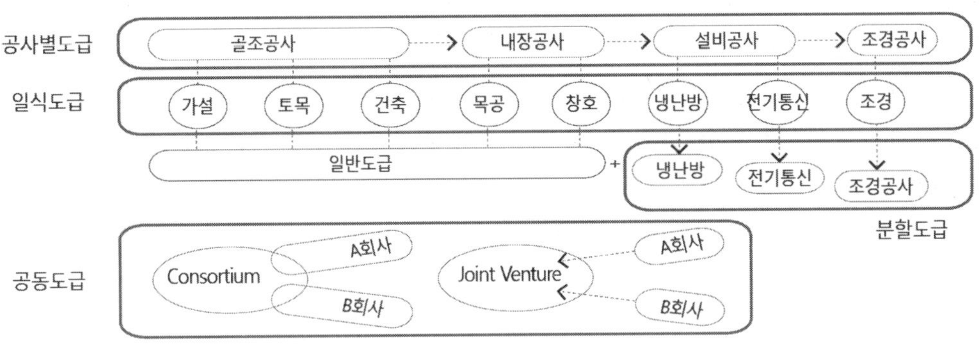

그림 98 건축공사 도급방식

3) 설계·시공 분리방식(design-bid-build contract)

발주자가 사업을 설계와 시공 또는 감리로 분리해 발주하는 방식이다. 설계는 계약을 맺은 건축사사무소가 담당해 납품하고 설계도서를 바탕으로 공사금액을 산출한 건설사업자가 낙찰을 받아 별도의 계약으로 건축물을 시공하는 방식이다. 단계별 과업이 명확하게 구분되고 건축설계의 질이 담보되는 장점이 있지만, 설계단계에서는 시공과정에서 발생할 수도 있는 문제를 모두 찾지 못해 잦은 설계변경, 공사비 초과, 공기 지연 및 이로 인한 분쟁 증가 등의 단점이 있을 수 있다. 건설사업자는 공기 단축과 공사비 절감 등 경제적 이유로 설계업무가 시공과정에 종속되기를 원하지만, 건축사사무소에서는 건축설계 업무의 독립성과 건축의 질 담보를 위해 설계와 시공이 분리되어야 한다는 의견이다. 대부분 선진국에서는 건축설계의 질을 담보하고 건축설계 분야의 독점권을 보장한다는 이유로 설계·시공 분리방식을 택하고 있다.

4) 설계·시공 일괄방식(turn-key)

시공자가 재원조달, 토지구매, 설계와 시공 등 모든 서비스를 발주자에게 제공하는 방식으로 열쇠를 돌리면 모든 과정이 한꺼번에 집행된다는 뜻에서 '턴키(turn- key)방식'이라고 부른다. 우리나라는 국가계약법으로 총공사비 추정가격이 300억 원 이상인 대형공사와 300억 원 미만인 신규 복합공종공사 중 대안입찰이나 일괄입찰로 집행하는 것이 유리하다고 인정하는 공사만을 적용하도록 하고 있다.[121] '일괄입찰'은 정부가 제시하는 지침에 따라 입찰 시 시공에 필요한 도면과 서류를 작성해 입찰서와 함께 제출하는 것을 말하고 '대안입찰'은 원안 입찰과 함께 따로 입찰자가 대안을 제시할 수 있는 입찰을 말한다. 설계·시공 일괄방식은 발주자에겐 다양한 업체를 상대로 복잡한 과정을 거치는 것이 아니라 하나의 입찰자를 대상으로 함에 따라 책임소재가 명확하고 공사기간 중 신공법을 적용하거나 하자 발생 시 설계변경이 쉬우며 실시설계 이전에도 공사착공이 가능함에 따라 공기 단축이 가능한 장점이 있다. 반면 대규모 건설사 위주로 입찰 참여업체가 제한되고 업체 간 담합이 문제로 발생하기도 했으며 설계와 시공상의 문제점이 발주자에게 노출되지 않을 우려도 있다.

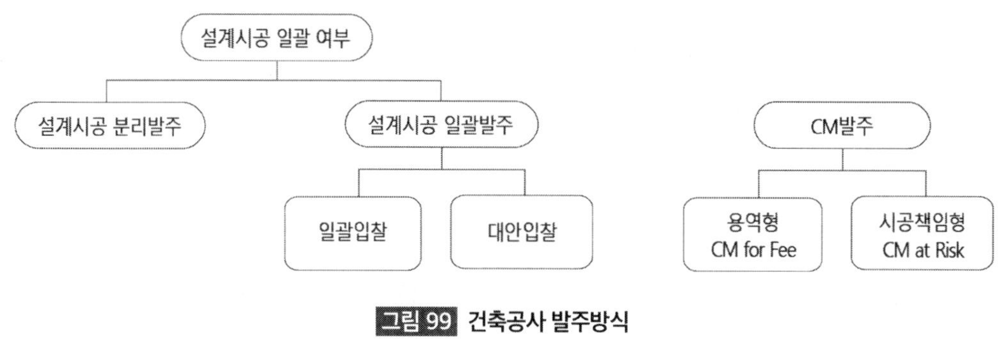

그림 99 건축공사 발주방식

5) 건설사업관리방식(CM contract)

발주자가 대리인으로서 건설사업관리자인 CM(Construction Manager)과 위임계약을 맺어 설계자와 시공자를 통합해 관리하는 방식이다. 법적으로는 '건설공사에 관한 기획, 타당성 조사, 분석, 설계, 조달, 계약, 시공관리, 감리, 평가 또는 사후관리 등에 관한 관리를 수행하는 것'[122]으로 정의한다. CM방식은 기술적 자문과 관리업무만 수행하고 보수를 받는

121) 국가를 당사자로 하는 계약에 관한 법률 시행령 제79조

122) 건설산업기본법 제2조

'용역형(CM for Fee)'과 시공책임과 위험부담을 함께 지는 '시공책임형(CM at Risk)'을 따로 구분하기도 한다. 시공책임형은 건설사업자가 시공 이전 단계에서 건설사업관리 업무를 수행하고 시공 단계에서 별도의 계약으로 계획, 관리 및 조정하면서 미리 정한 공사금액과 공사기간 내에 시설물을 완성하는 것을 말한다. 이 방식은 설계단계에 시공사가 조기에 참여함으로써 3D BIM 등을 활용한 가상시공으로 설계 완성도를 높이고 설계오류와 재시공을 감소하면서 발주자 요구를 설계에 반영하여 설계변경을 최소화할 수 있다. 그러나 시공책임형 건설사업관리 방식은 설계가 시공에 종속될 가능성이 있고 대형사무실로 제한되는 특징이 있다.

6) BTL/BTO

BTL은 민간이 자금을 먼저 투자해 사회기반시설을 '건설(Build)' 한 후 국가나 지자체로 소유권을 '이전(Transfer)'하고 시설을 '임대(Lease)'해 투자비를 회수하는 방식이다. 시설의 건설과 운영에 민간의 창의적 제안과 효율을 활용할 수 있고 통합관리와 건설·운영 관련 위험을 민간에 이전해 총사업비 경감과 서비스 질을 높일 수 있다. 최종 사용자가 사용료를 민간사업자가 아닌 발주자에게 직접 내는 방식이다.

반면 BTO는 민간이 '건설(Build)'하고 소유권은 정부나 지자체로 '이전(Transfer)'한 채 일정 기간 민간이 직접 '운영(Operate)'해 사용자로부터 이용료를 받아 수익을 추구하는 민간투자사업 방식이다. BTL과 BTO는 민간 투자를 유치해 신속하게 필요한 시설을 공급할 수 있다는 장점이 있어서 대학교 기숙사 시설 등을 중심으로 활발히 추진되었으나, 민간의 이익 우선 추구에 따른 시설 이용료 인상과 과다한 손실액 보존 등의 문제도 발생하고 있다.

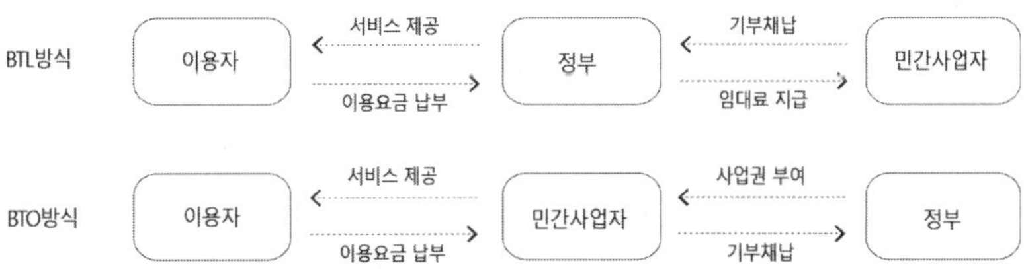

그림 100 BTL/BTO 방식

3. 설계공모

1) 정의

설계경기, 현상설계 등으로도 불리는 설계공모는 응모자가 제출한 설계도서를 요구조건에 부응하는 정도를 기준으로 심사해 우열을 가리는 일련의 과정을 말한다. 건축서비스산업진흥법에 따라 정부에서 운영하는 건축설계공모 운영지침에 따르면 '공공기관이 설계자 2인 이상으로부터 각기 공모안을 제출받아 그 우열을 심사·결정하는 방법 및 절차'[123)]라고 정의하고 있다. 건축서비스산업진흥법은 공공건축 설계비 추정가격이 1억원 이상인 건축물을 포함해 다수의 주민이 이용하는 시설 등에 대해서 설계공모방식을 우선 적용할 것을 규정하고 있다.[124)] 한편, 설계경기와 유사한 제도로 건설기술공모가 있는데 건설기술관리법상 발주청이 창의성과 새로운 기술 또는 특수한 기술을 필요로 하는 건설공사나 건설기술용역사업에 대해 공모방식으로 응모작을 모집하고 응모된 건설기술의 내용에 대하여 건설기술자의 능력, 사업의 수행실적, 사업수행계획 및 신용도 등을 종합적으로 평가하여 선정하는 방식이다.[125)]

2) 유형

설계공모는 건축물, 사회기반시설 구조물, 도시계획·설계, 공공시설물, 조경 등 설계대상에 따라 평가기준과 운영방법을 달리 적용하는데 일반적으로 여러 관점에 따라 다양한 유형으로 구분한다. 제출해야 하는 결과물의 정도에 따라서 컨셉디자인, 기본구상, 기본설계 공모로 나눈다. 컨셉디자인 공모는 스케치 등 비교적 간단한 제출물을 요구함에 따라 단시일 내에 다양한 설계개념을 도출하고 구체적인 계획보다는 아이디어의 중요성이 주목받으므로 많은 설계자 참여를 유도할 수 있지만, 개발계획으로 발전하는 과정에서 현실적 제약을 고려하는 등 대폭적인 수정으로 아이디어의 의미가 퇴색할 수 있고 실현 가능성이 작을 수 있으며 당선 이후 설계자가 기본계획에 참여하는 일이 보장되지 못함으로 유명 건축가의 참여 의욕을 떨어뜨릴 수도 있다. 기본구상 공모는 배치도와 개략적인 조감도 등 기본도면 위주의 제출물을 요구하기 때문에 계획 수립 기간이 기본설계 공모와 비교해 단축되고 컨셉디자인의 아이디어와 기본설계의 현실성 사이에서 적정 수준의 대안 마련이 가능하지만, 실행을 위한 구체적인 방안이 보장되지 못하고 국외 설계자가 참여할 경우 국내 관련

123) 국토교통부고시 제2019-196호, 건축설계공모 운영지침 제2조

124) 건축서비스산업 진흥법 시행령 제17조(설계공모방식의 우선 적용대상 등)

125) 건설기술관리법 제21조의2(건설기술의 공모)

법률과 규정에 부합하지 못할 수도 있으면서 실행과정에서 협력할 가능성이 있는 국내 설계자와 어려움을 겪을 수도 있다. 기본설계 공모는 구체적인 계획안을 요구하기 때문에 준비하는 시간이 걸리고 참가자는 인력과 비용이 많이 들어 참여자의 수가 저조할 수 있지만, 구체적인 설계안 마련이 가능하기에 공모 이후 실행계획 수립 기간을 단축하고 비용 예측도 가능하며 기획부터 시행까지 일관되게 사업을 추진할 수 있다.

그림 101 건축설계공모 유형

설계목적에 따라 공모는 아이디어 공모와 프로젝트 공모로 구분할 수도 있다. 아이디어 공모는 계획상의 문제점과 설계 요구사항에 대한 해결책 제시를 주목적으로 하므로 다양한 아이디어 활용이 가능하고 신진건축가 참여가 확대될 수 있는 장점이 있지만, 현실 적용이 어려운 안들이 접수되고 실제 사업 적용을 위해서는 별도의 프로젝트 공모나 설계용역이 추가로 필요하다. 아이디어공모는 당선자의 아이디어를 꼭 반영하여야 할 의무가 없음에 따라 당선자에게 설계자로서의 수행 권한도 부여하지 않는다. 프로젝트 공모는 개별 프로젝트에 대한 최상의 설계안을 발굴해 실제 사업에 적용함에 따라 설계공모 당선자는 그 프로젝트의 설계자로 참여할 수 있게 된다. 따라서 현실성이 담보되는 계획안 도출이 가능하고 당선과 함께 설계권이 부여되므로 자격을 갖춘 많은 건축가 참여가 가능하지만, 비용이 들고 과업 내용이 많아 일정 규모와 자격을 갖춘 응모자를 대상으로 하다 보니 참여가 제한적일 수밖에 없다.

참가방식에 따라 설계공모는 일반공모, 제안공모, 제한공모, 지명공모, 특별공모 등으로 구분한다. 일반공모는 일정 자격을 갖추었다면 참여에 제한을 두지 않고 접수된 모든 응모작을 심사해 설계안을 선정하는 방식으로 최적 안 선정을 위해 필요한 도면을 모두 요구한다. 제안공모는 아이디어 중심의 특정 과제를 해결하기 위한 간소한 도면을 요구하고 절차도 단순화해 진행하는데 설계자의 경험과 역량, 수행계획과 방법 등을 심사해 설계자를 선정한다. 제한공모는 신진건축가 등 발주기관이 정하는 기준에 따라 설계공모에 참여하는 응모자를 제한하는 방식이다. 지명공모는 유명 건축가들만을 대상으로 하는 등 설계자를 지명해 공모에 참여하도록 하는 방식이다. 또한, 개발업자를 참여시키거나 특정 전문가 참여를 의무화하는 특별설계공모도 있다.

일반공모는 많은 응모자 참여가 예상되므로 홍보 효과가 크고 다양한 아이디어를 얻을 수 있지만, 상대적으로 큰 규모의 공모전을 운영하기 위한 비용과 조직이 필요하며 유명 건축가 참여가 저조할 수도 있다. 제안공모는 제출물의 수와 양을 대폭 줄여 참가자의 부담을 줄이지만, 실적 증명 등 일정 정도 자격이 제한된다. 제한공모는 참여가 제한되는 반면, 프로젝트 성격에 맞는 응모를 유도할 수 있고 지역업체, 신진건축가, 여성건축가 등 특정 설계인력 육성 효과도 있다. 지명공모는 초청된 유명 참가자들로 높은 홍보 효과와 우수한 작품도 기대되지만, 지명에 대한 객관성 확보와 초청을 위한 인센티브나 상금 규모도 커지는 문제가 있다. 특별설계공모는 목적에 부합하는 공모 수행이 가능하지만, 특별설계 조건을 위한 치밀한 사전계획이 필요하다.

참가 범위에 따라 설계공모는 국제공모와 국내공모로도 구분한다. 국제공모는 국내에서 설계 경험이 적은 분야에서도 질 높은 설계안과 다양한 계획안을 기대할 수 있지만, 공모전 운영업무와 경비 부담이 크다. 설계 결과물에 대한 기대보다는 국제공모로 홍보 효과를 우선한 외국업체 선호는 국내 설계분야를 위축시킬 우려가 있다.

국제공모 인증 여부에 따라 UIA(국제건축가연맹) 인증과 그렇지 않은 독자 추진으로도 구분한다. UIA 인증은 국제공인으로 세계적 네트워크를 활용한 홍보가 가능하지만, UIA 협조를 위한 비용과 사전협의 절차가 필요하다. 독자 추진은 국내 특성에 맞는 설계공모가 가능하지만, 프로그램 개발을 위한 시간과 준비가 선행되어야 한다.

설계공모를 한 번으로 운영할 것인지와 여러 단계로 나누어 진행할 것인지도 고려한다. 대규모 프로젝트를 첫 단계에서는 컨셉디자인과 기본구상 성격으로 운영하고 선정된 여러 당선자를 대상으로 기본설계 형식의 공모전을 후속으로 실행하는 방식을 고려할 수 있다. 설계목적에 따라 아이디어공모는 단일 단계로, 마스터플랜 등 복잡한 프로젝트 공모는 두 단계로 나누어 개최하는 것이 일반적이다.

3) 운영조직

설계공모를 운영하는 과정 중에는 특정 업무를 수행하는 주체들이 역할을 한다. 공모를 위한 기획, 행정, 재정 등의 업무를 총괄하는 주최자가 있다. 설계공모 주최자는 국가기관, 공공단체, 법인 또는 개인이 될 수 있다. 주최자는 설계공모의 명확한 목표와 조건을 미리 정해 공고해야 하고 공모 기준이 되는 공고문과 설계공모 지침서를 충실하게 마련해야 한다. 공모의 공정성을 확보하고 원활한 진행을 위해 전문위원, 심사위원, 기술위원 등을 선출해서 주최자가 갖는 일부 권한을 위임한다. 주최자는 심사위원회의 심의와 결정에 승복할 의무가 있으며 심사결과가 발표된 후 정해진 기간 내에 미리 규정된 상금 또는 경비 등을 지불해야 한다.

전문위원(PA, Professional Advisor)은 주최자를 대신해 공모과정을 총괄하는데 설계공모 이전 단계부터 주최자와 협의해 공모내용을 확정하고 기술위원을 추천해 감독하는 임무가 주어진다. 심사기간 동안 심사위원회에 참석해 심사위원을 지원하는 역할을 하지만 심사권과 투표권을 가지지는 못한다.

심사위원회는 심사위원과 예비 심사위원 및 특별 자문위원 등으로 구성되는데 입상작 선정 절차와 방식을 정해 설계공모 작품을 심사하고 실격 여부를 결정하는 등 설계공모의 주요한 결정 권한을 갖는다. 이때 기술위원회가 제공하는 출품작에 관한 규정과 지침 위반 여부 등을 검토한 내용을 승인한다. 예비심사위원은 심사위원의 공백이 생겼을 경우 심사에 대신 참여하거나 공백이 없을 때도 심사위원회의에 참석해 의견을 개진할 수 있으나 투표권은 없다. 필요할 경우 두는 특별 자문위원은 기술위원회와는 별도로 심사위원회를 자문하는 임무를 수행한다.

기술위원회는 법규 및 제반 규정 위반 여부와 설계공모 지침의 해석과 질의사항에 대한 기술적 검토의견을 심사위원회에 보고하는 역할을 한다. 발주기관 등이 필요하다고 인정하는 경우에는 심사의 전문성을 높이기 위해 구조, 시공, 설비 등 기술분야 검토를 위해 전문가로 구성된 전문위원회를 따로 둘 수 있도록 하고 있는데 기술위원회와 역할은 유사하지만 발주측의 전문 의견을 검토하는 기능을 담당한다.

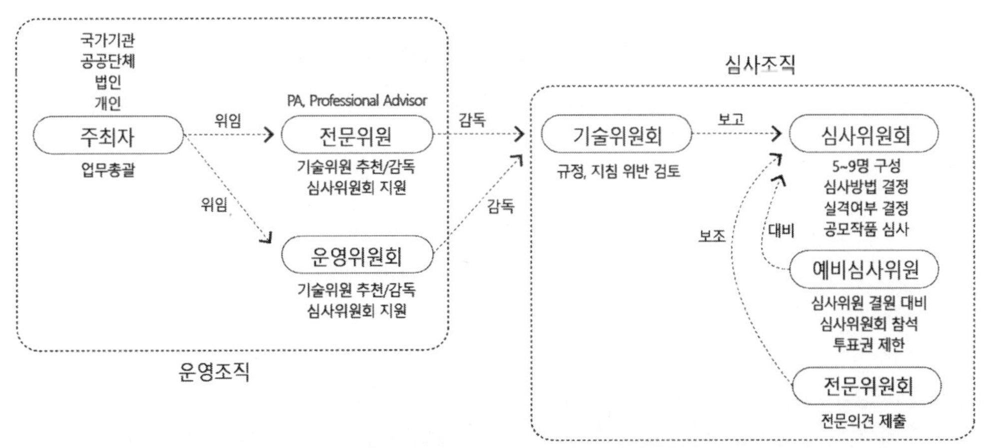

그림 102 설계공모 운영조직

4) 진행절차

설계공모는 일반적으로 사전준비, 설계공모 시행, 심사 및 시상 등의 절차를 거친다. 사전준비 단계에서는 건축설계공모 유형별 공모방식을 선정하고 운영조직을 구성하며 소요재원을 마련하는 일들을 수행한다. 설계공모지침서에는 사업의 목적과 일정, 기본방향, 대지조건과 건물규모, 적용 관련 법규기준, 시설별 면적, 세부 설계지침 등 설계기준과 제공자료 및 제출도서, 심사와 당선자 선정 기준, 보상 및 전시 기준 등이 포함된다. 심사위원은 주최자가 직접 인력풀을 구성해 선정하거나 전문위원에게 의뢰해 선정하기도 한다. 공모지침에 포함되는 작품심사 기준에는 사전검토로써 설계지침 준수 여부, 중대한 결격사유와 관계법령 저촉 여부 등과 본심사를 위한 설계공모 목표에 근거한 심사기준 및 심사방법 등이 담겨진다.

설계공모 단계에서는 공고, 참가등록, 제공자료 게시, 현장설명회와 대상지 답사, 질의응답, 작품접수 및 제출의 절차를 거친다. 설계공모 운영지침[126)]은 공고일부터 등록 마감일까지 최소 7일 이상 공고하도록 함으로써 공정한 경쟁을 담보하고, 공고일부터 공모안 제출 마감일까지 설계기간을 90일 이상 확보하도록 함으로써 충분한 작업시간을 보장하도록 하고 있다. 참가자는 참가등록 후 일정 기간 공고내용 중 모호하거나 필요한 사항을 질의할 수 있고 주최자는 이에 대해 답변하는 질의응답을 진행한다. 제출도서는 될 수 있는 대로 심사위원이 평가하는데 필요한 설계도면과 설계설명서로 한정함으로써 작품 제작과정 중 과도한 비용이 발생하지 않도록 하고 있다.

심사는 심사위원회를 구성해 운영하는데 국토교통부에서 정한 건축설계공모 운영 관련 지침은 심사위원을 5~9인으로 구성하도록 하고 있으며 심사위원 명단을 설계공모 공고 시 공개하도록 하고 있다. 심사방법은 점수제와 투표제 등 설계공모 특성에 따라 심사위원회에서 정한다. 주최자는 심사일로부터 7일 이내에 심사결과와 심사위원을 공개해야 한다.[127)] 심사 후에는 시상과 전시 등의 절차를 진행하며 당선자와 입상자에 대해 시상과 보상을 해야 한다. 입상작의 저작권은 원칙적으로 설계자에게 있으며 주최자는 일정 조건 아래 사용권을 갖는다.

---

126) 건축 설계공모 운영지침, 제18조(일정)

127) 건축 설계공모 운영지침, 제14조(심사결과의 발표 및 공개)

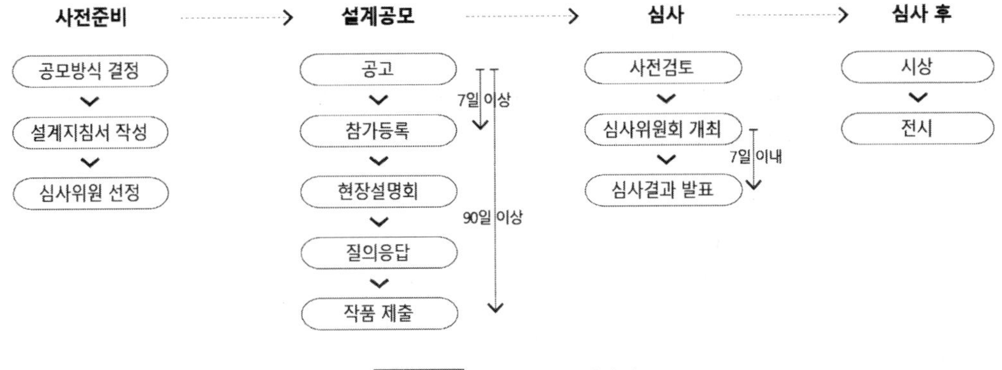

그림 103 설계공모 운영절차

4. 건축행정 시스템

1) 건축인·허가

건축은 건축주가 소유권을 갖는 대지에 건물을 지을 권리를 행사하는 행위이지만 주변 환경과 사회에 영향을 미치는 결과를 만들기 때문에 일정 규모 이하를 제외하고 법적인 절차에 따라 허가권자에게 허가를 받도록 하고 있다. 건물은 설계 전 대상지 여건을 파악하고 규모와 설계방향을 정하는 기획부터 도면을 작성하는 설계와 시공단계를 거쳐 준공한 다음 사용하는 동안 유지관리하고 용도와 연륜이 다하면 해체하는 일련의 과정을 밟는데 각각의 과정은 행정시스템을 이용한 허가절차를 거친다.

건축물을 설계하기 전에 사업 필요성을 검토하고 입지 선정과 발주방식 및 디자인 관리 방안을 검토하며 공간구성 및 운영계획 등에 관한 사전전략을 수립하는[128)]건축기획단계에서는 지자체가 운영하는 법정 기구인 건축위원회에서 건축허가를 신청하기 전에 건축계획을 검토하고 심의하는 기능을 수행한다. 건축허가는 지으려는 건축물이 법이 정한 규정과 요건을 충족하는지를 확인하고 허가하는 절차인데, 공사용 가설건축물 축조신고나 개발행위허가 등 착공을 위한 관련 법률을 동시에 허가한 것으로 갈음한다.[129)] 건축허가를 받거나 신고를 한 건축물의 공사를 착수하려는 건축주는 허가권자에게 공사계획을 신고해야 하는데 이를 착공신고라 부른다. 건물이 준공되면 건축주는 공사감리자가 작성한 감리완

128) 건축서비스산업 진흥법 제2조(정의)

129) 건축법 제11조(건축허가)

료보고서를 첨부해 허가권자에게 사용승인을 신청한다. 지자체는 건축물의 소유나 유지관리 상태를 확인하거나 건축정책의 기초자료로 활용하기 위해 건축물대장에 건축물과 대지 현황 및 건축물의 구조내력에 관한 정보를 적어서 보관한다. 건축물이 수명을 다했다고 판단해 해체하는 경우에도 30일 이내에 멸실신고서를 허가권자에게 제출해야 한다.[130)]

이렇듯 건축물은 지어져 해체될 때까지 일련의 과정 중에 법적인 구속력을 갖는 허가와 승인을 밟는 행정절차를 거쳐야 한다. 정부는 2008년부터 건축행정과 관련한 일련의 절차를 '세움터'라는 전산시스템을 활용해 수행하도록 하고 있고 민원인 조건에 맞는 건축법령 조항을 맞춤형으로 검토할 수 있는 시스템도 운용하고 있다.

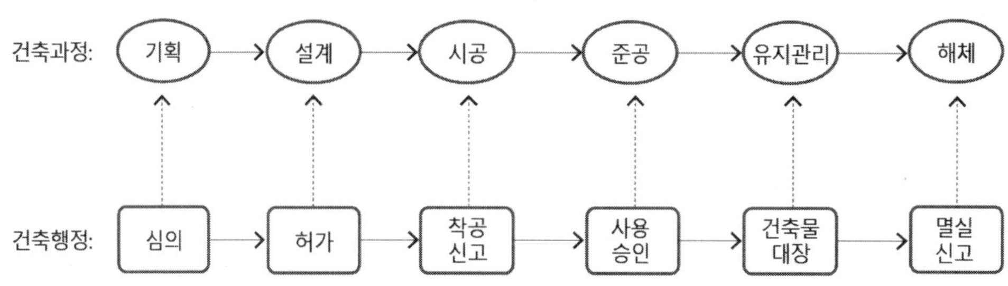

그림 104 건축과정과 건축행정시스템

2) 건축행정 프로세스

건축주는 건물을 지으려 의도하는 순간부터 건축행정 프로세스를 따라 민원업무를 처리하게 된다. 대지 현황을 조사하기 위해 땅의 주소에 해당하는 지번(地番), 토지 용도에 따라 종류를 정한 지목(地目), 면적과 대지 모양이 표시된 지적도를 확인하고 대지의 법적 제한조건인 도시계획 결정사항과 행위제한 내용을 확인할 수 있는 도시계획확인원도 열람한다. 지적도와 도시계획확인원은 정부가 운용하는 민원 서비스 '정부24'[131)]를 통해 확인할 수 있고 2021년부터 국토교통부가 토지이용 규제사항을 제공하기 위해 관리하는 '토지이음'[132)]을 이용할 수도 있다.

건축허가를 얻기 위해서 건축주는 건축민원 신청서를 관련 행정기관에 접수해야 한다. 건축행위의 주체가 건축주이므로 모든 서류의 책임자는 건축주가 된다. 따라서 인감증명서와 필요할 경우 토지사용승낙서 또는 도로사용승낙서 등을 제출해야 한다. 대개는 설계

130) 건축물관리법 제34조(건축물의 멸실신고)

131) https://www.gov.kr/

132) https://www.eum.go.kr/

사무소에서 이 과정을 대행하기 때문에 그 경우 대리인 위임장을 작성해야 한다. 또한, 토목분야의 농지전용허가신청서나 구조분야 구조계산서, 통신분야 정보통신공사 착공전 확인신청서, 소방분야 소방설치계획서 등은 협력업체가 대행하는 서류이다. 건축사사무소는 건축설계도면 외에도 정화조 설치신고서와 오수량 산출서, 부설주차장 설치계획서, 도로점용 허가신청서, 장애인편의시설 설치계획서, 에너지절약계획서, 문화재 현상변경허가서 등을 준비해야 한다.

건축허가 관련 서류가 접수되면 주무부서에서는 건설과, 도시과, 지적과, 환경과, 농지과 등 유관부서에 협의를 요청하고 그 결과를 회신받는다. 그뿐만 아니라 외부기관에 해당하는 소방서, 한전, 도시가스, 교육청, 군부대 등에 협의를 요청하고 결과를 받는다. 주무부서는 자체 검토내용과 유관부서 및 외부기관의 점검결과를 바탕으로 민원인인 건축주에게 필요한 시정을 통보하고 건축주는 점검내용에 대한 조치를 완료해서 서류를 보완하는 과정을 거친다. 최종적으로 점검결과에 문제가 없다고 판단되면 최종적으로 건축허가가 이루어진다. 건축허가 뿐만 아니라 착공과 사용승인 과정도 비슷한 절차를 거쳐 진행된다.

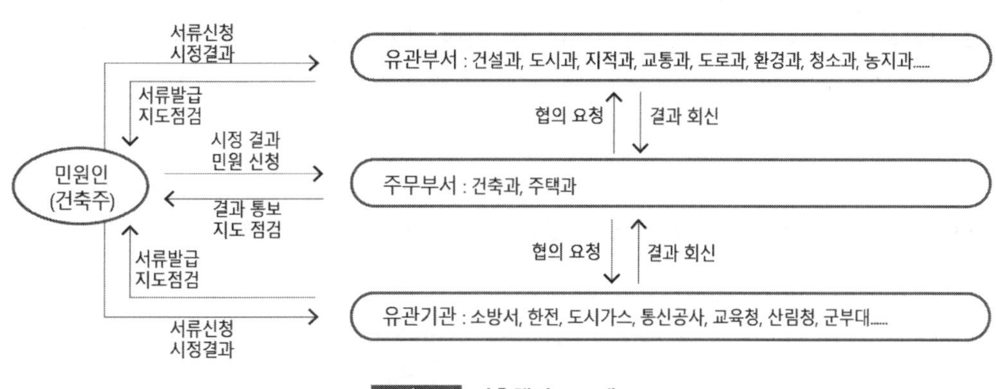

그림 105 건축행정 프로세스

3) 세움터

'세움터'는 정부가 운용하는 건축행정업무 전산시스템으로 건축인허가, 건축물대장 관리, 건축위원회 심의, 건축사사무소 신고업무 등을 민원인이 관공서를 방문하지 않고 인터넷으로 처리하고 공무원은 건축 행정업무 전반을 전자적으로 처리하는 플랫폼이다. 정보화 이전에는 건축 행정업무가 민원인의 관청 방문을 전제로 부서별 수작업에 의존하다 보니 처리도 느리고 실수가 생기기도 하며 부정이 개입될 여지도 있었다.

민원편의와 행정효율을 높이기 위해 정부가 1996년 건축행정 전산화 기본계획을 수립하고 1998년부터 2002년까지 건축민원 접수·처리, 건축물대장 관리, 통계처리 등의 업무를 전산화하는 건축정보시스템(AIS, Architectural Information System)을 개발해 전국 지자체에 보급했다. 지자체별로 서버를 갖추고 데이터를 처리하는 CS(Client & Server) 방식으로 운용하던 전산시스템은 2008년부터 인터넷 기반으로 발전해 전국 네트워크화가 이루어졌고 2023년부터는 클라우드 기반으로 재구축됐다.

이로써 민원인은 종이문서 방식으로 진행하던 일을 인터넷으로 신청서를 작성해 세움터에 접수하는 방식으로 바뀌었고, 민원인이 일일이 개별 부서를 방문해 업무를 처리하던 관행에서 벗어나 단일창구에서 온라인으로 접수하면 서비스 흐름별로 업무가 처리되는 혁신을 이루었다. 많은 설계도면이 디지털화함으로써 민원편의가 개선되었고 인허가 서류를 전산으로 처리함으로써 설계도서와 첨부서류 보관을 위한 문서고가 필요 없게 되었으며 관련한 통계자료 생성이 자동화되었다.

세움터가 처리하는 업무는 건축허가, 착공, 사용승인, 건축신고, 가설건축물, 위반건축물 관련 업무를 처리하는 '건축업무'와 주택건설사업계획승인, 착공, 사용검사, 행위허가 등을 담당하는 '주택업무', 건축물대장 작성, 기재사항 변경, 열람, 발급, 말소를 담당하는 '건축물대장 업무' 뿐만 아니라 정비사업 계획, 조합설립, 사업시행인가, 관리처분, 착공 등 행정절차를 처리하는 '정비사업 업무', 건축사사무소, 임대사업자, 주택건설사업자, 주택관리사가 이용하는 '건축관련업자 업무'와 건축허가 현황, 건축착공 현황, 건축물 현황, 주택건설실적 등을 조회하는 '건축정보통계 업무' 등으로 구성되어 있다.

건축인허가	주택인허가	건축물대장	정비사업	사업자	건축위원회심의	녹색건축
- 건축허가	- 주택조합인가	- 생성전환신청	- 계획수립	- 건축사사무소	- 건축위원회심의	- 에너지절약계획서
- 도로폐지허가	- 관리규약신고	- 말소재작성	- 조합등설립	- 주택관리업		
- 건축신고	- 주택건설사업	- 부존재증명	- 사업인가	- 주택임대관리		
- 공작물축조	- 관리방법신고	- 소유자관련	- 관리처분	- 주택관리사보		
- 가설건축물축조	- 임대주택사업	- 분리결합신청	- 착공분양	- 주택관리사		
- 결합건축	- 행위허가신고	- 전유부변경	- 준공			
- 건축협정	- 임대주택조합		- 정비사업관리			

그림 106 세움터 업무

4) 한국건축규정

시대가 흐르면서 건축 관련 법규와 규정 적용이 다양화하고 복잡해졌다. 과거, 건축법 하나만을 적용받던 건축행위에서 도시계획법과 지구단위계획 등 상위법에 저촉되는지를 확인해야 하고 친환경과 안전 등 시대적 이슈에 따라 적용하는 관련 규정이 늘어난 것이다.

게다가 스마트 관련 혁신 정책과 문화 및 삶의 질에 대한 사회적 관심이 높아지면서 건축 관련으로 검토해야 할 고려사항이 많아졌다.

건축허가는 법규상 정해진 요건이 충족되면 허가기관이 반드시 이행해야 하는 속성이 있지만, 허가기관이 조례나 방침 또는 자의적인 해석으로 재량행위를 진행할 가능성도 있다. 건축허가 관련 규정이 복잡하고 개별 법령이 산재하기 때문에 설계와 건축허가 시 동시에 종합적으로 파악하기가 어렵고 건축허가 관련 심의, 평가, 인증, 협의가 많아 시간이 오래 걸리며 예측이 어려운 실정이었다. 게다가 허가권을 가진 행정조직도 담당자가 수시로 바뀜에 따라 전문성을 갖추지 못하다 보니 해석과 관련한 분쟁이 끊이지 않았다. 반대로 건축사는 전문지식을 공익에 우선하기보다는 건축주의 이익을 극대화하고자 법 해석을 자의적으로 주장하는 사례도 많았다.

정부는 2015년 건축기본법을 개정하면서 건축물의 설계, 시공, 공사감리 및 유지관리 등과 관련한 건축법 및 관계 법령, 행정규칙, 조례 등의 규정을 종합적으로 안내하고 합리적으로 운용하기 위해 건축물 관련 규정을 통합한 '한국건축규정'을 도입하였다.[133] 한국건축규정은 사용자 조건에 맞는 건축법령 조항만을 체크리스트 형식으로 검토하는 방식으로 2024년 6월부터 시행하고 있다. 2025년 기준 건축허가 시 반드시 확인해야 하는 법령만도 238개에 달하는데 한국건축규정은 건축주가 이들 법령을 간단히 확인하고 허가기관도 이 기준에 따라 검토함으로써 허가과정의 신속성과 객관성을 담보하는 장점이 있다.

한국건축규정은 건축허가 전문 건축사가 근무하는 '지역건축안전센터'[134]의 역할을 강화해 건축허가를 민간에 이양하고 인증제도를 통합해 심의를 최소화하는 개선방향[135]과 함께 AI를 도입해 혁신할 것으로 예상한다.

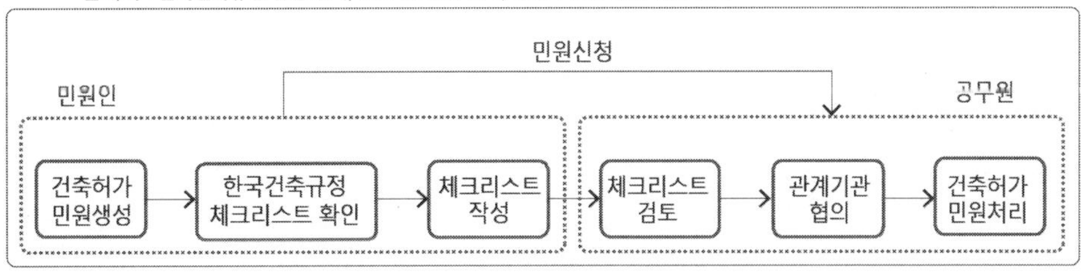

그림 107 한국건축규정 정보체계

133) 건축기본법 제25조(한국건축규정의 공고 등)

134) 건축법 제87조의2(지역건축안전센터 설립)에 의해 건축 허가 또는 신고 업무와 공사 관리감독 업무를 등을 수행하는 지자체 소속 기관

135) '건축허가 및 심의절차 선진화 방안 연구, 국가건축정책위원회, 2019.

Architecture and Human, Society, Culture

PART Ⅲ

건축과 문화

8장 | 기술 변화와 건축

건축을 칭송하는 것에는 일상과 평범을 벗어난 위대함과 특이함이 있게 마련인데 그것은 건축 형태와 공간의 모습으로 나타난다. 거대한 공간과 아름다운 형태를 찬미할 때 그것에는 그것을 가능하게 한 혁신적 기술이 존재한다. 인류가 건물을 지어 온 역사 자체가 혁신의 과정이었겠지만, 이 장에서는 우리 시대에 직접적인 영향을 미치는 근대 3대 건축재료 혁신부터 다룬다. 다른 분야도 마찬가지겠지만 건축에서 혁신이 이미 이룬 기술적 진보에 힘 입에 발전했기에 그 연결고리도 살펴볼 것이다. 기술 발전 속도는 점점 더 가속화 하고 있으며 타 분야 성과와도 관계된다. 건축기술은 여전히 인간의 필요와 편리를 쫓는 방향으로 진보할 것으로 예견되지만, 그 과정에서 인간 본연의 창의성과 가치도 고양될 것으로 기대한다.

1. 근대 3대 건축재료

1) 철

인류가 처음으로 철을 이용하게 된 철기시대(Iron Age)부터 18세기에 이르기까지 철은 주로 농기구나 무기로 사용되었다. 철광석으로부터 철을 뽑아내는 과정에서 연료로 사용하는 숯에 의해 탄소가 섞이게 되므로 쇳물을 틀에 넣어 식히게 되면 자연스레 탄소가 남아 있는 주철(鑄鐵, cast iron)이 만들어지는데 압축력에는 강하지만 인장력에 약하고 충격에 쉽게 부러지는 특성이 있다. 담금질로 탄소를 일정 정도 제거해 강철(鋼鐵, steel)을 만들지만, 담금질 속성상 거대한 부재를 만들기가 어려웠기 때문이다.

18세기 산업혁명기에 이르러 용광로로 철을 만드는 기술이 개발되면서 생산비용을 낮추었기 때문에 철을 다리 등의 건축 구조재로 사용할 수 있었다. 1779년 영국 콜브룩데일(Coalbrookdale)에 Abraham Darby 3세(1750-1791)가 최초의 주철교를 건설하면서 본격적으로 철이 건축에 쓰이게 되었다. 이후 온실, 공장, 탑, 철도역사 등 새로운 용도의 산업구조물에 철이 도입되고 내화성능이 있는 벽돌과 결합하면서 건축물 전반으로 사용이 확대되었다. 정원사 Joseph Paxton(1801-1865)이 철을 사용해 온실을 제작한 여파로 1851년 영국 런던에서 열린 만국박람회에 거대 전시공간인 수정궁 건설을 의뢰받으면서 철이 급속도로 건축재료로 주목받는 계기가 되었다. Gustave Eiffel(1832-1923)은 철만을 사용해 1889년 에펠탑을 완성했다.

초기 철로 건설된 구조물들은 주로 엔지니어에 의해 설계되었고 전통적 건축교육을 받은 건축가들은 철로 지은 건물을 건축작품으로 인정하려 하지 않았다. 고딕양식을 현대적으로 해석하려 애쓴 건축가이자 이론가인 Eugène Viollet-le-Duc(1814- 1879)[136)]은 철을 사용한 건축의 새로운 가능성을 주창하며 근대건축재료를 위한 이론적 토대를 닦았다. 건축가 Henri Labrouste(1801-1875)는 철 구조 개척자 중 한 사람인데 1851년 완공한 파리 Sainte-Geneviève 도서관의 거대한 돔에 적용하며 미학적 관점으로 철이 지닌 물성을 실험했다. 철은 제법 상의 발전과 다른 재료와 섞어 보강기술을 발달시키며 오늘날 가장 많이 사용되는 건축재료 중 하나가 되었다.

---

136) 중세 고딕건축을 새로운 재료와 기술로 복원하려 한 이론가로 1863년 펴낸 'Entretiens sur l'architecture'에 그의 이론과 주장이 실려있다. 그의 시도는 Hendrik Petrus Berlage, Victor Horta, Eugène Grasset, Hector Guimard, Antoni Gaudí, Henri Sauvage 등 아르누보 건축가들에게 직접적인 영향을 주었다.

그림 108 Coalbrookdale bridge

그림 109 Joseph Paxton의 온실

2) 철근콘크리트

콘크리트는 시멘트에 골재를 섞어 물과 반응시켜 굳어진 결과물을 말하는데 화산재가 습기를 머금고 굳어지는 현상을 보고 구조물을 만드는데 이용했을 것으로 추정한다. 로마 시대에는 생석회와 화산재에 골재를 섞어 굳혀서 공중목욕탕, 콜로세움, 판테온 등 여러 건물을 짓는 데 사용했다. 로마 이후 중세시대까지 콘크리트는 거의 잊힌 재료로 취급되었다가 1824년 석회(lime), 실리카, 알루미나, 산화철을 혼합해 만드는 포틀란드 시멘트[137]가 발명되면서 본격적인 콘크리트 역사가 다시 시작되었다.

정원사 Joseph Monier(1823-1906)는 콘크리트로 만든 화분이 쉽게 부서지자 철근을 넣어 보강하는 방법을 개발해 1867년 특허를 내면서 철근콘크리트의 새로운 가능성을 열었다. François Hennebique(1842-1921)는 콘크리트에 철근을 삽입해 콘크리트의 압축력과 철근의 인장력을 서로 보강하는 방법으로 발전시켜 1892년 특허를 획득했다. 초기 철근콘크리트 적용은 구조적인 이유보다는 내화성에 집중한 측면이 크지만,[138] 점차 콘크리트가 가진 조형성에 주목하게 된다. 형틀을 만든 다음 콘크리트를 부어 넣어 굳히면 어떠한 형태도 구조적으로 가능한 범위에서 실현되는 것이다.

'철근콘크리트 전도사'로 불리는 Auguste Perret(1874-1954)는 새로운 재료로 다양한 건축적 실험을 했는데 1903년 최초로 아파트를 철근콘크리트로 지은 이래, 1923년 Notre-Dame du Raincy 교회를 철근콘크리트로 건설하는 등 콘크리트의 물성을 바탕으로 건축물의 아름다움을 추구하는 새로운 길을 열었다. 젊은 시절 Auguste Perret 사무실에서 일

---

137) 영국의 벽돌공 Joseph Aspdin(1778-1855)이 특허를 낸 콘크리트 제조법.

138) François Hennebique는 '더 이상의 화마(火魔)는 없다'를 자신의 기업 슬로건으로 삼았으며, 역사가 Rayner Banham은 1902년 일어났던 'Pacific Coast Borax Company' 공장 화재에서 철골은 녹았지만 철근콘크리트 바닥이 온전했던 사건이 철근콘크리트 확산의 기폭제가 되었다고 평가했다.

했던 Le Corbusier(1887-1965)는 철근콘크리트를 평생 근대건축운동의 주재료로 선택했고 Frank Lloyd Wright(1867-1959)도 철근콘크리트의 조형성을 극대화한 Johnson Wax 빌딩(1936-1939) 천장을 구현할 수 있었다.

현대에 이르러 철근콘크리트는 공장에서 미리 거푸집으로 양생한 건축 부재를 현장으로 옮겨와 조립하는 프리캐스트 콘크리트(Precast Concrete), 철근 대신 탄소섬유 등으로 보강하는 섬유보강 콘크리트(Fiber Reinforced Concrete)뿐만 아니라 80MPa 이상의 압축강도를 가지는 초고강도 콘크리트도 개발해 초고층 건물 등에 사용한다.

그림 110 Joseph Monier

그림 111 Notre-Dame du Rancy 교회

3) 유리

유리는 규사, 탄산나트륨, 탄산칼슘 등을 고온으로 녹인 후 냉각해서 만든다. BC2000년경부터 제조되었을 것으로 추측하는데 대개가 보석이나 공예품으로 사용하다가 오늘날 우리가 알고 있는 건축재료서의 유리를 만든 것은 산업혁명 이후에 제조기술이 발전했기 때문이다. 중세시대까지 창유리는 원반에 녹인 유리를 급회전시켜 평평한 원판을 만든 다음 필요한 크기로 잘라내는 'Crown glass' 방식이 주를 이루었다. 1838년 James Hartley에 의해 레일을 따라 롤러를 통과시켜 판유리를 만드는 기법(Cast plate glass)이 개발되었고 1914년 Émile Fourcault는 녹은 유리를 수직으로 끌어올리며 롤러를 통과시키는 방법을 고안했다. 1952년 Alastair Pilkington은 용융 주석 위에 녹은 유리를 띄우는 획기적인 방법(Float glass)을 개발해 오늘날 가장 일반적으로 쓰이는 유리제조공법을 만들어냈다. 왜곡 없는 평평한 유리를 만드는 기술이 관건인데 이 방법은 경제적이면서도 가장 우수한 유리의 평활도를 제공한다.

1851년 런던 Hyde Park에 세워진 '수정궁(Crystal Palace)'은 판유리로 지어져 낮 동안 별도의 인공조명이 필요 없는 가장 큰 유리 건물로 기록됐다. 이후 바우하우스를 설립한 Walter Gropius(1883-1969)는 1911년 Fagus 공장을 건축하면서 넓은 벽면을 유리로 채우는 '커튼월' 기법을 고안해 근대건축의 새로운 지평을 열었다.

오늘날에는 다양한 종류의 유리가 건축물에 사용되고 있다. 강도가 크면서 깨지더라도 파편이 작게 부서져 위험하지 않은 강화유리, 단열과 방음효과가 있으면서 칸막이벽으로도 사용할 수 있는 유리블럭, 염료를 주입해 Stained glass를 만드는 색유리, 유리를 겹침으로써 단열성능을 향상하는 복층유리, 유리표면에 금속산화물을 코팅해 열 이동을 최소화하는 에너지 절약형 로이유리(low-emissivity glass) 등 목적과 제조기술에 따라 다양한 유리가 건축물에 적용된다. 최근에는 유리창에 태양광 집광모듈을 집적해 전기를 생산할 수 있는 BIPV(Building-Integrated Photovoltaic)도 도입되고 있다. 유리는 현대 건축가들이 가장 선호하는 재료 중 하나로 자리매김해 최근에 지어지는 많은 건축물이 유리를 주요한 입면 재료로 선택하고 있다.

그림 112 Crystal Palace

그림 113 Fagus Factory

2. 지붕

1) 아치(Arch)

창이나 문을 만들기 위해 기둥과 기둥 사이에 보를 얹는 '인방(Lintel)' 구조는 보가 위로부터 얹히는 무게를 충분히 감당해야 하므로 기둥 사이를 넓게 하기가 쉽지 않았다. 특히 석재나 벽돌로 짓는 건물의 경우 개구부 폭을 충분히 확보하기에 인방 구조는 한계가 있었다. '아치(Arch)' 구조는 상부의 하중을 양옆 벽을 따라 바닥으로 전달하는 구조이다. 높이

만 충분히 확보된다면 벽 사이 개구부가 얼마든지 넓어질 수 있는 구조다. BC2000년경 메소포타미아에서부터 나타나기 시작했다는 아치 구조는 로마시대 수도교를 비롯해 건물 하부를 지탱하는 구조로 광범위하게 사용되었다.

반원 형태로 출발한 아치는 중세 고딕시대에 이르러 상부가 뾰족한 모양의 '첨두아치(pointed arch)'로 발전했다. 아치 구조 특성상 상부 하중을 아래로 내리면서 밖으로 밀어내는 힘이 발생하는데 이를 견디기 위해서는 거대한 벽이 필요했고 첨두아치는 그 힘을 줄이면서 '버팀벽(buttress)'이 담당하도록 처리했다. 첨두아치는 천장이 높은 내부공간을 만들어 종교적 신앙심을 고양하는 공간연출을 가능하게 했을 뿐만 아니라 하중이 전달되는 구조체 외의 벽에는 개구부를 만들어 스테인드글라스 창을 가능하게 하는 등 그 전시대에 비해 벽을 개방하는 효과적인 구조시스템으로 발전했다.

개발된 첨두아치는 미학적 차원으로도 발전을 거듭해 S자 모양의 곡선이 적용된 'Ogee arch'도 만들어졌다. '말굽형아치(horseshoe arch)'는 말단부가 반원 곡선 밖으로 벗어난 형태로서 이슬람 문화권에서 광범위하게 사용되었으며 '다엽형아치(多葉形, multifoil arch)'는 이슬람 건축의 가장 큰 특징으로 꼽힌다.

근대건축 이후로는 아치가 거의 자취를 감추다시피 했는데, 이는 철근콘크리트 중심의 근대건축이 조적 시스템으로 만들어진 아치 구조를 필요로 하지 않았기 때문이다. 현대에 이르러 아치는 과거 조적조 특성의 기능적 관점과는 다르게 미학적 차원에서 새로운 구조재를 활용해 다양한 형태와 적용을 시도하고 있다.

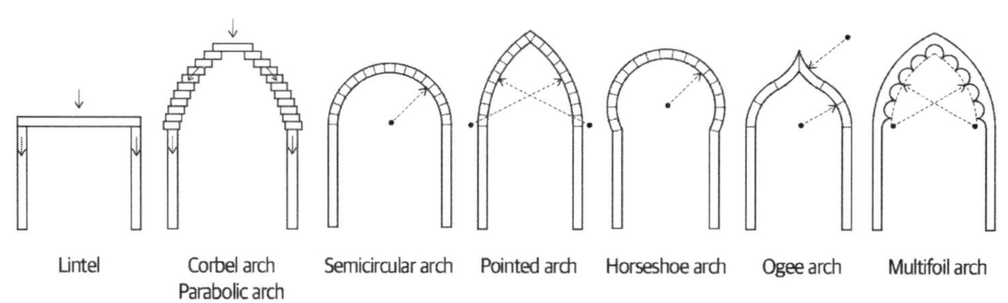

그림 114 Arch 구조와 종류

2) 볼트(Vault)

선(線)적인 아치 구조를 연장해 터널처럼 만든 것을 '볼트(Vault)'라고 부른다. BC1250년경에 지어져 오래된 볼트 중 하나로 꼽히는 이집트 테베(Thebes)에 있는 곡물창고는 포물선 모양으로 생겼는데, 형틀을 사용하지 않고 돌을 내어 쌓는 '코벨(Corbel)' 방식으로 만들었다. 역사에서 언급되는 또 다른 오랜 볼트는 이란 사산왕조 시절 지어졌다고 하는 크테시폰(Ctesiphon) 입구를 가로지르고 있는 포물선 모양의 볼트로 AD550년경에 벽돌과 진흙 타일을 회반죽으로 붙여 만들었다.

Arch의 힘 전달 원리를 이어받은 볼트는 3차원 공간을 구성하며 다양한 형태로 발전했다. 'Barrel Vault'는 Arch 구조를 연장해 터널을 만든 것인데 밖으로 밀리는 횡력을 떠받치려 'Abutment'로 보강한다. 폭이 같은 두 개의 Barrel 볼트를 직각으로 교차해 붙인 'Groin Vault'는 두 개의 볼트가 만났을 때 생긴 모서리를 따라 위에서 내려오는 힘이 이 선(Groin)을 타고 땅에 전달됨에 따라 볼트는 벽이 아닌 기둥 네 개로 받쳐도 무너지지 않는데 Groin Vault는 로마시대 큰 규모로 확산했다.

고딕시대에는 끝이 뾰족한 첨두아치(Pointed Arch) 구조를 이용해 갈비뼈와 같은 선적 부재들로 구조를 처리하는 방법을 고안해냈다. 이는 천장의 하중을 늑재(肋材, Rib)로 처리하고 나머지 천정은 가벼운 재료로 채워 무게를 줄이면서 높고 넓은 공간을 가능하게 만들었다. 'Rib Vault'는 발전을 거듭해 폭이 같은 직각의 '4분할 볼트(Quadripartite Vault)'뿐만 아니라 주축 방향은 넓고 다른 방향은 상대적으로 좁은 '6분할 볼트(Sexpartite Vault)'의 등장은 기둥 사이의 폭이 서로 다른 '신랑(身廊, Nave)'과 직각인 '익랑(翼廊, Transept)' 모두에 위계를 달리해 적용하기 적합했다.

4분할 볼트에서 주요 구조적 힘은 첨두아치 모양의 늑재가 아니라 반원형 대각선 모양 아치가 효과적으로 처리하는 구조이다. Rib Vault는 점차 늑재(Rib)가 많아져 구조적 목적보다는 복잡하면서 장식적 화려함을 강조하기 위해 사용하기도 했으나, 부채모양의 'Fan Vault'로 발전하면서 볼트가 받는 힘을 Rib가 아니라 이중으로 휘어진 면에 전달하기 때문에 더 안전한 구조를 만들 수 있었다.

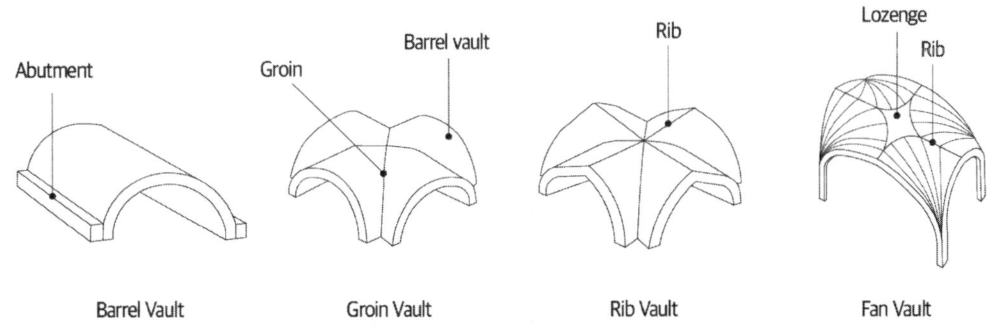

그림 115 Vault 구조와 종류

3) 돔(Dome)

Arch 구조를 180도 회전한 모양이 Dome이다. BC6000년경에 진흙 벽돌로 만든 Dome들이 메소포타미아에서 발굴되었다고 하나, 실제적인 Dome의 역사는 돌, 벽돌과 콘크리트로 만들었던 로마인들로부터 기인한다고 볼 수 있다. 특히 AD 2세기에 판테온을 지을 수 있었던 것은 콘크리트를 사용할 줄 알았던 시대적 배경이 작용했다. 반원형 Arch 구조의 속성과 마찬가지로 Dome에는 하중을 아래로 전달하는 것뿐만 아니라 밖으로 밀어내는 힘도 작용한다. Arch의 횡력을 버티기 위해 Buttress를 사용한 것처럼 판테온에는 6m 두께의 벽을 쌓아 돔을 지지하도록 했다. 16세기 설계된 성 베드로 대성당에서는 이 횡력에 대항하기 위해 철제 사슬을 둘렀다.

동로마 제국에서는 Dome을 십자가 모양의 바실리카 교회의 교차부를 덮을 때 사용했다. 그러나 사각형 바닥을 가진 교차부를 둥그런 Dome으로 덮기엔 구조적으로나 미적으로 부자연스러울 수밖에 없었다. 그래서 처음엔 돌이나 벽돌을 안쪽으로 겹쳐 쌓아 둥근 면을 만들거나 'Squinch'라고 부르는 작은 아치를 모서리 내부에 만들어 이 문제를 해결했다. 점점 기술이 발전해 비잔틴 양식의 교회 중 가장 유명한 Hagia Sophia 성당을 지을 때는 중앙 Dome에 반구형의 Dome을 붙이고 다시 3개의 작은 Dome을 다는 방법으로 처리했다. 이 부분을 'Pendentive'라 부르는데 Dome 모서리와 Dome을 받치는 구조물 사이를 메우는 역할을 담당한다. 비잔틴 시대 건축가들은 Dome과 Pendentive 사이에 Drum이라 부르는 원통형의 벽체를 두어 Dome을 지탱하는 방법도 도입했는데 이 Drum에는 채광을 위해 창을 내기도 했다.

20세기 들어 철근콘크리트나 강철 같은 새로운 재료가 등장함에 따라 Dome은 새로운 국면을 맞이한다. 구조기술자이자 건축가인 Pier Luigi Nervi(1891-1979)는 1957년 'PS콘크리트(Prestressed Concrete)'를 사용해 달걀껍데기 모양의 얇은 돔 구조의 'Palazzetto dello Sport'를 지었다. Buckminster Fuller(1895-1983)는 삼각형 조각을 셀구조를 만드는 'Geodesic Dome'을 개발해 1967년 몬트리올 엑스포 미국관에 적용했는데 최소의 재료로 쉽게 조립해 최대공간을 만드는 혁신을 이루었다.

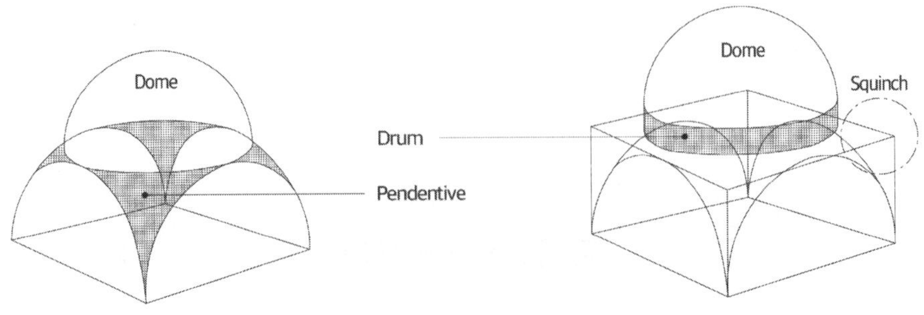

그림 116 Dome 구조

3. 마천루

높은 건물을 지음으로써 주변으로부터 압도적인 랜드마크를 만들고 권력과 권위를 나타내려 애쓴 인간의 욕망은 피라미드를 세우고 신을 능가하기 위해 짓다가 무너졌다는 바벨탑 전설을 만들었다. 세계 최고 높이를 꿈꾸는 마천루(摩天樓, Skyscraper) 도전은 기술 진보와 건축재료 혁신을 바탕으로 오늘날에도 여전히 계속되고 있다.

1) 에펠탑(1887-1889)

프랑스는 1789년 일어났던 대혁명 100주년을 기념해 1889년 엑스포를 개최하기로 하고 랜드마크 기념물로 세계에서 가장 높은 탑 건설을 추진했다. 1851년 세계 최초 엑스포를 개최한 영국과 겨루기 위한 제국주의적 경쟁심의 발로였으면서도 런던 엑스포의 명물로 꼽히던 수정궁(Crystal Palace)을 능가할 기념물이 필요했던 것이다.

설계공모를 거쳐 당시 유럽 곳곳에 철교 건설로 이름을 날리던 Gustave Eiffel (1832-1923)의 안이 선택되었다. 약 2년여 공사 기간을 지나 1889년 3월 31일 탑이 준공되었고 1889년 5월 6일 개관했다. 주요 건축재료로는 프랑스에서 제조한 7,300t의 강철[139)] 부재 18,038개와 250만 개의 리벳이 사용되었는데 얇고 가는 부재는 풍력에 대응하는 방법이었다. 에펠탑은 곧 장안의 화제로 등장했는데 건립 추진 당시 Guy de Maupassant (1850-1893)[140)]을 비롯한 문화예술계 인사들로부터 큰 반대 운동에 직면했으나 행사 후 철거를 조건으로 강행되었고 이후에는 차례로 라디오와 텔레비전 송출안테나가 에펠탑에 설치되면서 철거를 피할 수 있었다.

에펠탑은 건설 동안 산재 사망사고가 없었던 것으로도 유명한데 가드레일과 철망 등 안전조치를 취한 외에도 작업 전 안전 체조를 시행하는 등 당시로는 획기적인 안전관리를 철저히 했음과 동시에 노동자에 대한 처우도 나았다고 한다. 준공 당시 탑의 높이는 300m로 건설 후 약 40년간 인공 건조물로서는 세계에서 가장 높은 구조물이었다. Gustave Eiffel은 1829년 설립된 'Ecole centrale Paris' 학교에서 철골구조 기술을 배웠는데 이 학교는 미국 마천루를 설계하는 건축가들의 양성소로도 유명하다.

---

139) 연소열을 이용해 철을 녹이는 과정에서 탄소 제거시간이 길지만 품질이 우수한 Siemens-Martin 평로법(Open Hearth Furnace)이라는 기술로 만들어진 강철

140) 장편소설 '여자의 일생'의 소설가로 에펠탑 반대운동에 적극적이었다가 준공 후 에펠탑 2층 식당에 자주 방문하자 이를 비판하는 인사에게 에펠탑이 보이지 않는 유일한 장소라고 응대했다고 한다.

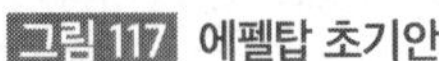
그림 117 에펠탑 초기안

그림 118 에펠탑 하부구조

2) 엘리베이터

19세기 중반까지 서구 주요 도시의 전형적인 주거형태는 5층 규모로 1층엔 가게가 자리하고 2~3층은 주인 세대가 쓰며 4층은 세를 놓고 5층은 창고 용도로 사용하는 구조였다. 당시까지만 해도 일상에서 계단을 오르는 수고를 견딜만한 높이가 그 정도였는데 오늘날까지도 건축법에서 6층 이상의 건물에 승객용 엘리베이터를 설치해야 하는 기준으로 자리 잡았다. 19세기 후반이 되자 도시로 몰리는 인구를 수용하고 이를 상업자본으로 활용하기 위한 부동산 임대업이 활황을 이루면서 건물을 높이 지어야 하는 수요가 커졌다. 이때부터 건물의 높이 경쟁이 본격적으로 시작되었는데 이를 가능케 한 건 빠르게 사람을 위층으로 나를 수 있는 엘리베이터였다.

오랜 옛날부터 도르래 원리를 이용해 무거운 물건을 들어 올리는 기술을 사용했지만, 현대식 엘리베이터가 등장한 것은 19세기에 들어서였다. 미국 기업인 Elisha Graves Otis (1811-1861)는 1851년 안전장치가 달린 엘리베이터를 발명해 1854년 뉴욕 만국박람회에서 연결한 줄을 끊어도 떨어지지 않는 장면을 연출하며 엘리베이터를 소개했다. 1857년 승객을 위한 최초의 엘리베이터를 5층 상업건물에 설치하면서 고층건물의 새로운 역사가 시작된 것이다. 1861년 특허를 받은 Otis 엘리베이터는 도르래로 오르내리는 구조이면서 양측면에 톱니구조의 안전장치를 두어 견인하는 줄이 끊어져도 카를 지탱할 수 있었으며 곧 Otis 엘리베이터는 에펠탑에도 채용되었다.

처음 발명한 엘리베이터는 '로프식'으로 도르래와 균형추를 이용해 카를 끌어올리는 구조였다. 이후 등장한 '유압식'은 하부에서 유압잭이 카를 밀어 올리는 방식이었다. 로프식이

위에서 카를 끌어올리다 보니 건물 상부에 기계실이 필요했기 때문에 건물 디자인과 충돌하는 문제가 발생했다. 유압식은 건물 디자인에 부담을 주지는 않았지만, 속도가 느리고 고층에는 적용할 수 없는 단점이 있다. 혁신을 거듭한 엘리베이터는 빠른 속도로 이동하면서도 그에 따른 불편함을 느끼지 못하는 방향으로 기술이 발전하고 있다. 현재 세계에서 가장 빠른 엘리베이터는 2019년 준공한 중국 광저우 CTF[141] 센터로 1층 로비에서 95층까지 42초 만에 도달한다.

그림 119 Elisha Otis 시연장면

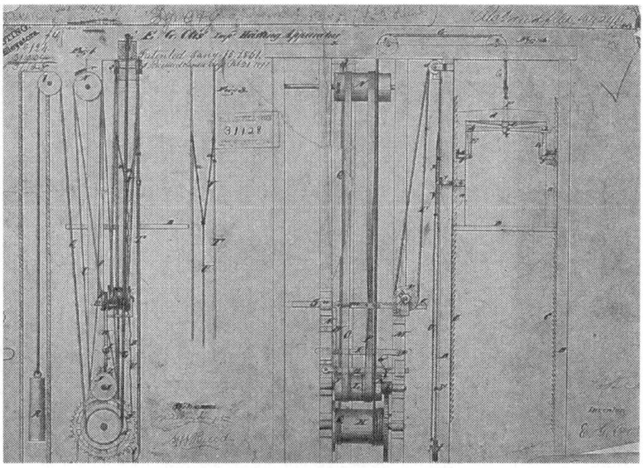

그림 120 Otis 엘리베이터 특허 도면

3) 미국 마천루

19세기 후반부터 신흥강자로 부상한 미국에서는 국가가 아닌 산업자본으로 성장한 기업이 명성을 드높이려는 욕망으로 높이 경쟁에 뛰어들었다. 1885년 시카고에 최초의 마천루 건물로 꼽히는 'Home Insurance Building'[142]이 10층 42m 철골구조로 지어진 이래 시카고와 뉴욕을 중심으로 초고층 건물 건설이 줄을 이었다.

1925년 설립된 자동차회사 크라이슬러는 세상에서 가장 높은 건물을 짓는다는 목표로 건축가 William Van Alen(1883-1954)[143]에게 설계를 맡겨 319m 높이 건물을 1930년에 준

---

141) Chow Tai Fook Center Guangzhou는 지상 111층, 530m로 2010년 착공해 2016 완공됐다.

142) 'Home Insurance Building'을 설계한 William Le Baron Jenney(1832-1907)는 프랑스로 유학해 'Ecole Centrale Paris'에서 Gustave Eiffel과 함께 철골구조 기술을 배웠고, 철골로 고딕양식을 구현하고자 애쓴 Viollet-le-Duc의 저술을 접하고 추종자가 되었다. 귀국 후 1867년 시카고에 사무실을 개설하는 한편 미시간대학교에서 건축을 가르쳤다. 나중에 시카고학파로 불리는 Louis Sullivan(1856-1924), Daniel Burnham(1846-1912) 등은 그의 사무실에서 실습생으로 일한 적이 있다.

143) William Van Alen은 프랑스 Ecole des Beaux Arts 출신 건축가 Emmanuel Louis Masqueray(1861-1917) 사무실에서 3년간 건축을 배웠는데 크라이슬러 빌딩의 장식적 디자인은 이러한 영향으로 평가한다.

공했다. 철골구조를 바탕으로 석재를 채운 형식이며 미국에서 최초로 '18-8 스테인리스스틸'[144]을 광범위하게 사용했는데 1925년 파리 만국박람회에서 유행한 아르데코 양식으로 장식적 요소가 풍부한 건물로 꼽힌다.

Empire State Building은 Chrysler Building과 경쟁하듯 지어졌다. 1930년 3월 착공 후 1931년 4월 준공까지 410일밖에 걸리지 않은 이 건물은 102층 380m로 세계 최초로 100층을 넘긴 건물로 유명하며 1972년 세계무역센터(WTC)가 세워질 때까지 40년 동안 가장 높은 건물이었다. 'Shreve, Lamb[145] and Harmon' 설계사무소가 설계한 이 건물은 철골구조이면서도 단순한 형태인데도 아르데코 양식으로 분류된다.

1973년 4월 완공된 월드트레이드센터는 쌍둥이 건물로 모두 110층이며 417m 높이인데 일본계 미국 건축가 미노루 야마사키(1912-1986)[146]가 설계했다. 당시까지 고층 건축에 주로 쓰이던 철골구조 대신 건물의 바깥기둥을 일체화해 빈 상자처럼 세움으로써 공간의 자유도를 높이고 건물 하중을 획기적으로 줄였는데, 이는 나중에 911테러 때 화재에 견디지 못하고 녹아 쉽게 무너지는 빌미를 제공했다.

Sears Tower는 1973년 9월 110층 442m로 완공된 후 페트로나스 타워가 지어질 때까지 세계 최고 높은 건물이었다. 이 건물은 3×3 모듈의 9개 정사각형 튜브가 50층, 66층, 90층에서 후퇴하는 형식으로 구조적 안정을 꾀하면서 건설비용을 줄이는 혁신을 이루었다. 페루계 미국 건축가 Bruce John Graham(1925-2010)이 설계했지만, 튜브구조 시스템은 방글라데시계 Fazlur Rahman Khan(1929-1982)이 만들었다.

4) 제3세계 마천루

1970년대까지 세계에서 가장 높은 빌딩을 세우고 싶어 하는 경쟁은 미국을 중심으로 활발하게 펼쳐졌는데 잠시 제4차 중동전쟁이 유발한 석유파동과 이에 따른 부동산경기 침체는 마천루 경쟁을 중단시켰다. 1990년대가 되자 살아난 부동산 경제와 함께 다시 마천루 경쟁이 시작되었는데 이번엔 미국이 아닌 제3세계 국가들에서 벌어졌다.

---

144) 크롬 18%와 니켈 8%를 함유한 스테인리스스틸로 공기 중의 산소와 크롬이 반응해 얇은 산화막을 형성해 녹 발생을 방지하는 합금으로 1912년 독일 Krupp가 개발했다.

145) 엠파이어스테이트빌딩을 실질적으로 설계한 William Frederick Lamb(1883-1952)는 프랑스 Ecole des Beaux Arts에서 공부했고, Carrère and Hastings 회사에서 일했는데 공동 설립자 John Mervin Carrère(1858-1911)와 Thomas Hastings(1860-1929)는 모두 프랑스 Ecole des Beaux Arts 학교에서 Emmanuel Louis Masqueray와 동창이었다.

146) 미노루 야마사키는 뉴욕대학교에서 건축석사 학위를 취득한 후 엠파이어스테이트빌딩을 설계한 'Shreve, Lamb and Harmon'에서 일했다. 그는 건축 비평가 Charles Jencks가 1972년 철거되는 과정을 '모더니즘건축이 사망한 날'로 평한 1954년 준공된 대규모 공동주택단지 Pruitt-Igoe도 설계했다.

1993년 착공해 1998년 완성한 말레이시아 쿠알라룸푸르에 있는 'Petronas Twin Tower'는 처음부터 세상에서 가장 높은 건축물이라는 목표를 가지고 기획되었다. 위로 갈수록 점점 작아지는 모양의 88층 쌍둥이 건물로 총 452m 높이인데 지상 170m에 있는 41층과 42층 사이를 58m 길이의 'Sky Bridge'가 연결한다. 아르헨티나 출신 건축가 César Pelli(1926-2019)가 이슬람 문양을 모티브로 설계했다고 한다. Fazlur Rahman Khan의 튜브구조 시스템을 따랐지만, 초고강도 콘크리트를 사용한 철근콘크리트 구조로 철골구조보다 무겁지만 흔들림을 줄이는 혁신적인 방법이었다.

1999년 착공해 2004년 준공한 101층 509m의 'Taipei 101'은 타이완의 초고층 빌딩으로 2009년 두바이의 부르즈 칼리파가 지어질 때까지 최고 높은 건물이었다. 태풍과 지진 진동에 대응하도록 88~92층 사이 강철 진자를 배치해 움직임을 상쇄할 수 있도록 했다. 또한, 이중창으로 외부 열 50%를 차단하고 20~30% 물을 재활용하는 등 LEED 기준에 따라 '세계에서 가장 높은 친환경 건물'로 인증받았다.

아랍에미리트 두바이의 신도심 지역에 건설된 'Burj Khalifa'는 2004년 착공해 2009년 준공한 건물로 높이 828m에 달함으로써 세계에서 가장 높은 건물이 되었다. 설계는 'Sears Tower'를 담당했던 미국 SOM이 맡았으며 구조는 철근콘크리트로 튜브구조 시스템을 적용했다. 한국의 삼성물산이 시공사로 참여해 3일에 1층씩 올리는 최단 공기(工期) 수행 기록을 세우기도 했다.

초고층이 갖는 압도적인 크기의 가시성을 이용해 도시 스카이라인과 함께 랜드마크를 형성하면서 그 도시의 이미지를 결정하는 것이 마천루다. 초고층은 경제력과 기술력을 표현하며 관광 자원화하면서도 신기술 개발과 관련 연구를 촉진하기도 한다.

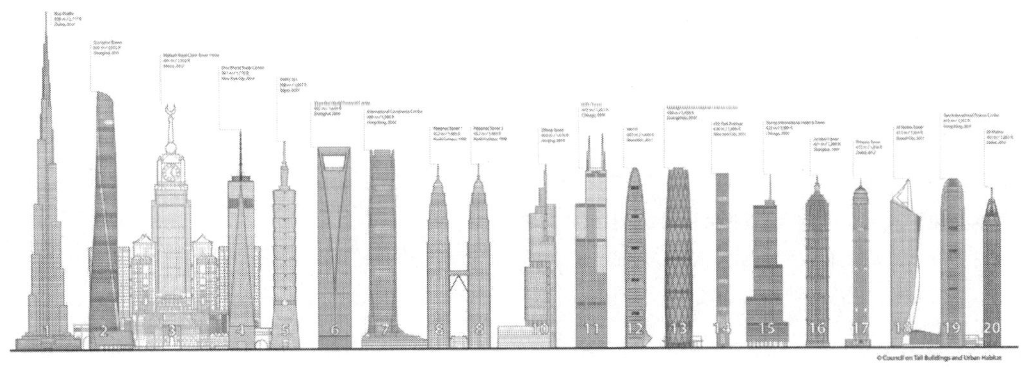

그림 121 세계에서 가장 높은 빌딩 순위(2024년 기준)

4. 친환경기술

기후변화와 자원고갈 등 인류가 당면한 문제를 해결하고자 에너지를 적게 쓰거나 순환하는 친환경 기술이 발전하고 있다. 건축과 관련해 가장 많이 사용하고 있는 친환경 기술은 태양 빛을 이용하는 태양열과 태양광, 바람을 이용하는 풍력, 땅을 이용하는 지열 등으로 구분한다. 정부는 제로에너지건축물 의무화를 2020년 1,000m^2 이상 공공건축물부터 시작해 2023년부터는 공공건축물 500m^2 이상과 30세대 이상 공동주택으로 확대하고 2025년부터는 1,000m^2 이상 민간건축물에도 적용하고 있다.

1) 태양열

핵융합으로 에너지를 만드는 태양은 지구상 모든 생명 활동의 근원이다. 대기권 밖에서 지구는 태양으로부터 1.96cal/cm^2·min의 복사에너지를 받는데 지상에서는 대기 중의 수증기로 흡수되거나 구름에 의한 반사와 산란 등으로 에너지가 손실되어 약 70% 정도만이 지표면에 도달하는데 약 700W/m^{2}의 에너지에 해당한다.

태양으로부터 오는 열에너지를 건물의 냉난방과 급탕용으로 활용하는 것이 태양열 이용기술이다. 태양열 시스템은 태양에너지를 모아 열로 만드는 집열기, 모아진 열을 저장하는 축열조, 저장된 열을 이용하는 이용부로 구성된다. 각 구성요소 사이의 열전달을 모두 펌프와 같이 기계적 강제순환방식을 적용하는 설비형(active), 전도·대류·복사를 이용하는 자연형(passive), 두 방식을 섞은 혼합형(hybrid)으로 구분한다.

태양열은 제한 없는 청정에너지원이며 화석에너지와 비교하면 지역적 편중이 적고 유지보수비가 저렴하지만, 낮과 밤의 차이와 일사량 때문에 간헐적이면서 초기 설치비용이 많이 드는 단점이 있다. 집열기가 그림자의 영향을 받지 않는 정남향으로 설치하였을 경우 효율이 가장 높으며 지역별 일사 조건, 환경 및 장소, 온수 사용량 등의 이용조건에 따라 차이가 생긴다. 주택용 태양열 설비는 급탕을 우선해 사용하며 온수가 남으면 보조적으로 난방에 사용한다. 한국에너지공단은 단독주택과 공동주택을 대상으로 20m^2 이하 규모를 지원하는데 약 24m^{2}의 설치면적이 있어야 한다.[147)]

147) https://nr.energy.or.kr/

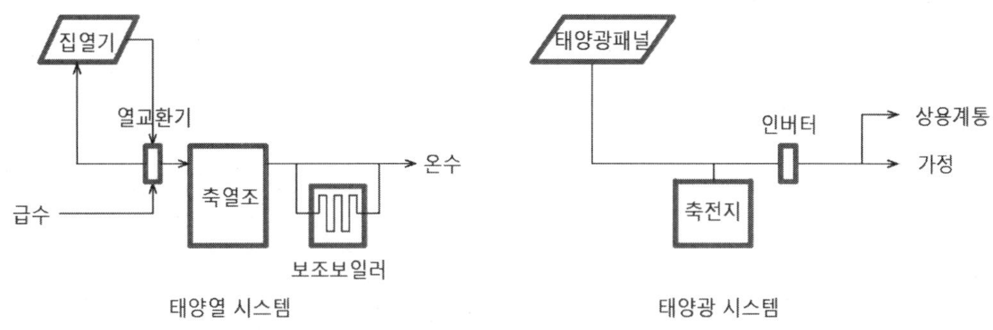

그림 122 태양열 태양광 시스템

2) 태양광과 BIPV

태양광발전이란 태양광을 직접 전기에너지로 변환하는 방식으로 태양광을 전기로 바꿔주는 태양전지 모듈과 만들어진 직류전압을 교류로 변환시키는 인버터 등으로 이루어져 있다. 태양광발전으로만 전기를 공급하는 '독립형(Stand Alone)'은 태양전지와 축전지, 전력변환장치로 구성된다. 태양광발전으로 얻은 전기와 전력회사에서 공급하는 전기를 함께 사용하는 '계통연계형(Grid-Connected)' 시스템은 생산된 전기가 남을 때에는 전력회사로 보낼 수 있으므로 축전지가 필요하지 않다.

태양광발전의 장점은 공해가 없고 필요한 장소에 필요한 만큼만 발전할 수 있으며 유지보수도 쉽다. 반면에 전력 생산량이 일조량에 의존하고 설치 장소가 한정적이며 초기 투자비와 발전단가가 높은 단점이 있다. 태양광발전은 주택뿐만 아니라 점차로 가로등을 비롯한 공공시설물로 설치가 확대되고 있다. '태양광주택'이란 태양전지 모듈을 지붕이나, 창호, 옥상 등에 설치하고 여기서 발생하는 전기를 직접 이용하는 주택을 말하는데, 정부는 '신에너지 및 재생에너지 개발이용보급 촉진법'[148)]에 따라 가구당 3kW 이하 규모를 한국에너지공단을 통해 주택지원사업으로 지원하는데 약 23m^{2}의 설치면적이 필요하다.

태양광발전을 위해서는 지붕 등에 패널을 설치해야 하므로 건물 디자인과 조화롭기가 어려웠다. BIPV(Building Integrated PhotoVoltaic)는 건물 외벽이나 창호 또는 지붕에 건물 일체형으로 태양광 모듈을 설치해 외장재 역할을 하면서도 전기를 생산하는 태양광 발전시스템이다. BIPV는 건축설계 단계부터 시스템을 도입함에 따라 태양광발전을 위한 인프라 시설을 따로 설치하지 않아도 되기 때문에 비용이 절감되고 건물과 조화로운 디자인을 처음부터 고려할 수 있는 장점이 있다. 반면에 기존 건축외장재에 태양광 시스템을 복합화하

148) 신에너지 및 재생에너지 개발·이용·보급 촉진법 제27조(보급사업)

는 과정에서 비용과 복잡한 설계업무를 수반한다. 정부는 '건물일체형 태양광(BIPV) 산업 생태계 활성화 방안'[149]을 발표하는 등 주택보급사업 및 공공건물 의무화 사업으로 BIPV 시스템 확산을 추진하고 있다.

그림 123 BIPV 적용 주차캐노피

그림 124 BIPV적용 Apple본사(https://wikipedia.org)

3) 지열

지상의 온도는 여름과 겨울 사이 큰 차이를 보임과 비교하면 땅속 온도는 일 년 내내 일정하게 유지되는데, 이 온도를 여름에는 시원하게 이용하고 겨울에는 따뜻하게 쓰는 것이 지열을 이용한 냉난방 시스템이다. 파이프를 땅속 깊이 묻고 상온의 물을 흘려주면 땅속에서 열교환이 이루어져 겨울에는 따뜻한 물을, 여름에는 시원한 물을 얻을 수 있다. 지열을 이용한 냉난방 시스템을 이용해 여름에는 냉방비를 절약할 수 있고 겨울에는 난방비를 절약할 수 있다.

지열 시스템은 땅속에 고밀도 폴리에틸렌 파이프(HDPE)를 묻고 파이프 안으로 물이나 부동액을 채워 흐르게 하는 가운데 열교환이 이루어지는 '폐회로(Closed Loop)'와 가까운 곳의 온천수나 지하수로부터 물을 끌어쓰는 방식의 '개방회로(Open Loop)'로 구분한다. 폐회로는 파이프를 100~150m 깊이까지 수직으로 루프를 만들면 '수직형'이라 하고, 1.2~1.8m 깊이로 수평으로 구성하면 '수평형'이라고 부른다. 수직형은 대지가 좁은 경우 적용하는데 땅을 깊이 파야 하므로 공사비가 많이 든다. 수평형은 땅을 조금만 파도 되지만 파이프를 묻을 수 있는 넓은 면적이 필요하므로 학교와 같이 운동장을 활용할 수 있는 넓은 부지에 적용한다.

정부의 '신재생에너지 공급 의무화' 정책과 지자체별 '녹색건축물 조성 지원법'에 따라 지열 냉난방 시스템 설치가 늘고 있다. 점점 강화하는 기준을 충족하기 위해 태양광발전으로

149) 산업통상자원부, '건물일체형 태양광(BIPV) 산업생태계 활성화 방안', 2022.10.11.

의무비율 달성이 어려울 때 지열발전 시스템으로 채우는 방법으로 보완한다. 정부는 태양광을 포함해 신·재생에너지원을 주택에 도입할 경우 설치비 일부를 지원하고 있다.[150] 지열 시스템은 높은 에너지 효율과 계절과 관계없이 꾸준한 성능을 유지하는 장점이 있지만, 초기 설치비용이 많이 들고 넓은 설치공간이 필요하며 개방회로의 경우 지반침하와 지하수 오염 등의 환경문제를 유발할 수도 있다.

한편으론, 지하 3,000m 정도의 깊이에 형성된 100℃가 넘는 지열자원을 활용해 냉난방뿐만 아니라 산업자원으로 활용하는 연구도 활발히 진행되고 있다. 세계적인 'Net-Zero'[151] 분위기 속에서 관련 기술이 개발되고 발전할 것으로 기대된다.

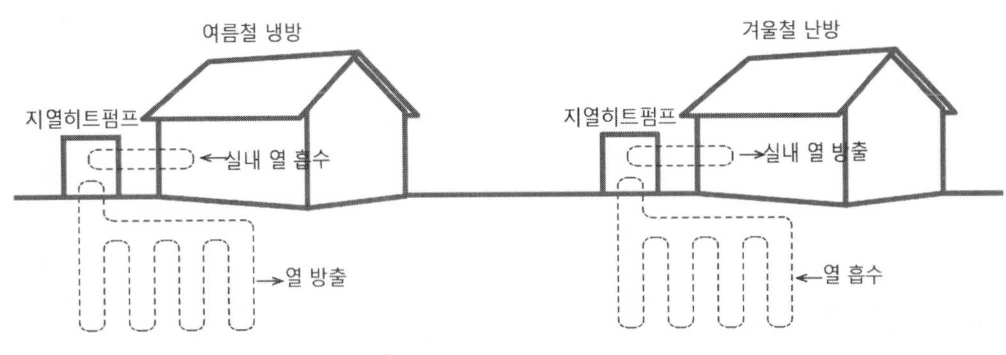

그림 125 지열시스템

4) 풍력

풍력 발전기는 바람이 지닌 에너지를 유용하게 사용할 수 있는 전기에너지로 바꿔주는 장치이다. 불어오는 바람은 풍력 발전기의 날개를 회전시켜 생긴 회전력으로 전기를 생산해 사용하는 것이다. 풍력 발전기는 날개, 변속장치, 발전기의 세 부분으로 구성된다. 날개는 바람에 의해 회전되어 풍력 에너지를 기계적인 에너지로 변환시키는 장치이다. 변속장치는 날개에서 발생한 회전력이 중심 회전축을 통해서 변속기어에 전달되어 발전기에서 요구되는 회전수로 높인다. 발전기는 날개에서 발생한 기계적인 에너지를 전기에너지로 바꾸는 역할을 한다.

풍력 발전기는 풍속이 세고 풍차가 클수록 더 많은 풍력 에너지를 생산할 수 있으므로 풍력 발전기의 발전량은 바람의 세기와 풍차의 크기에 의존하고 있다. 또한, 지상에서 높이가

150) 신에너지 및 재생에너지 개발·이용·보급 촉진법 제27조(보급사업)

151) 지구 온난화 문제에 대응하고자 온실가스 배출량을 2030년까지 45%를 감축하고 2050년까지 배출량을 0으로 만드는 정책으로 2015년 196개국이 파리협정에 서명했다.

높아질수록 바람이 세게 불기 때문에 높은 곳의 발전기가 낮은 곳의 발전기보다 크고 발전량도 많다. 풍력으로 발전하려면 풍력 발전기 날개가 있는 지점에서 평균 초속 4m/s 이상으로 부는 바람이 필요하다고 한다.

풍력발전은 자연적으로 바람이 많은 장소에 대형으로 설치되고 풍차를 돌리는 과정에서 발생하는 소음으로 말미암아 대형 시스템을 주거지 인근에 설치하는 것은 곤란하다. 주택을 위해서는 소형풍력 시스템을 택하고 있는데 설치를 위해 약 $9m^2$의 실외 바닥면적과 인버터 설치를 위한 실내 $1m^2$ 면적이 필요하다.

고층건물에 도입하는 풍력 시스템은 비교적 강한 바람이 만들어지는 건물 꼭대기에 대형 터빈을 설치해 발전하거나, 빌딩 숲 풍동효과로 발생하는 바람을 이용해 발전하는 방식을 택하는데, 이 경우 빌딩풍을 완화하고 디자인 요소로도 활용하기도 한다. 영국 런던 'Strata SE1 빌딩'은 43층에 3개의 터빈을 설치했으며 'Bahrain World Trade Center'는 쪼개진 두 건물 사이 터빈을 설치해 풍력발전으로 이용하고 있다. 건물 내에서 하부와 상부 사이 발생하는 기압 차이를 이용해 바람이 위로 이동하는 원리를 활용해 발전시스템을 돌리는 방식도 개발되고 있다.

그림 126 영덕 풍력발전단지

그림 127 Strata SE1

그림 128 Bahrain WTC

5. 디지털 기술

1) BIM(Building Information Modeling)

인류는 오랫동안 2차원 도면을 가지고 3차원 공간을 상상하며 건물을 지어왔다. 최종 결과물을 구상단계부터 완벽하게 정의한다는 것은 불가능했기에 건축가는 개략적인 방향을 정한 후 수정하고 보태면서 작업했을 것이고, 이 모든 과정은 기억과 상상을 기록하는 도면을 통해 가능했을 것이다. 종이 위에 도면을 그리던 오랜 관습으로부터 컴퓨터로 도면을 그리고 출력해서 사용하는 CAD 시스템이 1990년대부터 우리나라에 도입되었고, 이제는 처음부터 3차원으로 설계하는 방식으로 발전하고 있다.

시설물의 생애주기 동안 발생하는 모든 정보를 3차원 모델 기반으로 통합해 건설 정보와 절차를 표준화된 방식으로 상호 연계하고 디지털 협업이 가능하도록 하는 디지털 전환(Digital Transformation) 체계를 BIM이라고 정의한다.[152)] 처음부터 3차원으로 작업하다 보니 입체적인 오류를 실시간으로 확인할 수 있고 설계작업과 동시에 각 재료의 물량이 파악되어 자동으로 견적이 계산되며 구조, 전기, 통신 등 타 분야 작업이 함께 이루어져 불필요한 중복작업도 피할 수 있다.

BIM 기술의 장점을 빠르게 인식한 정부는 2000년대부터 BIM 확산을 위해 노력했으나 건축설계사무소 위주로 추진하다 보니 실효성 있는 결과를 만들어내지 못했다. 성공적인 BIM을 수행하기 위한 건축설계, 구조계산, 적산, 건설사업관리, 시공 관련 업체의 역할과 책임이 명확히 정의되지 않았을 뿐만아니라 건축설계사무소 외에는 BIM을 처리할 역량이 갖춰지지 못해 협업이 사실상 불가능한 상태였다. 정부는 2030년까지 건설산업을 혁신한다는 목표로 신규 공공사업부터 공사비 규모와 분야별로 BIM 도입을 순차적으로 의무화하고 있다. 건축분야는 2026년 공사비 500억 원 이하, 2028년 300억 원 이하까지로 확대할 계획이다. 도로분야를 시작으로 BIM 라이브러리를 구축해 제공하고 있으며[153)] 건축분야로 확대될 것으로 전망한다. 또한, BIM은 OSC(Off-Site Construction)[154)]를 비롯해 첨단 스마트 기술과 접목되면서 인력투입이 근간이었던 건설분야의 혁신적인 변화를 이끌 것으로도 기대한다.

---

152) 국토교통부, '건설산업 BIM 기본지침', 2020.

153) 건설사업정보시스템, https://www.calspia.go.kr/bim/

154) 대부분 건축부재를 공장생산 시스템으로 만들고 현장으로 운반해 조립하는 방식을 말하는 것으로 '모듈러하우스' 등의 개념과도 연결된다.

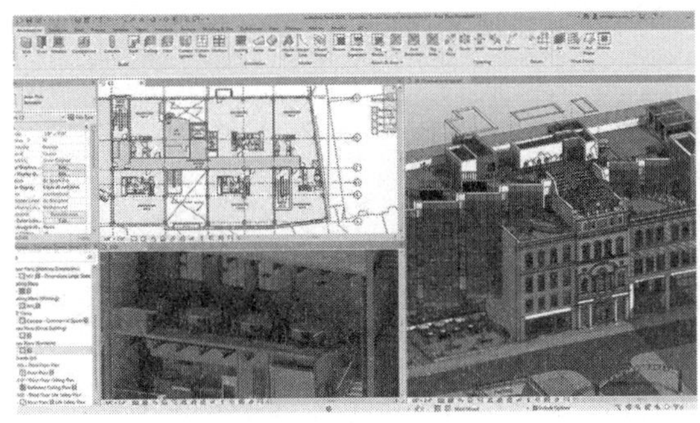

그림 129 Autodesk BIM 사례

그림 130 OSC 사례
(https://www.designingbuildings.co.uk)

2) AI(Artificial Intelligence)

AI는 소위 'Deep Learning'이라는 기법으로 인간의 학습능력, 추론능력, 지각능력을 모방해 컴퓨터 시스템으로 구현하는 도구라고 말할 수 있다. 오랜 시간과 수고가 필요한 작업과 의사결정 과정을 아주 짧은 시간에 해결해내는 능력으로 여러 분야에서 활용이 폭발적으로 늘고 있다. 건축분야에서도 낮은 생산성, 고령화와 외국인 노동자 비율 증가, 안전과 환경 관련 패러다임 전환 등에 직면해 AI를 이용해 매우 어려운 작업에 편리하게 이용하고자 다양한 부문으로 개발을 모색하고 있다.

AI기술을 활용해 해당 토지의 주소와 조건을 입력하면 관련 법령을 분석해 건축물의 규모와 용도를 제안하고 도면을 작성하며 사업성도 분석해주는 맞춤형 기획설계를 지원하는 '건축설계 AI 플랫폼'이 등장했다. AI는 법적, 기능적 조건을 만족하는 도면생성뿐만 아니라 텍스트로 된 명령으로부터 각종 이미지를 생성하는 'AI기반 건축 이미지 생성 프로그램'으로 재료를 달리 적용함으로써 만들어내는 이미지 변화와 양식, 심지어는 건축가 스타일까지도 반영해 여러 대안을 제공하는 단계로 발전했다.

AI는 건축 인허가 과정에도 도입될 것으로 예상한다. 건축 인허가 관련 규정이 복잡하고 여러 관계 기관을 거쳐야 하며 시간이 오래 걸림에 따라 예측이 어렵고 비용 발생으로 이어진다는 민원이 꾸준히 제기되고 있었다. 게다가 허가업무를 담당해야 하는 행정조직의 전문성도 떨어지는 상황에서 정부는 '지역건축안전센터' 등 전담조직을 만들어 대응하려 애썼지만, 실효성 있는 결과를 만들어내지 못하고 있었다.[155] 이러한 문제에 대응하기 위해 정부는 체크리스트 방식의 '한국건축규정' 제도를 발전시켜 AI로 건축 인허가 업무를 지원

155) 2917년 정부는 국가건축정책위원회의 권고로 건축법 제87조의2(지역건축안젠센터 설립)로 건축 인허가 업무를 지원할 '지역건축안전센터'를 2020년부터 인구 50만 명 이상 대도시에 설치하도록 규정하였다.

하는 시스템을 연구 중이다. 'BIM 기반 설계 적법성 및 인증 자동화 평가 시스템'은 인허가 신청 전에 관련 조건을 사전에 검토하거나, 행정기관이 인허가 업무를 자동으로 검토하게 하는 방식을 말한다.

궁극에는 건축 인허가와 설계 및 건설 과정 전반에 AI가 모두 개입할 여지가 충분히 있다고 판단한다. 그러나 이러한 모든 과정은 인간의 수고를 덜어주는 지원과 보조의 차원으로 작동할 것이며 여전히 의사결정과 책임은 인간이 담당해야 할 것이다.

그림 131 AI 생성 건축 이미지(Manas Bhatia)

9장 | 지역성과 건축

오랜 역사 동안 건축은 그 지역의 기후와 조달 가능한 건축재료 및 동원 가능한 기술 등으로 말미암아 지역 특유의 건축형태와 공간구성을 특징으로 발전시켜 고유의 건축문화를 형성했다. 새로운 재료와 기술에 고무된 모더니스트 건축가들은 고루한 전통과 단절하고 건축의 새로운 지평을 열자고 모더니즘을 시작했으며 온 세계가 시대정신을 공유해야 한다며 열렬히 국제주의 양식을 전파했다. 그러나 획일화되고 대량으로 생산된 근대건축은 초라하고 보잘것없으며 허무하기까지 했다. 모더니즘에 대한 비판은 새로운 대안을 찾기 위한 노력으로 이어지고 교조주의적, 엘리트주의적 건축관에 대한 반성으로부터 출발해 지역성에 근거한 전통건축을 다시 바라보게 된다.

이 장에서는 지역마다 고유의 건축형태를 만드는 데 영향을 미친 요소들에 대해 살펴본다. 기후나 건축재료 등 기능적 이유부터 종교와 경제에 이르기까지 건축 또는 도시형태를 결정하는 요인이 무엇이었는지를 분석한다. 이로써 건축이 생존을 위한 주생활의 필수 불가결한 조건일 뿐만 아니라 인간이 가진 풍부한 상상력과 인문적 표현이었음을 이해하고 새로운 창조를 위한 기본 전제로 다양한 관점을 유지해야 함을 인정하게 될 것이다.

1. 토속건축(Vernacular architecture)

'토착건축', '세속건축', '토속건축' 등으로도 번역되는 'vernacular architecture'는 모든 세계인이 공유해야 할 '국제주의 건축'을 표방했던 모더니즘에 대한 반동과 이에 대한 대안 제시 차원으로 1950년대 말부터 건축계에 등장했다. 물론 그 이전에도 각 지역의 특색 있는 건축이 오래전부터 존재했지만, 토속건축을 문화나 예술의 영역으로 인식하려는 태도는 포스트모더니즘 시대가 되어서야 시작되었다.

토속건축은 기후, 재료, 전통 등의 특징에 따라 달라지는 그 지역만의 독특한 건축양식이라고 정의할 수 있다. '전통건축(traditional architecture)'이 궁궐과 사원처럼 예술성에 근거한 문화적 측면을 다룬다면, 토속건축은 기능적 특징이 강조되는 주거건축 중심이다. 전통건축이 전문 교육을 받은 건축가에 의한 작품이라면 토속건축은 지역민 또는 그들 중 좀 더 기술이 나은 주민에 의해 만들어진다고 볼 수 있다.

'Vernacular architecture' 용어가 건축계에 알려지게 된 데에는 이집트 출신 건축가 Hassan Fathy(1900-1989)의 활동과 저술에 힘입은 바 크다. 그는 1946년 이집트 룩소르 인근 Gourna 마을 건설에 주민들과 함께 진흙으로 빚은 벽돌, 나무, 갈대 등 값싼 지역 건축재료를 사용하면서 그 과정을 책으로 펴내 많은 반향을 일으켰다.[156] 오스트리아 건축가 Bernard Rudofsky(1905-1988)가 1964년 뉴욕현대미술관(MoMA)에서 개최한 'Architecture Without Architects' 전시회는 토속건축 개념을 널리 알리는 계기가 되었다.[157] '환경행태연구(EBS)' 개척자 중 한 사람인 Amos Rapoport(1929-)는 1969년 출판한 'House, Form & Culture'에서 주거형태가 기후나 기술 등 물리적 환경뿐만 아니라 종교와 문화 등 인문적 조건에 더 영향을 받는다고 주장했다.[158]

토속건축을 만들어내는 요인으로는 기후, 건축재료와 구조, 대지조건, 방어개념, 경제와 종교 등이 있다. 토속건축은 항상 곁에 있었음에도 그동안 주목하지 않았던 일상의 건축을 세상에 드러내는 움직임으로부터 출발했으나, 오늘날에는 다양성과 주류 건축의 대안 마련 차원으로 언급될 뿐만 아니라 기후위기에 따른 친환경 이슈와 맞물리면서 건축을 대하는 새로운 패러다임으로도 자리매김 하고 있다.

---

156) Hassan Fathy, Gourna; a tale of two villages, 1969., 정기용 역, 『이집트 구르나 마을 이야기』, 열화당, 2000.

157) Bernard Rudofsky, Architecture Without Architects, 1964., 김미선 역, 『건축가 없는 건축』, 시공문화사, 2006.

158) Amos Rapoport, House, Form and Culture, 1969., 이규목 역, 『주거형태와 문화』, 열화당, 1985.

그림 132 MOMA 전시회

그림 133 구르나마을 이야기

2. 기후

1) 기후인자

고도가 오를수록 공기의 양이 감소하고 태양 복사열도 적게 미치기 때문에 해발고도(altitude)가 높아질수록 기온이 100m마다 0.5~1℃씩 낮아진다. 특정 위도지역은 이론적으로는 비교적 같은 기후특성을 나타낸다고 볼 수 있지만, 같은 위도지역에서도 고산지대와 저지대의 기후 차이가 건축형태의 차이를 만들어낸다. 위도(latitude)를 따라 햇볕을 수직으로 받는 적도는 더운 지역이 되지만, 북극과 남극은 태양복사선을 거의 평행으로 받기 때문에 추운 날씨가 이어진다. 지구 자전축이 23.5° 기운 이유로 북회귀선과 남회귀선을 기준으로 여름과 겨울이 번갈아 나타나는 사계절 변화도 생긴다.

지형(topography)도 기후에 영향을 미친다. 바다 쪽에서 불어오는 바람은 습기를 많이 머금은 채 산을 타고 이동하면서 비를 많이 내리게 하지만, 산을 넘은 바람은 건조해서 반대편 쪽에 비가 드문 '비 그늘지대(rain shadow)'를 형성한다. 겨울철 우리나라 영동지방에는 눈이 많이 내리지만 영서지방에는 그렇지 않은 이유이다.

바다와 거대한 호수를 끼고 있는 지역은 비교적 겨울에는 온화하고 여름에는 시원한 기후를 형성하지만, 내륙지역은 겨울에 춥고 여름에 매우 더운 극한기후를 나타낸다. 공기 중의 습기가 온화한 기후특성을 만들기 때문이다. 미국 해안 도시 샌프란시스코는 온화한 기후지만 같은 위도상에 있는 내륙도시인 세인트루이스는 겨울에 춥고 여름엔 몹시 덥다고 한다.

지구 자전과 태양 복사열이 만드는 '대기대순환(atmospheric general circulation)'은 위도 0~30° 사이 '무역풍(trade wind)', 30~60° '편서풍(westerlies)', 60~90° '극동풍(polar easterlies)'을 만든다. 대류성 강우인 스콜(Squall)과 심한 천둥·번개가 빈번한 '적도무풍대(doldrums)', 아열대 기후 특성의 '중위도고압대', 아시아에서 고온다습한 북태평양기단과 한랭건조한 시베리아기단 사이에 형성되는 '한랭전선대'를 만든다. 이러한 기후요인이 만드는 기후특성은 이에 대응하는 건축형태를 결정한다.

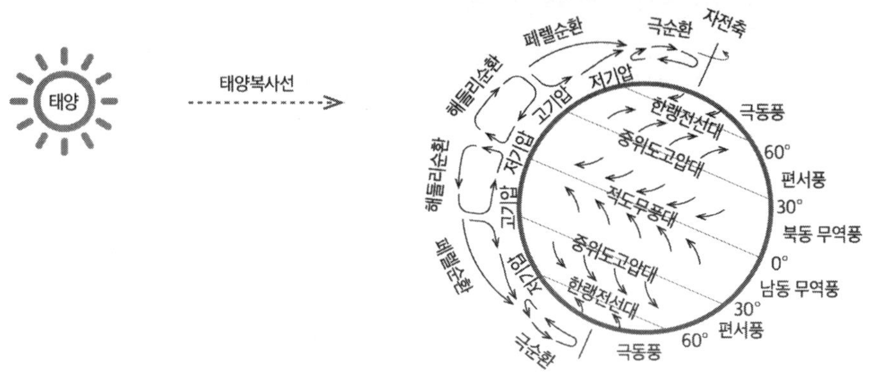

그림 134 대기순환 시스템

① 고온건조

남북회귀선 주변 지역은 대기대순환에 의한 고기압 영향으로 고온건조한 사막기후를 형성하거나, 고비사막처럼 대륙 깊숙한 내부지역도 지형적인 영향으로 건조하고 일교차가 심한 기후특성을 보인다. 이 지역에서는 지하수가 나오거나 하천이 흐르는 오아시스를 중심으로 마을이 자리 잡는다. 뜨거운 더위를 피하려 외부로 닫히고 내부로 열린 중정 중심의 공간구조가 지배적이고 강수량이 적어서 흙벽과 평지붕이 발달했다.

② 열대다습

저기압 특성의 적도 주변 적도무풍대는 온도와 습도가 높고 스콜 등으로 비가 많이 내리기 때문에 빗물을 빨리 배출하기 위한 경사지붕과 공기 순환으로 시원한 환경을 조성하기 위한 통풍구조가 특징이다. 집 주변으로는 야자나무를 심어 그늘을 만들고 식량자원으로 사용하며 지붕은 방수와 단열성능이 좋은 건축재료를 택하고 건물바닥을 들어올려 홍수와 짐승의 침입으로부터 안전하도록 꾸몄다.

③ 한대/냉대

알래스카를 비롯한 극지방은 연중 대부분이 눈과 얼음으로 덮인 추운 지역으로 나무가 자라지 못하기 때문에 건축재료의 한계로 말미암아 상대적으로 쉽게 구할 수 있는 얼음을 이용해 독특한 주거형태인 '이글루(igloo)'를 발달시켰는데 강한 바람을 피할 수 있도록 둥그런 형태로 만들었다. 스칸디나비아반도를 비롯한 냉대지역에는 풍부한 침엽수림 목재를 가지고 통나무주택이 발달했고, 단열 목적으로 지붕에 잔디를 입힌 독특한 주거형태도 개발했다.

④ 온대기후

지구상 인구가 가장 많이 분포하는 북반구 온대기후 지역은 여름철 북태평양기단의 영향을 받아 고온다습한 남동풍이 불고 장맛비가 내린다. 겨울에는 시베리아기단의 영향으로 춥고 건조한 북서풍이 불며 눈도 내린다. 계절 차이가 뚜렷한 한랭전선대 특성은 지역별로 남부, 중부, 북부 지방의 기후에 대응하는 건축형태를 발달시켰다.

그림 135 고온건조(모로코) 주거

그림 136 열대다습(말레이시아) 주거

2) 기후특성과 건축형태

기후가 주거형태 선택에 결정적인 영향을 미친다. 대체로 뜨겁고 메마른 지역에서는 외부를 닫고 주거공간 가운데에 안마당을 배치해 하늘로부터 햇볕을 들인 다음 연결된 공간을 간접적으로 비추고 통풍은 대문이나 바깥 창으로부터 바람을 끌어와 안마당을 통해 내보내는 '중정형' 평면이 발달했고 추운 지역에서는 주거 중심에 화덕이나 벽난로를 배치해 열기가 사방으로 퍼지도록 하는 공간구조 특성을 보인다.

우리나라와 같이 사계절 변화가 뚜렷한 지역에서는 두 가지 극단적인 환경을 만족시켜야 하는 어려운 상황에 놓이게 되는데 '중정형(마루)'과 '화덕형(온돌)'이 공존하는 '절충형'이 일반적이다. 남부지방은 무더운 여름을 나기 위해 바람이 잘 통하도록 대청마루를 크게 만들고 떼어낼 수도 있는 문과 큰 창을 가진 것이 특징이다. 더운 여름날 뒤뜰로 이어진 대청마루를 개방하면 안마당의 상승기류가 뒤뜰의 시원한 냉기를 대청마루를 거쳐 안마당으로 흐르는 구조이다. 나무로 짠 마루도 바닥을 지면으로부터 들어 올려 바람 흐름이 원활하도록 고안했다. 북부지방은 보온효과가 큰 온돌과 겨울철 생활공간 역할을 하는 넓은 '정주간

(鼎廚間)'[159]이 발달했다. 정주간은 춥고 긴 겨울철을 보내야 하는 지역에서 효과적인 공간 구성 방식이었다. 중부지방은 북부와 남부의 특성이 혼합된 온돌과 마루가 결합한 형태가 특징이다.

건축가들은 그 지역의 기후특성을 근거 삼아 쾌적한 거주환경을 만들 뿐만 아니라 독특한 디자인 언어로 개발하려 애썼다. Frank Lloyd Wright(1867-1959)는 겨울철 추운 미국 북동부지역 기후특성을 이유로 'Winslow House(1895)'처럼 중심에 벽난로를 배치하고 각 실이 에워싸는 평면형식을 개발했고, 이 개념을 발전시켜 'Usonian House'[160]라 이름 지었다. Le Corbusier(1887-1965)도 프랑스 남부도시 Marseille의 뜨거운 여름 햇볕을 차단하고자 수직 루버 방식인 'Brise Soleil'를 만들어 집합주거 'Unite d'Habitation(1952)'에 적용했다. 오늘날 서유럽 도시 주거유형으로 중정형이 발달했음에 비해 우리나라에서 유독 중정형 공동주택이 드문 이유는 연중 햇볕이 풍부한 기후특성으로 남향을 선호하게 된 환경여건 때문이다.

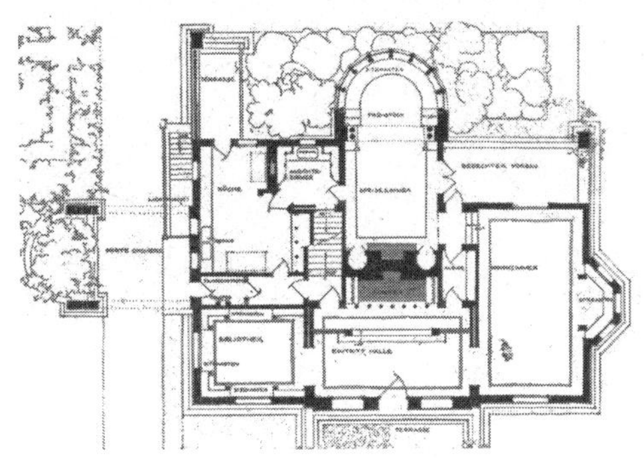

그림 137 Winslow House 1층 평면도

그림 138 Brise Soleil 적용 Unite d'Habitation 복도

3) 친환경 건축디자인

기후가 주는 악조건을 에너지와 동력을 이용해 충분히 극복할 수 있다고 믿었던 때가 있었으나 지구 온난화에 따른 심각한 재난재해를 겪으면서 자연을 거스르지 않는 개발방식을 택해야 했다. 1970년대 석유파동을 겪으면서 경험한 경제적인 이유와 환경파괴를 염려하고 지속 가능한 개발을 지향하는 윤리적인 이유로 친환경 건축디자인에 관한 관심이 증대하고 있다.

159) 부엌과 안방 사이 벽이 없이 부뚜막과 방바닥이 일체화한 공간

160) Frank Lloyd Wright가 미국 북동부 기후에 적합하게 개발한 주거유형으로 '이민자의 나라'답게 영국식, 프랑스식, 네델란드식 등으로 한정되던 주거양식에서 탈피해 독자적인 '미국 스타일 주거'를 만들고자 했다.

건물이 세워질 위치를 정하고 설계와 건설을 거쳐 유지관리와 철거에 이르기까지 건물 생애주기를 고려한 친환경 디자인은 크게 'Passive'와 'Active'로 구분한다. 'Passive design' 이란 기계장치 없이 단열을 강화하고 삼중창을 채용하거나 옥상과 벽면을 녹화하는 등 방어적인 관점의 설계전략이다. 'Active design'은 태양광 및 태양열을 도입하고 지열을 이용하는 등 좀 더 적극적인 방법으로 에너지를 생산할 뿐만 아니라 효율을 높이는 개념이다.

독일 프라이브루크 Vauban 단지는 일체형 태양광 지붕과 빗물 재사용 방식 등 모든 디자인이 친환경 개념을 적용한 사례로 꼽힌다. 이탈리아 밀라노에 있는 'Bosco verticale'은 건물 벽 전체를 벽면녹화로 처리해 친환경 요소가 건물디자인 자체가 되는 설계방식을 따랐다. 호주 멜버른 시의회 청사 'CH2'는 '생체모방(biomimicry)' 연구를 기반으로 남측엔 5개 샤워타워를 통해 만들어지는 냉방시스템이 작동하고 열전도율을 낮추기 위해 도입한 목제 창틀은 자체가 입면 요소로 작동한다.

세계적으로 각 나라는 기후위기에 대응해 친환경 정책을 추진하고 있는데 이러한 제도는 건물형태 결정에도 영향을 미친다. 비영리단체나 국제기구에서는 그 지역 기후에 맞는 경제적인 주거형태 개발을 지원하고 있다. 고온다습한 열대기후의 저개발 환경에 대응하는 주거형태 개발을 위한 국제 공모전[161]과 자원봉사 프로그램이 활발하며, 1990년대 이후 유럽과 스칸디나비아지역을 중심으로 확산하고 있는 'Passive House'는 건물의 형태와 구조를 변화시켜 '단순한 덩어리 형태로 남쪽으로 큰 창을 두고 북쪽으로는 창을 생략하거나 작게 할 것' 등의 권고지침을 운용하기도 한다.[162]

그림 139 독일 프라이부르크 Vauban 단지

그림 140 덴마크 코펜하겐 8 House 옥상녹화

161) Building Trust International과 Habitat for Humanity Cambodia가 2013년 개최한 $2,000 규모의 저소득가족을 위한 친환경건축 공모전

162) https://www.scanhome.ie

3. 재료/구조/공법

1) 건축재료

건축재료는 그 지역의 건축적 특징을 결정하는 중요한 요소다. 무역으로 건축자재를 자유롭게 사다 쓸 수 있는 오늘날과는 다르게 과거에는 지역성이 건축재료 수급으로 좌우되었다. 스위스를 비롯해 목재가 풍부한 지역에서는 건축물 대부분이 목재로 지어졌고 대리석이 많이 생산되는 이탈리아에서는 바닥과 벽에 문양과 색 표현이 가능한 석조건축이 특징적이며, 석재와 목재를 구하기가 상대적으로 어려웠던 사막기후에서는 흙을 이용한 건축이 많다. 심지어는 동물 가죽과 털을 재료로 사용하기도 했다.

건축재료는 고유의 형태적 특성을 발전시킨다. 건물 뼈대를 나무로 짠 목구조는 선적 형태가 도드라지고 가공과 조립이 쉬워 공사 기간이 짧아지지만, 상하기 쉽고 화재 위험이 크며 내구력이 적은 한계 때문에 주택 등 주로 소규모 건축물에 쓰였다.

돌을 쌓아 만드는 석구조는 외관이 장중하지만, 재료를 가공하기 어렵고 공사비가 많이 든다. 튼튼하고 아름다운 돌은 영원을 꿈꾸는 권력과 문명의 상징으로 작동해 건축재료로 쓰고자 하는 노력이 유별났다. 이집트 피라미드 건설을 위해 나일강 상부 채석장에서 공사장까지 먼 거리 돌을 옮기는 수고를 아끼지 않았으며, 중세 이후 유럽에서는 부와 권위를 강조할 목적으로 이탈리아에서 비싼 대리석을 수입해 사용했다. 캄보디아 앙코르와트 사원은 성벽 재료로 현지에서 획득한 '라테라이트(laterite)'[163] 벽돌을 쓰고 '고푸람(gopuram)'[164] 등 중요한 곳에는 멀리서 사암을 가져와 사용했다.

벽돌은 흙을 건초와 섞어 갠 다음 틀에 넣고 찍어 햇볕에 말리거나 불에 구워 사용하는데 재료를 구하기도 쉽고 시공도 힘들지 않아 가장 널리 사용되는 건축재료 중 하나다. 벽돌만을 사용해 건물을 짓거나 주요 구조는 나무나 돌로 만들고 그사이를 채우는 방식을 채택했다. 단위 부재인 벽돌을 반복해 사용함으로써 독특한 미관이 특징인데 서남아시아와 중국의 벽돌 건축이 대표적이다.

오늘날 건축재료는 지역적 한계에 덜 영향 받기 때문에 지역성보다는 경제적 또는 조형적인 이유로 선택받는 측면이 크다.

---

163) 산화철과 알루미늄이 풍부한 토양으로 물속에 있을 때는 부드러우나 공기 중으로 나오면 단단해지는 특성을 이용해 벽돌로 만들어 사용했다.

164) 사원의 관문 역할을 하는 기념비적인 화려한 탑으로 힌두교 사원과 크메르 건축에서 발견된다.

 몽골 Ger

그림 142 캄보디아 앙코르와트 Gopuram

2) 구조와 공법

지역적으로 이용 가능한 건축재료는 구조형식도 결정한다. 목재는 단위 부재를 짜서 만드는 '가구식(架構式)' 구조로 연결되고 벽돌이나 돌은 쌓아 짓는 '조적식(組積式)' 구조로 귀결된다. 스위스를 비롯한 독일과 프랑스 접경 '검은 숲(Schwarzwald)' 지역의 풍부한 목재는 가구식 목조 건축물이 월등히 우세한 풍경을 만들고, 나무가 드문 북아프리카나 중동지역은 흙과 건초를 이용해 벽돌로 만드는 조적식 구조의 건축물을 지었다. 가구식과 조적식은 철골과 철근콘크리트가 등장하는 19세기 전까지 건축계에서 절대적 우위를 차지했다.

가구식은 기둥과 기둥 사이 보를 얹어 틀을 짜서 구성하는 방식을 말한다. 가구식 구조는 선사시대부터 이집트, 페르시아, 인도, 중국, 마야문명 등 지구상 광범위하게 관찰되는 가장 오랜 건축구조 형식이라 할 수 있다. 가구식 구조의 하나로 'Half Timber' 공법이란 나무로 뼈대를 구성하고 그 사이에 흙벽, 벽돌 또는 돌을 채우는 방식으로 중세시대 서유럽에서 많이 사용되었으며 영국에서는 Tudor 시대에 번성했다고 해서 'Tudor 양식'이라고도 부른다.

조적식 구조는 수직적 압축력에는 잘 견디지만, 수평적 힘에는 취약한 단점이 있어서 지진이 적은 지역에 한정해서 발달했다. 특히 석재와 목재를 구하기 어렵고 비가 적은 사막기후 지역에서는 진흙에 짚을 섞어 틀에 넣어 햇볕에 말린 다음 벽돌로 만들어 사용했다. 반면 페르시아와 중국에서는 벽돌을 불에 구워 강도를 높인 소성(燒成) 벽돌이 일찍부터 발달했다.

같은 조적식 구조라도 건축재료의 특성 때문에 지역적으로 건축형태가 달라질 수도 있다. 프랑스 건축에서 광범위하게 채용했던 돌은 사암 계통으로 톱으로 썰리는 물성을 가지고 있다. 따라서 어느 정도 자유로운 형태 제작이 가능하므로 기단부터 지붕까지 뼈대뿐만 아니라 의장용으로도 사용했다. 반면, 우리나라처럼 단단한 화강석을 사용해야 하는 경우는 가공의 어려움으로 인해 성벽을 쌓거나 건물 기단을 구성하는 재료로만 한정해 사용했다.

그림 143 독일 스트라스부르그 Half Timber 주거

그림 144 중국 북경 조적식 주거

3) 반(反)기후적 건축, 반(反)기술적 건축

건축형태 결정에 기후가 중요한 역할을 하지만, 기후 친화적인 속성에 역행하는 형태도 심심치 않게 발견된다. 대개 갑작스러운 인문환경 변화에 따른 문화 이식 과정에서 흔하게 목격되는데, 제국주의가 팽창하는 역사 속에서 벌어진 많은 식민도시에서 목격되는 '식민지 양식(colonial style)'[165]이 그렇다. 비록 기후적인 특성이 다름에도 불구하고 현지 기후에 순응하는 형태와 재료를 택하는 것이 아니라 본국의 건축양식을 따르려는 경향이 강하게 나타났던 것이다.

북아프리카 알제리 수도 알제 해변에는 프랑스풍 석조건물들이 즐비한데 이 지역의 풍토적 전통주거인 'Casbah'와 대조를 이룬다. 뜨거운 기후를 피하기 위한 흰 회벽과 작은 창문, 환기와 채광을 위한 중정 중심 공간구성보다는 육중한 돌로 쌓은 도로변 아케이드와 화려하게 장식된 창문 등이 특징이다. 19세기 후반 '아마존 고무 붐(amazon rubber boom)'[166]을 타고 이곳에 정착한 유럽인들은 고온다습한 밀림환경에서 통풍이 잘되는 구조의 목조주택이 아니라 본국의 전통을 따라 대리석을 가져와 집을 지어 살았는데, 대리석이 습기를 머금기 때문에 습도가 높은 실내환경을 만들어 생활과 건강에도 이롭지 않았다. 17세기 말레이반도 말라카를 식민지배한 네덜란드 사람들은 다습한 환경에서도 통풍에 불리한 유럽식 중정형 주택을 고집했다.

기술도 마찬가지이다. 건축은 사람이 점점 더 복잡한 기술을 습득함에 따라 진보하게 마련이며, 대부분 건축형태는 일련의 연속된 발전과정 속에서 점진적으로 변했다. 그러나 진

165) 식민지에 정착한 주민들이 본국의 건축양식과 현지의 디자인 요소를 결합해 만든 건축양식이라 정의되는데, 스페인 식민지였던 아메리카 대륙의 건축 특성, 영국 식민지였던 인도와 호주, 프랑스 식민지였던 북아프리카와 인도차이나 등지에서 많이 확인된다.

166) 아마존 열대우림 지역 고무나무에서 고무를 채취하기 위해 유럽 산업자본이 몰리던 현상을 일컫는다.

보가 형태의 발전에 반드시 전제되는 것은 아니다. 고대 이집트인들은 이미 볼트(vault)를 개발했음에도 불구하고 보이지 않는 곳에만 사용했고, 몽고 유목민들은 오늘날에도 여전히 현대에 개발한 재료를 가지고도 전통형태인 몽골 '게르(ger)'를 짓는다. 터득한 기술과 지역에서 획득한 재료는 동일한 지역에서 발견하는 다양한 건축형태를 설명하지 못한다. 건축형태를 선택하고 결정하는 데 기후와 기술 등 물리적 조건은 필요충분조건이 되지 못한다. 다양한 다른 여러 고려가 독특하고 풍부한 건축형태를 결정하는 것이다.

그림 145 알제리 Alger 주거

그림 146 말레이반도 Malacca 네델란드식 주거

4. 대지조건

1) 경사지 주거

인류가 농경문화를 시작하면서 살기에 알맞은 좋은 주거지를 택하는 일은 매우 중요했다. 자연환경, 사회구조, 경제활동 등을 이유로 주거지는 특정한 모양을 형성하는데 경사지 주거는 언덕을 끼고 있는 지형조건에서 공통으로 발견되는 형태이다. 평평한 땅에 만들어지는 도시는 인구가 늘어나 확장하면 평지의 끝에 경사지를 마주하게 되는데, 처음부터 의도하지 않았기 때문에 교통을 비롯한 도시 인프라가 제대로 갖춰져 있지 못함에 따라 거주여건이 열악한 특징을 보인다.[167] 도시가 성장을 계속하고 점차 도시 인프라가 발전하면 복잡한 중심보다 전망이 좋고 한적한 외곽에 있는 경사지의 주거를 선호하기도 한다.

경사지에 주거를 배치하는 방법에는 등고선을 따라 도로망을 구성하고 주거를 연결하는

167) 볼리비아 도시 'La Paz'는 좁은 계곡부터 출발했기 때문에 도시주거 대부분이 경사지에 위치하고 연결 교통여건이 열악한 단점을 케이블카 시스템으로 극복했다.

방법과 등고선에 수직인 접근 동선을 계획하는 방법, 또는 두 가지 기법을 섞어 사용하는 방법으로 구분할 수 있다. 자연발생적으로 형성된 경사지 주거에서는 수직적 접근방법이 우세했으나, 자동차가 보편화하고 교통인프라가 발달함에 따라 수평적 동선처리가 일반적이다. 1986년 건설된 부산 수영구 망미동에 있는 주공아파트는 경사지를 따라 계단형의 타운하우스를 배치하고 언덕 위와 아래에 자동차 동선을 확보한 다음 개별 세대에는 수직 동선으로 연결하는 방식을 택했다. 경사지가 대부분인 부산의 지형적 조건을 활용하고자 계단형 타운하우스를 배치한 것이다.

교통과 도시 인프라가 잘 갖추어진 오늘날 도시 외곽에 있는 경사지 주거는 호사스러운 고급 주거로 받아들여지기도 한다. 게다가 경사지 주거는 자연 친화적이고 복합적·입체적으로 개발한다는 명목으로 원형지 개발 방침에 따라 적극적으로 권고되고 있다.[168] 기술과 경제여건 향상에 힘입어 설비 차원의 불편을 해소한 경사지 집합주거는 유리한 전망 등의 이유로 주목을 받고 있으며 집합형식과 관련한 연구와 설계도 활발하다.

그림 147 부산 망미주공아파트

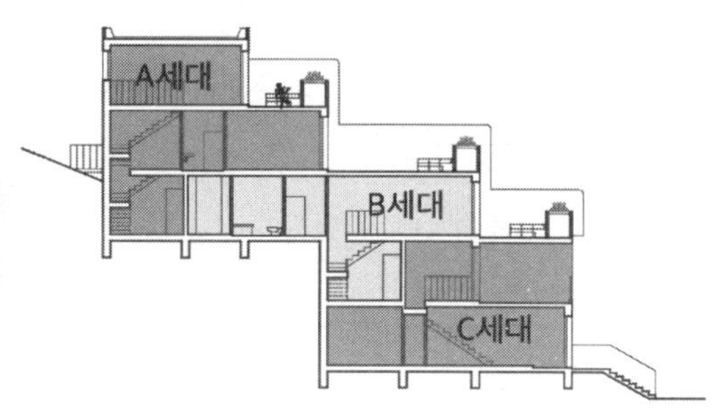

그림 148 경사지 주거 계획 예시

2) 수상가옥(水上家屋, Stilt house, Houseboat)

수상가옥은 물 위에 지은 집을 말한다. 지대가 낮은 지역에서 우기의 홍수 또는 각종 해로운 동물로부터 피할 목적으로 짓거나, 적의 침입으로부터 방어를 목적으로 일부러 물가에 집을 세운 것이다. 수상가옥은 수면 아래에 말뚝을 박고 그 위에 집을 짓는 'Stilt house'와 뗏목처럼 물에 뜨는 구조로 이동할 수 있게 짓는 'Houseboat'로 구분할 수도 있다.

168) 도시개발법 제25조의2(원형지의 공급과 개발)

호숫가에 장대를 세우고 집을 짓는 수상가옥의 역사는 신석기와 청동기시대까지 거슬러 올라간다. 알프스 호수와 이탈리아 북부 'Po valley'[169] 지역에서는 수상가옥이 보편적인 건축형태였으며 오늘날에도 미크로네시아, 동남아시아, 남아메리카 호수 주변에서 흔히 관찰할 수 있다. 우기에 범람하는 캄보디아 '톤레삽(Tonle Sap)' 호숫가에는 많은 수의 수상가옥이 여전히 건재하며, 페루의 이퀴토스 '이타야(Itaya)'강 연안에도 수상가옥이 관광을 위한 볼거리로 추천되고 있다. 이탈리아 베니스는 6세기경 훈족의 침입을 피해 일부러 바다 위에 세운 도시로 대부분 건물을 말뚝 위에 세우고 건물 사이를 곤돌라가 이동하며 교통수단을 제공한다.

홍수를 대비하는 방식으로 다리 위에 건물을 짓고 그 위에서 장사하거나 거주하는 사례도 많았다. 이탈리아 피렌체 아르노강 위에 놓인 'Ponte Vecchio' 다리는 강을 건너는 통행뿐만 아니라 오늘날에도 보석가게 등 상점가로 사용하고 있다. 중국 강남지역 운하도시들에서도 다리 위에 건물을 지어 생활했던 사례도 확인할 수 있다.

오늘날 수상가옥은 Waterfront 환경에 관한 관심 증대와 더불어 건축가들의 연구와 작업의 대상이 되고 있다. 프랑스 파리 센강 변에는 정박한 형태의 배 위에 생활이 가능한 사무실과 주거가 자리 잡고 있으며, 운하의 도시 네덜란드 암스테르담도 강변에 많은 주거와 사무실이 위치한다. 덴마크 코펜하겐에는 바다에 말뚝을 박고 연결한 다음 물 위에 뜨는 주거단지가 지어졌다. 이렇듯 수상가옥은 과거에는 궁핍과 열악한 환경에 대응하는 어쩔 수 없는 선택이었다면 오늘날에는 독특한 환경을 제공하는 새로운 주거형식으로도 주목을 받고 있다.

그림 149 캄보디아 톤레삽 호수의 수상가옥

그림 150 덴마크 코펜하겐의 수상가옥

169) 신석기와 청동기시대 알프스 주변 지역 호수, 강, 습지에 지어진 주거형태로 유네스코 세계문화유산으로 등재되어 있다.

5. 방어

1) 방어주거

주거는 기본적으로 인간을 기후로부터 안락한 환경을 보장하지만 맹수나 적의 침입으로부터도 안전하게 방어할 목적을 가진다. 대문과 울타리는 밖으로부터 안을 보호하고 허락되지 않은 침입을 막기 위해 설치하고 담이 없는 집은 덧창이나 잠금장치가 그 구실을 담당한다. 기능적으로든 심리적으로든 방어 개념이 주거의 형태를 결정하는 주요 인자로 작용한다.

중정형 주거는 기후적인 이유에 따른 형태이기도 하지만 대표적인 방어주거의 모습으로 알려져 있다. 중정을 중심으로 안으로는 열린 구조이나 밖으로는 두꺼운 벽과 작은 창문을 둠으로써 외부의 침입으로부터 방어적인 역할을 한다. 중정형 주거는 단독으로 보다는 다른 여러 집과 맞붙여 지음으로써 방어적 특성을 강화한다.

중국 복건성 '토루(土樓)'는 대외적인 방어력을 갖추기 위한 형태로 지었다. 원형 또는 네모로 된 4~5층 건물의 아랫부분은 창 없이 벽 두께가 1m 이상이나 되는 요새와도 같은 구조이다. 외부는 흙벽을 주재료로 사용했지만 내부는 하늘로 열린 구조이면서 목조로 지었다. 내부는 우물, 욕실, 학당 등 편의시설을 갖추고 생활과 교류의 장으로 역할 한다. 토루마다 800여 명까지 수용 가능한 공간 속에서 주민들은 집단을 이루어 생활했으며 만일의 경우 공동의 방어단위로 싸울 수 있도록 조직되었다.

이탈리아 Siena, Lucca, San Gimignano 등 토스카나지방 도시에는 방어 목적의 '탑상주거(Casatorre)'가 발달했는데, 훈족의 침입 등 중세시대 전쟁이 잦았던 환경에 대처하는 방편이었다. 주거생활이 가능하면서도 방어용 요새로 역할 할 수 있도록 건설된 탑상주거는 차츰 유력 가문 간 부와 권력의 상징으로 전이되면서 점점 높이 쌓는 경쟁이 벌어지기도 하였다. San Gimignano에는 탑상주거가 75개나 되었다고 하는데 현재는 14개가 남아있고 가장 높은 탑은 54m에 이른다. 같은 목적으로 지어진 탑상주거는 중세부터 17세기까지 스코틀랜드와 아일랜드 지방에서도 관찰된다.

그림 151 토루(wikipedia)

그림 152 San Gimignano 'Casa Torre'

2) 요새(要塞)도시

도시의 주된 기능 중 하나는 방어이다. 유사시 외적의 침입으로부터 안전하게 도시민을 보호할 수 있도록 외곽에 성벽을 쌓아 방어개념의 도시형태를 만든다. 방어적인 구조의 도시는 동서양과 시대를 불문하고 쉽게 확인할 수 있는 도시형태이며 성벽으로 방어하는 것이 더는 의미가 없어진 시점까지 줄 곳 건설됐다. 방어도시는 대개 기능적 목적으로 그 형태가 결정되지만, 지리적 특성과 문화적 속성에 따라 특별한 의미가 부여되고 독특한 모양을 형성한다.

유럽의 전통적 '요새도시'들은 성벽과 해자(垓字)로 이중삼중 도시를 둘러싸면서 특별히 '별 요새(star fort)'를 형성한다. 도시를 만들 때 천상의 이미지를 지상에 구현하기 위해 택한 형태였다는 주장도 있지만[170] 기능적 이유가 컸다. 15세기 중반이 되면 성을 파괴하는 대포의 성능이 향상되자 포탄의 가격을 약화시키려 공격 방향으로부터 비스듬하게 성벽 면을 만들 필요가 있었다. 프랑스 요새도시 'Neuf-Brisach'는 군사건축 전문가 Sebastien Le Prestre de Vauban(1633-1707)[171]이 설계했는데, 팔각형의 도시구조 외곽에 성벽을 배치하고 다시 팔각형 별 모양 성벽과 해자를 교차해 쌓은 독특한 구조이다. 요새도시는 대부분 방사형 또는 구심형 평면구조인데 전쟁 시 신속한 군사와 무기 이동을 위해서 였다.

알제리 오아시스 도시 Ghardaia 도시구조도 처음부터 방어를 주목적으로 설계되었다. 종교 탄압을 피해 사막 한가운데 오아시스에 정착한 이슬람 분파 Ibadites[172]는 언덕 꼭대기에 사원을 세우고 나선형으로 돌아 내려오는 길 구조를 만들었다. 적이 외곽에서 곧바로 도시 중심에 이르지 못하도록 구부러진 길을 만들고 길 중간 곳곳에 방어용 건물을 배치해 적 침입에 대응하도록 했다.

한양도성과 수원화성을 비롯해 지역의 읍성들도 요새도시 개념이 적용되었다고 볼 수 있다. 수원화성은 성벽을 따라 중간중간 돌출한 치성(雉城)을 배치하고 포루(鋪樓)를 두며 작은 요새라 할 수 있는 공심돈(空心墩)도 계획했다. 고을마다 유사시 주민을 보호하기 위해 지은 읍성(邑城)도 방어개념에 의한 요새도시라고 할 수 있다.

---

170) Spiro Kostof, The City Shaped, Bullfinch Press, New York 1999.

171) 프랑스 루이 14세 시대 건축가로 설계한 12개 요새도시는 2008년 유네스코 세계문화유산으로 등재되었다.

172) 이슬람 시아파의 한 분파로 철저한 평화주의를 주장했다. 시아파와 수니파가 싸우는 동안 어느 편에도 가담하지 않았다는 이유로 박해를 당해 멀리 아프리카 사막까지 피난해 정착했다.

그림 153 토루(wikipedia)

그림 154 San Gimignano 'Casa Torre'

6. 경제

건물을 짓는다는 것은 개인적 삶에서나 도시건설 차원에서도 상당한 비용이 들어가는 일이다. 넉넉한 경제적 조건은 입지를 정하고 건축재료를 선택하는 데 있어서 다양하고 폭넓을 가능성을 선사하지만, 궁핍한 상황은 최소한의 필요만을 고려하도록 제한한다. 따라서 경제는 집과 마을의 형태를 설명하는 중요한 단서 중 하나이다. 반대로 건축형태를 가지고 그 지역과 사회 및 시대상을 짐작할 수도 있다.

도심은 사람이 많이 몰리고 활동하기에 편리한 평평한 특성으로 말미암아 땅값이 비싸고 고밀도로 개발되어 중심부는 높고 주변부는 낮아지는 스카이라인을 형성한다. 반면, 변두리 지역은 도심이 주는 편의시설로부터 멀어지고 대개 경사가 있는 지형이 나타나며 땅값도 상대적으로 저렴하다. 도시 형성 초기에 중심부는 계획된 도시구조를 바탕으로 중산층이 정착하지만 그렇지 못한 변두리엔 빈민가가 형성되기도 하는데 이를 '지리적 불평등'과 '공간적 분리'[173)]로 해석하기도 한다.

행정수도와 경제수도가 다른 미국에서는 뉴욕 모델을 따라 'downtown'은 고층의 중심상업지구가 되고 'uptown'은 중산층이 사는 주거지역으로 이미지가 굳어졌다. 반면, 오랜 역사의 유럽 도시들은 중심에 궁과 광장, 성당이 모여 있는 중산층 주거지역으로 한정됨에 따라 새롭게 등장하는 중심업무지구는 도시 외곽에 별도로 자리하게 된다.

시간의 흐름에 따라 달라지는 다양한 수요를 반영하기 위해서는 이에 대응할 수 있는 구조로 건축과 도시가 만들어져야 한다. 도로와 도시구조는 경제가 제한하는 수요에만 대응

173) 저소득층이나 소외된 집단이 특정 지역에 집중되는 현상으로 도시사회학의 중요한 주제 중 하나이다.

하는 게 아니라 미래의 제약조건이 사라졌을 때도 대비해 틀을 짜야 한다. 건축도 당장 경제적 조건에만 제한받지 말고 앞으로의 필요를 수용할 수 있는 관점으로 설계되어야 한다. 우리 선조들은 경제적 여건에 따라 변경하고 확장할 수 있는 건축설계 시스템을 갖추고 있었다. '간'으로 설명되는 모듈 개념은 필요에 따라 확장할 수 있었고 지붕틀도 같은 방식으로 만들어졌기 때문에 형편이 안되면 초가를 선택하지만, 나중에 여건이 허락하면 기와를 올릴 수 있는 방식을 운용했다. 오늘날 논의되고 있는 장수명[174], 순응형[175] 건축은 이러한 가능성을 열어둔 개념이다.

그림 155 볼리비아 La Paz 도심

그림 156 볼리비아 La Pa 변두리 지역

7. 종교와 문화

역사상 종교는 건축의 중요한 소재이자 공간 배치를 좌우하는 절대적 원리였다. 절과 사원은 교리에 따라 자리가 정해지고 방향이 결정되었다. 절은 축을 따라 위계와 시설이 배치되고 이슬람 사원은 메카 방향의 미흐랍(Mihrab)[176]이 중요한 공간 배치 기준이 되었다. 유럽 중세시대 성당도 광장과 함께 도시의 중심공간으로 역할 했다.

풍수지리를 종교로 볼 것인가 지리학의 한 이론으로 볼 것인가 논란의 여지가 있지만, 우리 선조들은 풍수지리를 마을 터를 잡고 주거를 배치하는 중요한 원리로 삼았다. 풍수란 용어는 '바람을 막고 물을 얻는다.'라는 '장풍득수(藏風得水)'에서 온 말로 겨울철 추운 북서풍

174) 내구성, 가변성, 수리 용이성에 대하여 장수명 주택 성능등급 인증기관의 장이 장수명 주택의 성능을 확인하여 인증한 주택을 말한다. (장수명 주택 건설·인증기준, 국토교통부고시, 2014)

175) 1970년대 일본을 중심으로 연구된 가변형 주택을 말하는데, 현재는 장수명 주택 개념에 포함되었다.

176) 이슬람 사원 내부 한쪽 벽면에 메카를 향해 아치형으로 움푹 배인 벽으로 예배를 보는 방향을 뜻한다.

을 막아주고 생활을 위해 필요한 물을 쉽게 얻을 수 있는 환경조건을 따지는 것은 당연한 기준이었을 것이다. 좌청룡(左青龍), 우백호(右白虎), 북현무(北玄武), 남주작(南朱雀)으로 표현되는 배치 원리는 색깔과 영험한 상징적 동물을 등장시켜 우환을 막고 복을 비는 바람에서 비롯됐을 것이다.

마을의 터를 정하는 양택(陽宅) 조건을 따질 때 물리적인 현실이 이상적 기준에 미치지 못하더라도 수동적으로 받아들이기만 하는 것이 아니라 비보(裨補)[177]라는 개념으로 개입해 적극적으로 부족함을 채우고 개선하려 했다. 마을 입구에는 장승과 솟대를 세워 나쁜 기운이 외부로부터 들어오는 것을 막는다는 명목으로 마을 내부와 외부를 구분하는 물리적이자 심리적인 경계로 삼았고 마을 어귀에는 오래된 나무[178]나 정자를 배치해 구성원의 화합과 모임 장소로 사용했다.

생활을 위한 기능적 필요가 우선인 주거공간에도 종교적인 고려가 개입되었다. 사랑채는 남성 공간, 안채는 여성 공간으로 나눈 것처럼 웬만한 가문의 집에는 북쪽 한편에 가묘(家廟)를 두어 조상과 함께 사는 영역을 설정했다. 집 안 공간도 신이 관장한다고 믿어 안방에는 삼신(三神), 대청마루에는 성주신(城主神), 부엌에는 조왕신(竈王神), 뒷간에는 측신(廁神)이 함께 한다고 믿었다. 이러한 시도는 종교가 강제하는 원리라기보다는 기능적 수요에 바탕을 두고 복을 비는 서사를 더한 것으로 여겨진다.

그림 157 외암리마을 사회공간

그림 158 참판댁 평면도

177) 양택 조건이 부족하다고 느끼면 흙을 쌓아 가산(假山)을 만들고 나무를 심어 형국을 채우는 행위이다.

178) 마을을 지키는 나무를 동수(洞樹)라고 불렀는데 마을의 평화와 안녕을 비는 마을 제사가 이루어졌다.

10장 | 전통과 건축문화

건축가는 앞선 세대로부터 배운 지식과 기술을 바탕으로 설계하지만, 자신만의 독특한 건축언어를 창조해 세상에 이바지하고 유명해지기를 바란다. 도제 중심의 전통적 건축교육 시스템에서도 환경적 상황과 물리적 조건이 다를 뿐만 아니라 건축주가 요구하는 수요도 다르므로 항상 새로운 건축은 있었다. 오늘날에는 기술의 발달과 과거의 물리적 제약이 극복되고 지역적 한계도 옅어짐에 따라 새로운 건축에 대한 기대는 건축가를 끊임없이 고민하게 만드는 동력으로 작용한다. 축적된 기술과 참고자료로부터 새로움을 창조하는 보고(寶庫)로 선배들이 이룩한 개념과 전통이 다시 검토된다. 이 장에서는 건축가가 전통건축으로부터 새로움을 창조하는 조건으로 형태를 빌려 쓰거나 재료와 구법을 새롭게 발견할 뿐만 아니라 전통으로부터 새로운 개념을 창조한 사례를 살펴본다.

1. 형태 차용(借用)

1) 계단형 주거

고대 메소포타미아에는 여러 층으로 이루어진 거대한 계단식 피라미드형 구조물인 '지구라트(ziggurat)'가 있었다. 고대도시 우르에 있는 지구라트는 기원전 21세기경 만들어졌다고 하고 기원전 6세기 신바빌로니아 왕국 바빌론에는 느부갓네살(Nebukadnessar) 2세가 세운 '공중정원(hanging garden)'이 있었다고 한다. 로마시대 역사가 Diodorus Siculus에 의하면 공중정원은 네 변 길이가 123m인 총 7층으로 이루어진 테라스에 나무, 풀과 꽃을 심었으며 100여 개의 방과 광장으로 이루어졌다.[179] 방수를 위해 납으로 된 판을 깔고 역청을 바른 다음 갈대를 얹고 벽돌과 석회로 덮었으며, 이 거대한 공중정원에 먼 곳에서 물을 끌어와 수로로 물을 공급했을 것으로 추측하는데 현재까지도 불가사의로 꼽힌다.

성채 또는 요새로 불리는 Casbah는 북아프리카 지역에서 발견되는 집단 공동주거를 말한다. 주로 언덕에 기대어 방어를 목적으로 단위주거를 계단식으로 쌓아 올려 거대한 집합 구조물을 만드는 방식이다. 비가 적고 건조한 기후 특성으로 건초를 섞은 진흙을 말려 벽돌을 만든 다음 쌓는 식이다. 밖으로 낸 작은 창이 뜨거운 일사를 막으면서 하늘로 열린 중정을 중심으로 공간이 구성되며 평평한 지붕은 윗집의 테라스와 연결된다.

북아프리카 알제리 수도 알제에서 약 500km 떨어진 사하라사막 오아시스 M'Zab 계곡에 있는 도시 가르다이아(Ghardaia)는 11세기경부터 지어졌는데, 언덕 꼭대기에 모스크와 학교를 짓고 나선형 길을 따라 입방체 모양의 단위주거가 도시 아래 시장(souk)까지 이어지는 방식으로 만들었다. 평등의 종교적 신념을 구현하고자 모든 집은 거의 같은 크기로 지어졌고 중정을 중심 밖으로 닫고 안으로 열린 전형적인 카스바 구조이다. 1층 중정에서 계단을 따라 지붕 테라스로 올라갈 수 있는데 테라스에는 빨래를 널거나 담을 두른 상태로 파골라와 앉을 자리를 마련해 각 주거의 생활공간으로 역할 한다. 가르다이아의 독특한 주거형식은 Le Corbusier를 비롯한 여러 건축가와 도시계획가에게 영감을 제공했다.

---

179) https://en.wikipedia.org/wiki/Hanging_Gardens_of_Babylon

그림 159 Maarten van Heemskerck의 공중정원 상상도

그림 160 알제리 가르다이아 전경

1963년 스위스 출신 건축가 Jacques Bardet(1928-1996)는 파리 동남쪽 30km 떨어진 Boussy Saint-Antoine지역에 소위 '중간주택(habitat intermédiaire)'이라 이름 붙은 집합주택을 지었다. 단위주거 모듈을 쌓아 4층 이하로 만들면서 파골라가 갖춰진 옥상정원을 만드는 방식이었다. 공동주택의 밀도를 어느 정도 유지하면서 개별 주거 모두가 옥상정원을 소유한 모습은 단독주택과 공동주택의 장점을 함께 취하고자 했던 건축가의 아이디어인데 카스바를 현대적으로 해석한 결과라고도 볼 수 있다.

1967년 캐나다 몬트리올에서는 엑스포 행사를 위한 주거단지로 단위 모듈을 쌓아 올려 피라미드 형태를 만드는 공동주택을 선보였는데 이스라엘 출신으로 카스바 형식에 익숙했던 건축가 Moshe Safdie(1938-)가 설계했다. 11.6m×5.2m 모듈을 4개 유형으로 나누어 엘리베이터 코어에 연결하는 구조이다. 외형적으로는 계단형의 옥상정원을 만들어 아파트임에도 불구하고 개별 주거에 더 많은 자연채광과 통풍을 제공한다. 단독주택의 장점을 살리면서도 12층 고층 아파트의 경제성을 통합하고자 했다.

프랑스 건축가 Michel Andrault(1926-2020)와 Pierre Parat(1928-2019)는 1970년대 초부터 단위 모듈을 쌓아 만드는 피라미드형 공동주택을 개발하기 시작했다. 소규모 단지로 시작한 피라미드형 주거는 1971년 개최된 Evry 신도시 마스터플랜 설계공모에서 도시 전체를 피라미드형 공동주택으로 설계하는 대형 프로젝트로 발전시켰다. 도시를 관통하는 교통축을 중심으로 고층 주거를 집중시키고 교통축으로부터 멀어질수록 저층의 계단형 주거가 끝에 공원과 만나는 형식이다. 그러나 건설과정에서 부동산침체 여파로 신도시 추진이 중단되면서 이 프로젝트는 일부만 실현되었다.

피라미드형 주거는 중층 정도면 가운데 부분을 주차장으로 계획할 수 있지만, 고층일 경우는 중심부가 필연적으로 어두운 구조가 되기 때문에 이를 어떻게 처리하는지가 숙제일 수밖에 없었다. 따라서 자연지형이 언덕인 부지를 계단식 테라스형 주거로 구성하는 것이 일반적이다. 지어진 테라스형 주거는 방수문제가 현실적인 어려움으로 지적되었고 일부는 향이 문제가 되었지만, 고밀도를 유지하면서 단독주택이 갖는 장점인 테라스와 통풍 등을 이유로 아파트 대체 주거의 새로운 시도로 평가되고 있다.

그림 161 Jacques Bardet의 중간주택

그림 162 Evry 1 설계공모안

2) Ricardo Bofill의 전통 해석

포스트모더니즘 대표 건축가로 알려진 스페인 건축가 Ricardo Bofill(1939-2022)은 전통과 단절했던 모더니즘과 지역성을 무시한 국제양식에 반대하며 전통건축을 새로운 시각으로 해석해야 한다고 주장했다. 초기 작품으로 꼽히는 'Barrio Gaudi(1964- 1968)'는 단위 입방체를 쌓아 올린 듯하면서도 옥상 테라스가 주민 공동의 통로로 역할하며 필요한 편의시설을 두루 갖추는 등 개별 건물의 집합체라고 보기보다는 하나의 마을을 형성하면서 북아프리카 카스바와 형태적으로 유사한 특징을 보인다.

그는 국제적으로 알려지게 되는 작품인 'Walden 7(1970-1975)'을 소개하면서 "지면에서 퍼져나가는 대신 공간상에서 보이는 기념비적 카스바"라고 표현했다. 14층짜리 아파트가 5개의 중정 공간을 중심으로 구성된다. 30m² 크기의 단위 공간이 결합하는 모듈 개념을 적용하면서도 내부 브리지와 발코니가 다양한 형태와 공간감을 표현한다. 옥상에 풀장을 갖추는 등 자족적 삶을 지향하는 의미로 프로젝트에 'Walden'[180]이라고 이름 붙인 것처럼 공동체를 의미하는 카스바 개념을 수평적 형태로부터 수직적 형태로 재구성한 셈이다.

Ricardo Bofill은 1971년 프랑스 신도시 'Evry I 설계공모'에 참가해 'Le Signal'이라는 고층 아파트단지를 제안했고 'Cergy-Pontoise' 신도시를 위해서는 'Petite Cathédrale'을 선보였는

180) Henry David Thoreau(1817-1862)의 수필집 Walden을 차용한 이름으로 자족적인 공동체 마을을 표방한 것으로 추측한다.

데 고딕 성당 이미지를 도시형 공동주거로 재탄생시킨 것으로 평가한다. 터널 형태의 내부 중정은 춥고 비가 많은 지역 기후에 적합하다는 기능적 이유를 들고 있지만, 고딕 성당 내부의 공간감을 불러일으킨다.

1974년에는 프랑스 파리 'Les Halles' 시장을 이전하고 공원으로 재개발하는 프로젝트 지명공모에 초빙되어 'Le Jardin des Halles'을 제안했는데, 열주를 배치해 바로크적인 타원형 광장을 중심으로 연속된 벽을 형성하도록 계획하였다. 초기 타원형이던 열주 광장은 사각 형태로 변형되었으나 그대로 지어지지는 못했는데, Ricardo Bofill은 이 작품을 로마 성 베드로 대성당 타원형 광장을 설계한 17세기 바로크 건축가 Giovanni Lorenzo Bernini(1598-1680)에게 헌정한다고 발표했다.

그림 163 Walden

그림 164 Petite Cathédrale

'Les Halles' 프로젝트 이후 Ricardo Bofill은 일련의 대형 도시주거 계획안을 구현할 기회를 얻는다. 바로크시대 광장과 교회 평면도를 비롯해 전통건축 요소를 연구해 도시계획에 적용하는 등 이미 역사적으로 존재하는 건축 디자인 요소들을 추상화하고 재해석해 새로운 창조적인 건축을 시도한 것이다.

신도시 'Saint-Quentin-en- Yvelines'에 건설한 'Arcades du Lac(1972-1975)'은 18세기 베르사이유 건축에서 영감을 받았다고 하는데 엄격한 직선, 원경 효과, 사각형 건물, 아케이드로 구성된 광장이 특징이며 인접한 'Viaduc(1978-1980)' 단지는 로마 수도교와 강 위에 뜬 것 같은 프랑스 'Chenonceau 성'을 모티브로 하고 있다.

신도시 'Cergy-Pontoise'에는 'Bélvèdere Saint-Christophe(1981-1985)'라는 이름의 단지를 설계했는데, 18세기 영국 Bath 도시에 건축가 John Wood가 지은 'Royal Crescent(1767-1774)'를 배치개념의 바탕으로 삼았다. 초승달 모양 광장을 둘러싼 공

동주거는 Bernini의 열주 개념을 참조했다. 신도시 'Marne-La Vallée'에 지은 'Espace d'Abraxas(1978-1982)'는 각각 다른 형태인 'Le Palacio(궁전)', 'Le Théâtre(극장)', 'L'Arc(호)'의 세 가지 건물로 이루어져 있다. 바로크식 궁전, 반원형 극장, 개선문을 모티브로 하면서도 그리스 파르테논 박공 모양과 '플루팅(fluting)'이 돋보이는 입면이 특징이다. Ricardo Bofill의 전통 디자인 요소 활용은 프랑스 남부도시 Montpellier에 건설한 36 ha 면적의 'Antigone(1979-2000)' 프로젝트에서 절정을 이룬다. 거대한 바로크식 축을 설정하고 정사각형과 반원이 합쳐진 광장을 중심으로 한 'La Place du Nombre d'Or'(황금비 광장), ㄷ자형 배치에 반대편과의 레벨 차이를 지그재그 계단이 연결하는 'Les Echelles de la Ville(도시의 사다리)', 초승달 모양의 'Le Port Juvénal(청소년 포구)' 등으로 구성된다. 1997년 완성된 파르테논신전 모양의 'Catalonia 국립극장'처럼 이후의 프로젝트들에서도 Ricardo Bofill은 전통적 요소를 참조하면서도 유리 등 현대적인 재료와 구법을 적극적으로 해석해 새로운 시도를 이어감으로써 대표적 역사주의[181] 포스트모던 건축가로 꼽힌다.

그림 165 Arcades du Lac

그림 166 Antigone

181) 포스트모던 건축이론가 Charles Jencks가 정의한 포스트모던 건축의 한 갈래로 과거 역사적 건축양식을 재해석해 활용하고자 하는 움직임.

2. 재료와 구법의 재발견

1) Christian de Portzamparc의 여정

프랑스의 대표적 포스트모던 작가 중 한 사람으로 꼽는 건축가 Christian de Portzamparc (1944-)의 데뷔 작품은 1971년 설계공모를 통해 당선된 신도시 Marne-La Vallée에 짓는 '저수탑(Château d'Eau)'였다. 37m 높이 저수탑을 10각형 평면에 바벨탑 모양으로 쌓아가며 입면요소로 나무 격자 틀을 짜서 식물이 타고 오르도록 설계했다. 평지가 대부분인 프랑스에서 저수탑은 흔하게 볼 수 있는 구조물이었는데 신도시를 건설하며 거대한 인프라 시설로 도시 초입의 랜드마크로 활용할 목적으로 개최한 설계공모에 바벨탑 모양과 친환경 이미지를 결합해 설계한 것이다.

1974년 개최된 젊은 건축가 대상 설계경기 'PAN'에서 당선된 계획안은 100m×150m 대지에 중앙정원을 배치하고 주거건물로 둘러싼 것이 특징이다. 이때 반원형의 벽감을 배치해 주거와 정원 사이 전이공간으로 역할 하도록 계획했다. 해당 대지에 계획한 안은 실현되지 못하고 대신 파리 13구에 있는 삼각형 대지에 옮겨져 'Les Hautes Formes'이란 이름으로 구현되었는데, 대지를 가로지르는 도로를 사이에 두고 6개 건물이 가운데 조그만 중정을 형성하도록 배치하였다. PAN 설계안에 등장했던 반원형 벽감은 건물과 건물을 연결하는 가벽이나 꼭대기층 테라스를 구획하는 형태로 변형되었다. 무질서하게 임의로 배치한 것도 아니고 닫힌 격자형 블록을 형성하는 것도 아닌 변화와 다양성을 추구하면서 도심 속 작은 마을을 만드는 획기적인 시도였다.

1984년 계획한 'Cité de la Musique'는 그에게 'Prix de l'Équerre d'Argent'상[182]을 안겨준 작품이다. 콘서트홀, 음악박물관, 학생기숙사, 미디어테크, 연습실, 카페 등이 별개의 볼륨을 가진 채 타원형 콘서트홀을 감싸면서 나선형 갤러리 공간을 형성하는 모습이다. 평면뿐만 아니라 입면에서도 프랑스 바로크 건축에 등장하는 내부 원형계단을 뒤집어놓은 것과 같은 형태를 형성한다. 이렇듯 Christian de Portzamparc은 전통적 요소를 재해석해 현대적인 디자인언어로 재창조한 시도록 유명해졌다.

182) '은 삼각자상'으로 번역되는 프랑스 건축분야 최고상으로 1983년부터 건축출판회사 Le Moniteur가 그해 지어진 건물 가운데 최고로 평가받는 건축물을 설계한 건축가에게 시상한다.

그림 167 저수탑

그림 168 Haute Forme

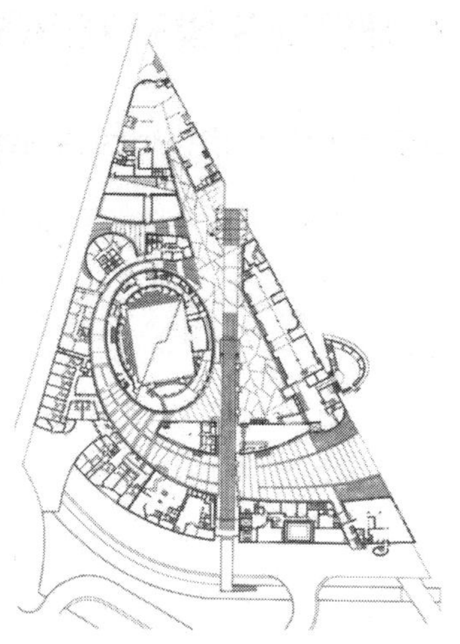

그림 169 Cité de la Musique

2) Wang Shu의 전통 해석

최연소이면서 중국 최초 'Pritzker상'[183]을 수상한 Wang Shu(1963-)는 전통건축 요소를 현대적으로 해석하고 창의적으로 활용한 건축가로 꼽힌다. 일찍이 송나라 시대 산수화에 심취했던 그는 중국이 도시화하는 과정에서 모더니즘 국제양식의 서양건축이 휩쓸던 대규모 철거와 개발시대에 반대하며 십여 년간 중국의 오래된 마을을 돌아다니면서 토속건축의 구법과 고유의 재료가 주는 물성을 연구했다고 한다.

그 결과가 2012년 그에게 프리츠커상을 안겨준 'Ningbo History Museum' 프로젝트에서 구현되었다. 2004년 설계경기에 당선되어 2008년 완공된 이 건물은 주변 마을 철거되는 건물들에서 가져온 6억 장의 재활용 벽돌로 이루어졌으며 외관은 산수화처럼 인근 산 모양을 닮도록 설계하였다. 현대적인 기능과 형태를 만드는데 전통적 재료와 구법을 창의적으로 재해석한 것이다. 프리츠커상 심사위원단은 그의 건축물이 "새로운 지평을 열면서 동시에 장소와 기억을 불러일으키며 역사를 직접 언급하지 않고도 과거를 불러일으키는 독특한 능력을 갖추고 있다"[184]고 평가했다.

2001년 시작된 'Xiangshan Campus' 프로젝트는 두 단계로 나누어 건설되었는데 10개의 건물과 2개의 브리지로 이루어진 북쪽 캠퍼스와 10개의 큰 건물과 2개의 작은 건물로 이루어진 남쪽 캠퍼스로 구성된다. 근대 건축재료인 콘크리트와 철을 사용하며 현대적인 형

---

183) Pritzker상은 하얏트 재단이 1979년부터 만들어 시상하는데 건축계 최고권위의 상으로 평가받고 있다.

184) https://www.pritzkerprize.com/laureates/2012#laureate-page-945

태를 추구하지만 700만 개가 넘는 재활용 벽돌과 타일이 전통적 담을 쌓는 방식인 '와편장(瓦片墻; wa pian quiang)'을 형성한다. 북쪽 캠퍼스는 중국 전통가옥 '사합원(四合院)' 배치방식을 따랐고 남쪽 캠퍼스는 중국 전통지붕의 곡선을 형상화했다. 중국 항조우 'China Academy of Art' 대학 건축학과 학장을 맡은 그는 "재료의 본질을 이해하는 사람만이 재료를 활용한 예술을 만들 수 있다"[185]는 신념으로 건축학과 1학년 학생들에게 1년 동안 기본적인 목공과 벽돌쌓기 교육을 의무화하고 있다. 전통적 건축재료를 활용하는 아이디어는 자연과 인간을 존중하는 건축적 철학뿐만 아니라 중국적 특성을 잃어가는 중국 현대건축에 대한 정치적인 표명이기도 하다. Wang Shu의 건축은 재료와 구법을 재발견한 대표적 사례이다.

그림 170 Ningbo History Museum

그림 171 Xiangshan Campus

3) Frank Lloyd Wright의 'Prairie style'과 'Usonian House'

미국은 이민자들의 나라임에 따라 독자적인 미국식 건축양식이 존재하지 않았다. 영국, 프랑스, 네델란드, 독일 등 초기 미국에 정착한 이민자들은 본국으로부터 들여온 양식으로 건물을 짓고 살았다. 혹독한 북동부 겨울을 나기 위해서는 중앙에 벽난로를 배치하고 공간을 구성하는 구심형 평면이 효과적이었고 풍부한 목재는 이를 확산하는 데 이바지했지만, 외관은 여전히 본국 스타일을 유지하고 있었다. 토착 인디언 주거형태를 적용하기도 어려운 노릇이었고 미국이 점점 더 강대국으로 성장하고 있었음에도 그에 걸맞은 독자적 건축양식을 가지지 못하고 있다는 것은 영국으로부터 독립해 강대국으로 성장하는 미국에는 콤플렉스일 수밖에 없었다.

1893년 시카고에서 열린 만국박람회에 일본이 본국으로부터 건축자재를 가져와 지은 '호우덴(鳳凰殿)'은 일반 시민뿐만 아니라 많은 건축가에게도 깊은 인상을 남겼는데 그중 한 사람이 Frank Lloyd Wright(1867-1959)였다. 기둥과 보로 이루어진 가구식 구조에 흰 회벽

185) https://en.wikipedia.org/wiki/Wang_Shu

을 채우고 선명하며 긴 처마의 지붕이 경쾌하게 들려 올린 모습은 미국식 건축모델을 고민하던 Frank Lloyd Wright에게 좋은 참조점을 제공했다. 1901년 설계한 'Willits House'는 +자 모양으로 교차하는 평면 중심에 벽난로를 배치하고 현관, 거실, 식당, 부엌이 네 방향으로 뻗어 나가는 구성이다. 입면은 가구식 목조 틀을 흰 스터코 벽으로 채우면서 지붕은 낮지만, 처마를 길게 뺌으로써 공중에 뜬 것처럼 보이도록 했다. 깊은 처마로 수평선을 강조하면서 대초원의 자연과 어우러지는 모습으로 탄생한 북미 토착 건축양식으로 분류하며 'Prairie style'이라고도 부른다.

미국 고유 건축양식을 개발하기 위해 일본건축을 참조했던 Frank Lloyd Wright의 시도는 1908년 설계한 'Robie House'에서 절정을 이룬다. 목조 가구식 구조는 벽돌과 석회암 띠로 대체되었고 처마는 드라마틱한 캔틸레버 구조로 발전했으며 창문에는 스테인드글라스를 채용했다. 1930년대부터는 'Prairie style'의 중산층 모델을 개발하고 미국 스타일이라는 의미로 'Usonian House'라 이름 붙였다. 단층의 一자형 평면에 면적이 작으면서도 벽돌 벽과 캔틸레버 지붕은 여전한 구조이다.

그림 172 시카고 박람회장에 지어진 호우덴

그림 173 Willitts House

3. 개념의 재창조

1) 한국적 전통 해석

한국적 전통을 어떻게 재해석해서 창의적으로 활용할 것인가는 현재에도 한국 건축계에 여전한 관심사다. 우리나라 건축계에 한국적 전통해석과 관련한 논쟁이 크게 일었던 순간은 1966년 개최된 '국립종합박물관'[186] 설계경기와 1967년 촉발된 '국립부여박물관' 왜색(倭色) 논란, 그리고 1983년 열린 '독립기념관' 설계경기로 요약된다.

'국립종합박물관' 공모지침에 "건물 자체가 어떤 문화재의 외형을 모방함으로써 그 조합과 질감이 그대로 나타나게 할 것이며 여러 동이 조화된 문화재 건축을 모방해도 좋다."는 방향이 제시되어 논란을 만들었다. 건축가의 전문성을 무시한다는 불만으로 건축계의 공모참여 거부로 이어졌으나, 결국 군사정권의 시대적 분위기에서 불국사 계단, 법주사 팔상전, 화엄사 각황전 등이 짜깁기된 결과물을 만들어 냈다.

1967년 '국립부여박물관'이 준공되자 '일본 신사(神社)와 같다.'[187]라고 언론이 주장하면서 논란이 일었다. 지붕 형태가 일본 신사 정문인 '도리이(鳥居)' 또는 본전 용마루가 X자 모양으로 교차하는 '지기(千木)'와 닮았다는 지적이다. 건축양식을 조사하기 위해 심사위원회까지 꾸려졌지만, 이 사건은 한국적 전통을 어떻게 규정하고 해석할 것이냐를 두고 치열하게 공박하는 논쟁을 이끌어 한국적 전통해석과 관련해 역사적 진전을 이뤘다는 평가도 있다.[188]

1983년 개최된 '독립기념관' 설계공모는 일본의 역사 교과서 왜곡으로 촉발되어 군사정권의 정치적 프로젝트로 진행되면서 애초부터 공모지침과 기본개념부터 권위적이고 한국적 상징 조형이 주문되었다. 당선작 김기웅의 안은 지침에 충실한 배치와 맞배지붕을 한국적 전통으로 제안했다. 2등 작 정길협의 안은 형태적 모방을 결연히 반대하며 축이 이동하는 가람배치에 회랑으로 한국적 외부공간을 구성하되 건물 형태는 현대적인 모습을 제안했다. 독립기념관 설계공모는 심사과정이 언론에 지상 중계되며 한국적인 전통성이 무엇인지에 대한 관심을 대중적으로 확산하는 계기가 됐다.

---

186) 현재의 국립민속박물관으로 주변건물과의 부조화 및 민족정기 회복 등의 이유로 2030년까지 철거가 예정되어 있고 세종시에 새로 들어설 계획이다.

187) '부여박물관 건축양식에 말썽, 일본 신사와 같다', 1967.08.19., 동아일보

188) 김현섭, '현대건축의 한국성: 전통논쟁에서 한국학파의 제창까지', 2021.09.16., VMSPACE

그림 174 김기웅 안

그림 175 정길협 안

2) 프랑스 국립도서관

1988년 François Mitterrand(1916-1996)[189] 대통령으로부터 세계에서 가장 크고 새로운 도서관으로 지어지도록 주문된 '프랑스 국립도서관(Bibliothèque François Mitterrand)'은 1989년 프랑스 건축가 Dominique Perrault(1953-) 작품이 설계경기 당선작으로 선정되어 1995년 완공되었다. 국가 최고의 국립도서관으로써 진귀한 서적을 보관해야 하는 일뿐만 아니라 연구자들이 귀중한 자료를 검색하고 지식을 탐구하는 데 부족함이 없어야 한다는 사명을 감당하도록 계획되어야 했다.[190]

책이 햇볕에 노출되면 쉽게 상하기 때문에 대개 도서관 서고를 지하에 둔다. 그러나 Dominique Perrault는 서고를 책을 반쯤 열어젖혀 세운 형태로 지상에 배치하고 열람실을 데크로 만든 거대한 광장 아래 지하에 계획하는 역발상의 아이디어를 제안했다. 책을 위한 서고를 지상에 놓는 대신 사람이 활동하는 열람실을 지하에 둔 것이다. 데크광장 아래에 해당하는 지하공간에는 커다란 중앙정원을 중심에 놓고 주위에 열람실을 두르는 모양으로 계획했다. 열람실 외곽으로도 서고를 배치했는데 타워의 서고가 희귀도서 등 보존 중심의 장서를 보관하는 데 비해 지하 열람실 인접 서고의 서적은 일반인과 연구자들이 상대적으로 자주 열람하는 책들을 보관한다.

Dominique Perrault는 도서관의 원조라 할 수 있는 중세시대 수도원 평면을 참조했다. 수도원 건물의 중심 공간으로 수도사들이 산책하거나 기도하는 정원 쪽으로 열리고 아케

189) 1990년대 루브르박물관을 비롯해 국가적 규모의 대형 프로젝트들이 지어지도록 역할 한 대통령으로 '프랑스 국립도서관'은 그가 마지막으로 주문한 건물이었다.

190) 지하 열람실에 마련된 컴퓨터 검색시스템에서 열람하고자 하는 서적을 주문하면 지상에 위치한 서고에서 자료가 탑재되어 로봇 운반시스템으로 요청한 자리로 배달하는 첨단방식도 도입되었다.

이드 모양의 통로가 있는 '회랑(cloister)' 개념을 적용한 것이다. 대지 중앙에 거대한 정원을 설정하고 이에 면하여 열린 회랑을 배치한 다음 열람실과 전시실 등 도서관의 주요 공간을 이 회랑에 연결하도록 했다. 결국, 중세 수도원의 전통적 공간배치 개념을 현대적으로 재해석해 새롭게 창조한 것이다.

'프랑스 국립도서관'의 또 다른 특징으로는 서고를 구성하는 네 개의 타워 입면이다. 햇볕으로부터 서적을 보호하기 위해 창 내부에 개폐가 가능한 수직 루버를 도입했는데 서고 타워 하부를 사무실 용도로 사용하다 보니 개별화된 입면 연출이 가능해졌고, 이는 열리고 닫히는 통일감 속의 변화를 만드는 입면 유행의 계기가 되었다.

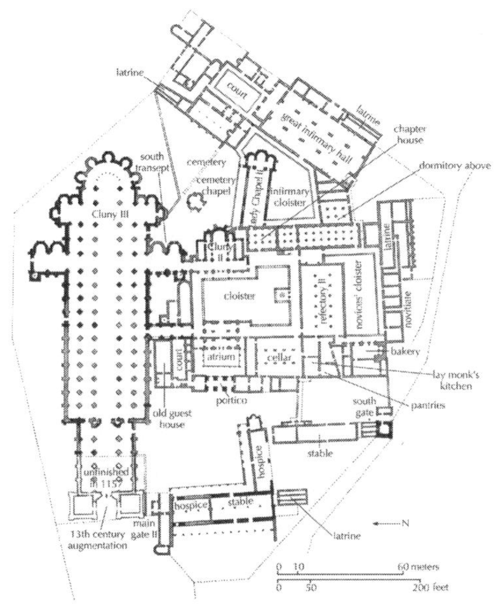

그림 176 Cluny 수도원 평면

그림 177 프랑스 국립도서관 모형

11장 | 시대문화와 건축

건축가가 과거로부터 새로운 아이디어를 구하는 것처럼 그가 속한 시대의 문화적인 유행으로부터도 큰 영향을 받는다. 영향은 그 시대만의 독특한 시대정신일 수도 있고 인간의 모든 활동이 서로 구분될 수 없는 것처럼 특정 시기 인간문화의 총체적 기반이기 때문이다. 종합예술이라 하듯이 건축도 그 시대에 인기 있었던 다른 분야 예술 장르와 관계를 맺으며 발전했다. 때로는 시대적 유행을 받아들이는 처지기도 했지만 다른 한편으론 타 예술 분야의 발전에 빌미를 제공하기도 했을 것이다. 이 장에서는 모더니즘 시해 이후를 중심으로 건축에 영향을 준 시대적 담론과 타 예술 분야와의 관계를 조사한다.

1. 문화예술과 건축양식

르네상스 운동은 문화·예술계에 혁명적인 변화를 이끈 사건으로 기록된다. 이때야 비로소 신 중심의 오랜 중세시대를 극복하고 인간이 역사의 주역으로 등장하는 근본적 사고 전환을 이룬 것이다. 이러한 변화는 시대정신으로 문학과 철학을 비롯해 다른 예술영역에서도 동시에 벌어지거나 하나가 선행하고 다른 하나가 후행하는 등 깊은 연관을 맺으며 진행됐다. 역사가들은 변화의 내용과 영향을 분석해 양식이라고 정의했다. 단기간 인기를 얻은 '유행(Trend)'이 장기간 계속되면 '양식(Style)'이 된다.

미술 영역에서는 르네상스 시대에 이르러 오랜 종교화의 굴레에서 벗어나 인간과 자연을 사실적으로 묘사하기 시작했다. 뒤이어 등장한 '바로크' 미술은 권력과 권위를 표현하려 강렬하고 과장된 그림으로 진화했으며, 화려함과 사치의 극치를 치달은 '로코코' 양식으로 이어졌다. 반동으로 시작된 '신고전주의'는 엄격하고 균형 잡힌 구도로 역사적 사건과 정치적 의도를 그렸다. 건축은 신고전주의 시기에 그리스·로마건축을 소환해 좌우대칭의 비례와 권위적이고 안정적인 모습을 구현하고자 애썼다. '낭만주의' 시대로 구분되는 19세기 초에는 신고전주의가 강요하는 규칙과 속박에서 벗어나 예술가의 감정을 표현하는 그림이 유행했는데, 건축에서는 당시 새롭게 부상한 철골구조로 과장된 고딕건축 이미지를 재현했다. 상상력을 기반으로 그림을 그린 '낭만주의'를 비판하며 현실 공간을 화폭에 담고자 했던 '사실주의'가 나타났다가 사진에 자리를 내주고, 화가의 느낌대로 개성적인 표현방식을 개발하던 '인상파'가 '야수파'와 '입체파'로 분화하던 20세기 초 미술 분야와 달리 건축에서는 과거 전통적인 건축생산 방식과 단절하고 새로운 재료와 조형언어로 무장한 모더니즘이 태동했다.

모더니즘 건축은 '신(新)조형주의'를 표방한 '데스틸'과 전통을 거부하고 근대문명이 지향하는 '미래파' 운동에 힘입어 러시아 '구성주의'로 이어진다. 이 시기 건축은 미술과 나란히 생각을 공유하면서 시대를 근대정신으로 통합한다는 비전과 함께 사회를 개혁하고자 하는 사명감으로 충만했다. 이렇듯 문화예술과 건축양식은 시대를 대변하며 역사의 목격자이자 안내자로 역할 했다.

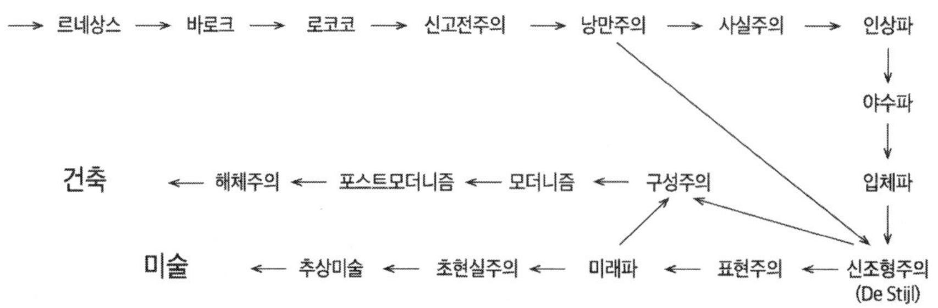

그림 178 미술과 건축 사조

2. 대중문화와 포스트모더니즘

인간은 포유류의 다른 동물들과 구별되는 특징이 있다. 프랑스 철학자 Henri Bergson(1859-1941)은 인간의 본질이 도구를 사용하고 제작할 줄 안다는 이유로 'Homo Faber(도구의 인간)'이라 불렀고 네덜란드 역사학자 Johan Huizinga(1872 -1945)는 풍부한 상상력을 가지고 다양한 창조활동을 통해 발전한다는 의미로 'Homo Ludens(유희의 인간)'라 주장했는데 이러한 인간의 특성은 문화로 수렴한다.

일반적으로 문화는 '고급문화'와 '대중문화'로 구분한다. 상대적으로 소수가 누리는 고급문화는 그 자체로 목적과 자율을 가지고 정치, 경제, 사회적인 문제로부터 거리를 두는 반면, 대중문화는 다수의 대중이 주체가 되어 일상에서 소비하는 문화다. 생활수준이 나아지고 매스컴이 발달함에 따라 대중문화는 세상과 삶 곳곳에 널리 퍼져있고 다양한 장르 간 서로 영향을 주고받으며 발전한다. 건축도 마찬가지이다.

20세기 초 건축계에 등장한 모더니즘은 기능주의에 충실한 건축을 세계적으로 널리 퍼트리기 위한 목적과 의도를 가지고 소수 건축가[191]의 전위적인 성격을 띤다는 점에서 생겨난 초기에는 고급문화로 분류할 수 있다. 반면, 제2차 세계대전 후 재건사업과 산업화에 따른 폭발적 인구 도시집중을 거치면서 전 세계를 휩쓴 기능주의 모더니즘이 대중화하고, 이에 맞선 포스트모더니즘도 원칙과 신조보다는 대안 제시를 주장하며 다양하고 사회 전반에 만연한 문화적 요소를 포용하려 했다는 점에서 대중문화적 특성을 띤다. 물론 초기 포스트모더니즘 등장 과정에도 소수의 건축이론가가 선전적 주장으로 시작했다는 점에서는 목적과 의도가 개재되었을 수 있으나, 신조로서의 원칙을 주장한 것도 아니고 이후에는 주도하는 이가 없이 자발적으로 확산하는 과정을 거쳤다는 점에서 포스트모더니즘을 대중문화적 성격으로 규정하는 것이다.

건축이 다른 예술 분야의 영향을 끊임없이 받아온 것처럼 그 시대의 대중문화와 반응하며 긍정적이고 생산적인 결과물을 만들어 냈다. 건축이 과거로부터만 자양분을 흡수하는 것만이 아니라 철학, 미술, 조각, 영화, 문학 등 다양한 분야의 문화로부터 흥미로운 시사점을 끌어내 생산적이고 새로운 도전을 끊임없이 시도하고 있다.

191) Le Corbusier를 비롯한 근대건축 선구자들은 'CIAM(Congres Internationaux d'Architecture Moderne, 근대건축국제연맹)'을 만들어 모더니즘을 세계적으로 전파하는 운동을 펼쳤다.

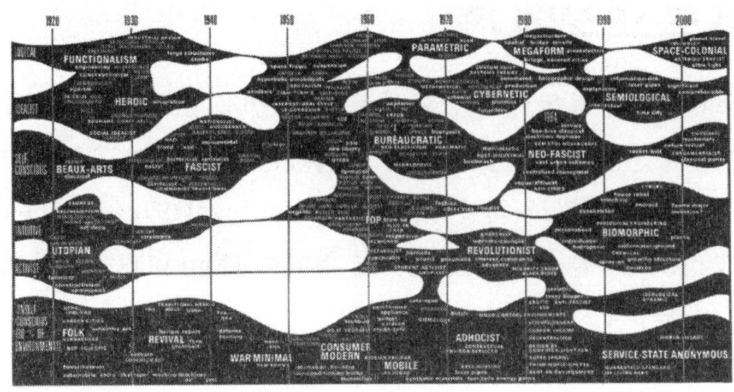

그림 179 Charles Jencks의 Evolutionary Tree(Jencks foundation)

3. 팝아트(Pop-Art)

1950년대 초 미국 미술계를 휩쓸었던 '추상표현주의(Abstract expressionism)'에 대한 반동으로 팝아트가 생겼다는 것이 일반적인 견해이다. 명칭도 'Popular Art'의 줄임말로 '팝아트(Pop-Art)'로 불리게 되었다. 일반 대중이 이해하기에 지극히 난해한 미술이 소수에 의해서만 향유되고 평가되던 추상표현주의에 대한 반발 때문에 상대적으로 일반 대중이 아주 쉽게 이해할 수 있는 장르가 만들어졌다고 보는 것이다.

따라서 일상에 범람하는 이미지들을 소재 삼아 예술작품을 만드는 방식이 유행했다. Richard Hamilton(1922-2011)이 1956년 발표한 'Just what is it that makes today's homes so different, so appealing?'이란 작품을 보면, 잡지에서 오려 붙인 듯한 근육질의 남성과 매력적인 여성이 최신 가전제품으로 채워진 현대적인 가정에서 사는 멋진 모습을 묘사한다. 어려운 해석이 필요 없고 제목이 그림을 그대로 설명한다. 속속 채워지는 최신 가전제품이 가정생활의 편리함을 웅변하며 달나라와 화성으로의 여행이 곧 도래할 것 같은 사회 분위기를 표현하는 등 현대 과학기술 문명에 대한 낙관주의를 콜라주로 표현했다. Andy Warhol(1928-1087)은 'Campbell's Soup Cans(1961)'로 대량 소비사회의 일상을 풍자했고, Roy Lichtenstein(1923-1997)은 'Happy Tears(1964)'로 만화기법을 이용해 감정을 과장했다.

일상을 재미로 다루는 팝아트의 방식은 비슷한 시기에 유행한 포스트모더니즘 뿐만 아니라 오늘날까지도 건축에 지대한 영향을 끼치는 것으로 알려져 있다. 포스트모더니즘 이론가 Charles Jencks(1939-2019)의 'Evolutionary Tree'는 팝아트적 속성을 'Metaphor Metaphysical'로 분류했고 포스트모던 건축가 Robert Venturi(1925- 2018) 작품에 나타나는 시각적 부조화가 팝아트의 방법과 유사하다는 주장도 있다.[192] Frank Gehry(1929-)는 팝아트 작가인 Claes Oldenburg(1929-2022)와 교류하며 여러 작품을 공동으로 제작했는데 팝아트 성향을 보인다는 주장이 있다.[193] 1990년 발표된 일본 건축가 쿠마 켄고(1954-)의 'M2' 건물은 그리스 신전 '주두(柱頭)'를 모티브 삼아 위트를 표현했다. 건축을 팝아트 방식으로 설계한 것이다.

그림 180 Richard Hamilton

그림 181 Frank Gehry의 Binoculars

그림 182 Kuma Kengo의 M2 Buildnig

4. 아키그램(Archigram)

1963년 영국에서 결성된 건축가그룹 'Archigram'은 팝아트가 한창이던 시대적 분위기를 그대로 이어받았다. 계획한 순간 모든 것이 결정되는 도시 형태가 아닌 시간의 흐름에 따라 변화하고 생활에 적응하는 구조로 건축과 도시계획 방법을 제안한 것이 특징이다. 도시계획적 관점에서는 당시 널리 회자되던 '구조주의' 철학의 영향을 받았고 표현방식에서는 유행하던 '팝아트'의 장식적 기법을 끌어다 썼다.

Archigram 대표 작품으로 꼽히는 Peter Cook(1936-)의 'PLUG-IN-CITY'는 교통과 전기 등 기본적인 인프라가 갖춰진 도시구조에 주거 모듈을 플러그 꼽듯이 연결해 무한히 확장하는 개념을 제안했다. Ron Herron(1930-1994)의 'Walking City'는 세계 최대도시 뉴욕을 디스토피아라고 주장하며 다리가 달린 거대 도시가 이동하는 기발한 프로젝트를 발표했다. 후속으로 제안한 'Walking City on the Ocean'은 바다로 이동한 도시이다. 1968년부터

---

192) 신유림 외, 시각적 부조화를 통한 로버트 벤추리 건축과 팝아트의 방법적 유사성에 관한 연구, 한국건축역사학회, v.21, n.4, 2012.08

193) 천혜미, 프랭크 게리의 건축에서 보여지는 팝아트적 성향에 관한 연구, 한국실내디자인학회 학술발표대회 논문집, v.11, n.1, 2009.05

연재한 Peter Cook의 'Instant City'는 야외 팝 콘서트가 열리는 것처럼 짧은 시간 조립으로 도시를 만들고 해체하는 방식이었다.

'Architecture'와 'Telegram' 합성어인 'Archigram'은 건축을 표현하는 방법으로 전통적인 도면이 아닌 다이어그램을 만들어 텔레그램 형태로 전달한다는 의미이다. 건축잡지 이름이기도 했던 'Archigram'은 기술적인 해결책을 제시하지 못한 채 실제 지어지는 건축보다는 이슈를 전달하는 일에 집중했다. Archigram 건축은 무한한 상상을 가능하게 했다는 점에서 SF영화의 배경으로 등장하기도 했으며[194] 기술적 한계에도 불구하고 개념을 전달하는 방식으로 후세 건축가들에게도 여전히 참조되고 있다.

1970년 Renzo Piano(1937-)와 Richard Rogers(1933-2021)가 설계한 'Pompidou 센터'는 고풍스러운 파리를 배경으로 건축계에 충격처럼 등장했으나, Reyner Banham(1922-1988)을 비롯한 많은 건축가와 역사가들이 Archigram 건축가 중 한 사람인 Cedric Price(1934-2003)의 'Fun Palace' 프로젝트의 연장선에 있다고 평가한다. 플랫폼을 만들고 구축해나가는 기계적 구조와 원색적 컬러를 적용한 설비라인은 투명한 이미지와 함께 Archigram의 대표적 표현방식이기 때문이다.

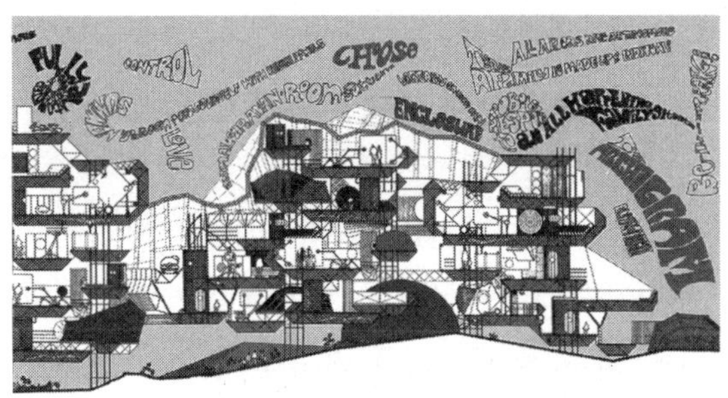

그림 183 Archigram 잡지 표지

그림 184 Walking City

194) 미야자키 하야오의 '하울의 움직이는 성(2004)'과 Christian Rivers 감독의 'Mortal Engines(2018)'은 'Walking City'를 배경으로 하고 있다.

5. 구조주의(Structuralism) 건축

언어학자 Ferdinand de Saussure(1857-1913)가 서도 다른 언어에도 일종의 규칙이 있다고 주장하면서 '구조주의'가 시작되었다.[195] 인류학자 Claude Lévi-Strauss (1908-2009)는 아마존 밀림에 사는 원주민의 생활상을 관찰하고 1955년 출간한 '슬픈 열대(Tristes Tropiques)'에서 당시 서구에서 미개하다고 치부하던 원시 부족에도 엄연한 사회적 질서와 체계가 존재함을 증명함으로써 문명과 야만의 차이를 비판하며 본격적인 구조주의의 문을 열었다. 우리가 인식하지 못하는 가운데에도 개별 인간은 거대한 사회구조의 틀 속에서 살아가며 그 영향권 안에 머문다는 주장이다.

1960년대 사회과학 분야에서 활발히 논의되던 구조주의를 끌어와 건축계에서는 무질서하게 확장하고 변하는 도시공간에 처음부터 일정한 발전 틀을 부여해 조직화한 질서를 만들자는 운동이 일었다. 모더니즘 건축이 급격한 도시팽창 과정에서 혼돈의 도시를 만든다는 빌미를 제공했다는 비판과 함께 모더니스트 선배 건축가들의 책임이 크다고 주장하며 젊은 건축가그룹 'Team X'[196]이 구조주의로 전면에 나섰다.

'Team X' 멤버인 Alison(1928-1993) & Peter(1923-2003) Smithson 부부는 새로운 대안을 제시하는 저술 활동과 함께 도시구조 틀을 설정하는 'Golden Lane'과 '공중가로(Street in the sky)'로 유명한 'Robin Hood Gardens'을 지었고 Jaap Bakema(1914-1981)는 'Total space', 'Total urbanization' 개념을 주장하며 네델란드 Roterdam에 최초의 보행중심 쇼핑거리를 만들었다. Aldo van Eyck(1918-1999)는 단위 모듈을 정해진 틀에 끼워 확장할 수 있는 개념으로 1955년 'Amsterdam 고아원'을 설계했다. Georges Candilis(1913-1995)와 Shadrach Woods(1923-1973)는 Alexis Josic(1921-2011)과 팀을 이뤄 1961년 교통동선과 보행동선을 분리하고 나뭇가지 모양으로 성장할 수 있는 프랑스 신도시 'Toulouse-Le Mirail' 마스터플랜과 1963년 격자틀에 각종 공간이 결합하는 'Berlin 자유대학' 설계공모안을 발표했다. 'Team X' 멤버들은 구조주의의 영향으로 미래의 확장에 대비하는 큰 틀로서의 도시구조를 설정한 다음 여기에 단위 모듈이 지속해서 연결되는 방식을 제안한 것이다.

195) 언어는 문자와 음성으로 이루어진 수단에 해당하는 '시니피앙(signifiant, 기표(記表))'과 목표로써 전달하고자 하는 의미를 뜻하는 '시니피에(signifié, 기의(記意))'로 이루어져 있다고 주장하였다.

196) 1953년 제9차 '근대건축가연맹(CIAM)'을 통해 결성되었다고 하며 Alison & Peter Smithson, Jaap Bakema, Aldo van Eyck, Georges Candilis, Shadrach Woods 등이 주역으로 활동하였다.

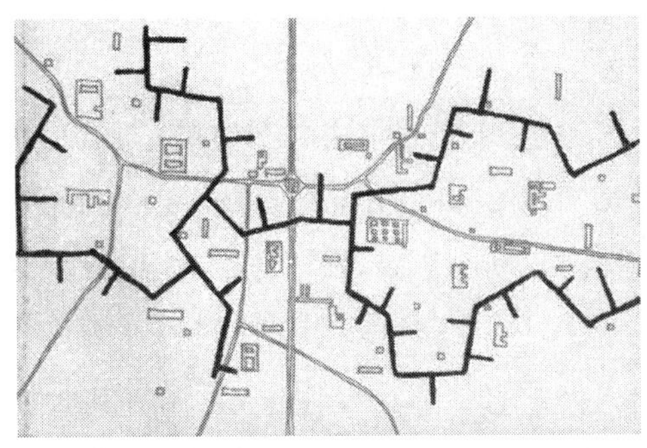

그림 185 Alison & Peter Smithson 도시구조 연구

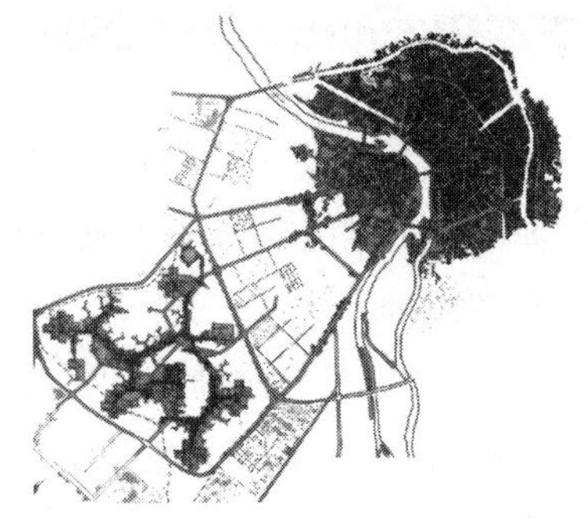

그림 186 Toulous Le Mirail 배치도

6. 해체주의(Deconsturctivism) 건축

유대인 철학자 Jacques Derrida(1930-2004)는 엄격한 종교적 전통 속에서 자라면서 일상을 지배하는 규칙과 규범에 근본적인 물음을 던졌다. 맹목적으로 받아들이기보다는 반항적인 태도로부터 규범의 이유와 근원을 찾아 끝없이 질문하는 방식을 사회 곳곳에 존재하는 통념을 해체하는 철학으로 발전시킨 것이다. 지배적 담론에 의문을 제기함으로써 '해체'를 내세우며 사회 변화와 참여하는 정치활동을 이끈 셈이다.

1980년대부터 Jacques Derrida로부터 영향받은 한 무리의 건축가들이 '해체주의 건축'을 주장하기 시작했고 1988년 미국 MOMA에서 개최한 'Deconstructivist architecture' 전시회는 세계적으로 해체주의 건축을 확산하는 계기가 되었다.[197] 모더니즘이 신조로 삼던 기능주의에 의문을 던지며 벽은 왜 수직이어야만 하는지, 공간은 왜 용도가 미리 정해져야 하는지 등의 질문으로부터 새로운 건축을 시작했다.

Peter Eisenman(1932-)은 '분해(decomposition)'라는 개념을 동원해 기존의 집에서 기대하는 상식적 사고를 파괴하는 'House' 시리즈를 이어갔고, 점·선·면 구성과 'Folie' 개념을 도입해 'La Villette 공원'을 설계한 Bernard Tschumi(1944-)는 프로그램을 해체한 후 파편화시켰다가 재구성함으로써 공간에서 벌어지는 이벤트의 가능성을 열어두었다. 티타늄 패널로 불규칙한 볼륨을 구현한 'Bilbao 미술관'의 건축가 Frank Gehry(1929-1925)는 자유로운 형태의 건축을 지향하고 있으며, '동대문 DDP'의 건축가 Zaha Hadid(1950-2016)도 건축물의 유기적인 곡선 형태 뿐만 아니라 벽을 기울이는 등 개별 요소도 상식을 초월한 디자인으

197) 당시 전시회에 참여한 건축가와 전시회를 기획하고 홍보한 이들은 대부분 유대인으로서 새로운 건축계 이슈로 사회적 관심을 끌고자 한 브랜드 마케팅 성격이 컸다는 지적도 있다.

로 일관한다. Daniel Libeskind(1946-)는 강렬한 사선과 외관으로 감정을 유발하는 베를린 '유대인 박물관'을 설계했으며, Rem Koolhaas(1944-)는 아름다운 건축이 아닌 무작위와 의외성으로 기존의 건축미학으로 설명하기 힘든 '낯설게 하기'[198]를 실험했다.

해체주의 건축은 최적의 해법을 찾는 규범화한 건축에 새로운 가능성과 실험을 시도했다는 긍정적인 평가와 함께 저널리즘을 동원해 반환경적이면서도 과도한 비용을 동반하며 새로운 스타와 시장을 만드는 일에만 열중했다는 비판도 받고 있다.

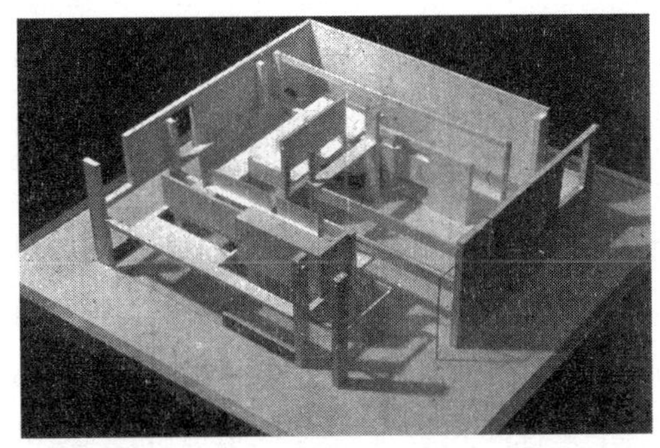

그림 187 Peter Eisenman의 'House I(1967)'

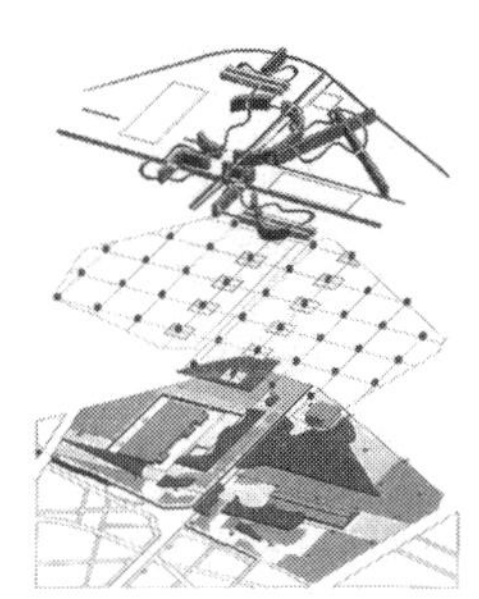

그림 188 Bernard Tschumi의 'Parc de la Villette(1982)'

7. 미니멀리즘(Minimalism) 건축

난해하고 복잡한 '추상표현주의'에 대한 반동으로 '팝아트'가 탄생한 배경과 마찬가지로 단순함과 간결함을 추구하는 '미니멀리즘'도 같은 맥락에서 1960년대에 등장했다. '팝아트'가 만화같이 장난스럽고 유치하기까지 하다면 '미니멀리즘'은 단순하지만 철학적인 심오함을 추구한다. 근대 3대 건축가 중 한 사람으로 꼽히는 Mies van der Rohe(1886- 1969)가 한 말로 유명한 "Less is more"처럼 최소한으로 표현할 때 대상이 가지고 있는 최대의 본질을 구현할 수 있다는 생각이다.

'미니멀리즘'은 누구의 제창으로부터 시작된 것이 아니다. 전통으로부터 단절하고 새로운 형태를 찾고자 했던 1920년대 'De Stij' 운동의 실험들과 1917년 발생한 공산혁명과 함께 새로운 사회를 건설하는 데에 미술이 이바지해야 한다고 주장했던 러시아 '구성주의

198) '낯설게 하기(Defamiliarization)'는 러시아 형식주의자 Victor Chklovski(1893-1984)가 처음 사용한 용어로 이미 익숙해진 사물이나 관념을 낯설게 만들어 새로운 느낌을 갖도록 표현하는 기법을 말한다.

(Constructivism)' 작가들의 활동들과 맥을 같이 한다. 특히 Kazimir Malevich(1879-1935)는 '절대주의(Suprematism)'를 주장하며 형태와 색채의 순수함으로 예술의 절대적 가치를 추구하고자 했다. 이러한 영향은 고스란히 독일 '바우하우스(Bauhaus)' 운동으로 이어졌고 이후의 '미니멀리즘 건축'의 토대가 되었다.

'프랑스 국립도서관(BNF)'은 평면이나 매스 구성이 단순하고 명쾌하다. 거대한 대지 한 가운데를 파서 직사각형 정원을 만들고 대지 모서리에 네 개의 타워를 배치했다. '미니멀리즘' 조각가 Robert Morris(1931-2018)가 1965년 발표한 바닥 위 네 개의 똑 같은 큐브를 올려놓은 작품과 닮았다. 베를린 '올림픽 벨로드롬과 수영장', 프랑스 Marne-la-Vallée 신도시에 있는 'ESIEE' 등 Dominique Perrault 건축에 공통으로 등장하는 단순한 형태와 구성은 '미니멀리즘' 특징이 분명하다.

멕시코 건축가 Luis Barragán(1902-1988)은 무채색 위주의 기하학적 형태만을 고집하던 전통적 미니멀리즘과는 차별화해 선명한 색채를 사용하고 물과 식물 등 자연요소를 적극적으로 활용하는 '감성적 미니멀리즘(Emotional Minimalism)'을 개척했다. 일본 건축가 Ando Tadao(1941-)도 형태의 단순함뿐만 아니라 재료의 본질과 비워진 공간을 탐닉하는 등 '미니멀리즘'을 철학적 차원으로 끌어올린 인물로 평가한다.

그림 189 Robert Morris의 'Untitled(1965)'

그림 190 Dominique Perrault의 프랑스 국립도서관

8. 만화와 건축

'되는대로 그린 그림'이란 의미가 있는 '만화(漫畫)'는 19세기 후반 일본에서 만들어진 단어로 영어로는 '두꺼운 판에 그린 밑그림'을 의미하는 'cartoon'과 '과장하다'라는 라틴어에서 유래한 'Caricature'로 번역된다. 이야기를 전달하기 위해 단순하면서 과장된 그림으로 표현한 역사는 구석기 시대 벽화를 비롯해 성서 이야기를 묘사한 성서화와 생활상을 다룬 풍속화를 꼽기도 하지만, 본격적인 만화의 시작은 19세기 후반 유행한 정치 풍자화와 신문과 잡지에서 연재한 네 컷 만화를 지목한다. 1930년대에는 '슈퍼맨(1938)'과 '배트맨(1939)'이 등장하면서 대중화의 길을 열었으며 일본에서는 '아톰(1952)'이 인기를 끌며 일본만화의 영역을 개척했다.

만화의 가장 특징은 현실적으로 불가능해도 상상하는 것을 2차원 평면 위에 마음껏 펼쳐 놓을 수 있다는 것이다. SF 만화는 현실에서는 불가능하거나 아직 실현되지 않은 과학기술을 가지고 미래사회를 보여주는데 그 배경이 되는 것이 건축과 도시공간이다. 새로 개발된 기술뿐만 아니라 희망하는 가상의 모습도 만화에서는 현실보다 먼저 그려내다 보니 때로는 만화가 그리는 모습을 현실의 기술이 뒤따르는 일도 일어난다. 슈퍼맨의 배경 도시 '메트로폴리스'에는 과학기술이 융합된 마천루의 미래도시가 '아르데코 양식'으로 등장하고 배트맨이 활약하는 '고담시'는 범죄로 가득한 디스토피아가 '아르누보' 풍으로 그려진다. 슈퍼맨과 배트맨이 등장한 1930년대는 아르데코 건축이 유행했기 때문이다.

1960년대 'Archigram'이 그려낸 건축과 도시공간을 개발되지 못한 기술과 비싼 비용으로 말미암아 당시는 실현하지 못했지만, 오늘날 '모듈러 건축'과 '스마트 시티'라는 이름으로 여전히 추진 중이다. 1960년대 일본에서 시작됐던 'Metabolism' 건축도 모듈화를 기본으로 성장과 변화에 적응하는 '지속가능한(Sustainable)' 도시개념으로 발전해 지구단위계획에서 유보지를 설정하고 특별건축구역 제도를 운용하는 방법으로 구현하고 있다. 1990년대 일본에서 연재한 만화 '공각기공대(Ghost in the Shell)'는 미래의 건축과 도시공간을 설계하는 데 적지 않은 영감을 준다. 메가시디 고밀 복합용도의 공간에 사물인터넷(IoT)이 작동하는 스마트 빌딩은 거의 현실화하고 있다.

그림 191 만화 Superman 속 Metropolis

그림 190 만화 Batman 속 Gotham City

9. 영화와 건축

'만화'가 확장하고 발전한 형태인 영화는 마찬가지로 건축에 다양한 상상력과 시사점을 제공한다. 3차원 공간을 2차원 영상으로 표현하는 영화는 만화처럼 현실에서는 불가능한 공간을 화면 속 실재하는 공간으로 만들어 놓는다. 영화가 펼쳐지는 세트는 가상의 공간을 현실에 구현한 실제 공간으로 요즘은 컴퓨터그래픽의 발달로 상상하는 모든 것을 이미지로 구현해내는 환경이 만들어졌다.

영화가 만들어 내고자 하는 낯선 공간은 실제 현실 공간을 모델로 하기도 한다. 북아프리카 건축은 자주 영화의 배경으로 등장하는데 '스타워즈'에 나오는 행성 '타투인' 마을은 튀니지 'Ong Jmal', 'Ksar Ouled Soltane'가 촬영지이다. 독특한 지형과 건물이 낯선 외계 마을과 어울린다고 본 것이다. George Orwell(1903-1950)의 소설 '1984'를 모델로 만들어진 Terry Gilliam(1940-)의 1985년 영화 'Brazil'은 건축가 Ricardo Bofill이 설계한 프랑스 'Le Palacio d'Abraxas'가 배경이다. 입체적인 복잡한 건축공간이 영화에서 개인의 자유를 억압하는 전체주의 미래사회를 잘 드러낸다.

영화 속 건축공간이 주는 이미지를 이용해 시대와 사회를 비판하는 시도도 있다. 프랑스 영화감독 Jacques Tati(1907-1982)는 코미디 영화 'Mon Oncle(1958)'의 정겨운 마을 공동체 모습과 'Play time(1967)'의 자동화와 효율만으로 가득한 현대 도시공간을 대조하며 풍자했다. 영화 'Blade Runner(1982)'의 배경이 되는 초고층 건물로 뒤덮인 어두운 도시공간은 환경파괴와 인간소외를 상징한다. 봉준호 감독의 영화 '기생충(2019)'에서 지상의 고급주택과 반지하 집이 계급구조를 드러내는 것과 같은 맥락이다.

영화기법이 사람이 건축공간을 인지하는 메커니즘과 닮았으므로 설계를 위한 방법으로 이용되기도 한다. '미장센(Mise-en-scène)'은 공간구성, 조명, 동선 배치, 카메라 앵글 등을 조작해 표현하고자 하는 주제를 시각적으로 전달하는 기법인데 건축가는 건축공간을 미장센처럼 체험하도록 설계한다. '몽타주(Montage)'[199]는 각자 다른 장면을 배열해 새로운 의미와 감정을 만드는 편집 기법인데 건축의 평면, 입면, 단면 등 각각의 구성으로 건축을 체험하며 총체적 경험을 의도한다.

---

199) 소련 영화감독 Sergei Eisenstein(1898-1948)이 주창하고 발전시킨 이론으로 새로운 의미를 만들고 감정을 유도하기 위해 도입했다. '전함 포템킨(1925)'의 오데사 계단 시퀀스는 대표적인 '몽타주 기법' 사례로 군인의 행진장면과 유모차가 구르고 사람들이 비명 지르는 장면을 교차해 공포와 억압이라는 이미지를 창조한다.

그림 193 영화 'Brazil' 속 'Palacio d'Abraxas' 장면

그림 194 영화 'Play time' 속 사무실 장면

12장 | 건축문화정책

현대사회에서 제도 없이 추진되는 정책은 없다. 권위주의 사회에선 통치자의 판단과 식견에 좌우되기도 하지만, 날로 복잡해지고 다수의 이익이 대립하는 현대사회에선 절차를 거쳐 만들어진 제도에 기반을 두고 정책이 추진된다. 정책을 만드는 과정에서 먼저 경험한 나라들의 제도를 참조하는 것은 당연한 일이다. 이 장에서는 우리보다 앞서 제2차 세계대전 이후 강력하고 현대적인 건축정책을 펼쳤고 실제 우리나라가 관련 정책을 추진하는 데 참고로 삼았던 프랑스 사례를 조사한 다음, 우리 생활에 깊숙이 들어와 있는 건축 관련 정책들을 살펴본다.

1. 프랑스 건축정책

1) 공업화 시대(1940-1957)

프랑스에서 현대적 의미의 건축정책을 본격적으로 추진하기 시작한 것은 제2차 세계대전의 결과로 폐허가 된 국토를 재건하는 일이 국가적 과업으로 등장한 때부터이다. 재건사업은 전쟁이 끝나면 맞닥뜨리게 될 필연적 운명이기도 했지만, 동시에 오래된 생산방식에 머물러 있던 건설산업을 이 기회에 현대화하고 혁신하려는 전략도 담겼다.

먼저 착수한 일은 '표준화(1940-1945)' 정책이었다. 업체마다 다르게 만들던 건축부재를 통일된 규격으로 생산하게 함으로써 건설현장에서의 효율과 생산성 향상을 의도한 결과였다. 이미 19세기 말 학계로부터 제기된 산업의 표준화 필요성은 1926년 '프랑스 표준화협회[200](AFNOR; Association Française de NORmalisation)' 설립으로 이어졌고 1939년부터는 국가인증 'NF(Norme Française) 마크'[201]를 발행하기 시작했다.

표준화 다음으로 추진한 정책은 '모델화(1946-1951)'였다. 통일된 규격으로 생산된 건축부재를 결합해 만드는 모델은 표준화의 한 차원 진보한 개념이라고 볼 수 있는데 대량 생산체제로 가는 전제가 된다. 모델화를 위해 정부는 건축설계 공모전을 시행함으로써 민간으로부터 다양한 아이디어를 얻는 시스템을 구축했다. 이때 개최된 대표적인 공모전이 '농촌 모델주택'으로 실증작업을 거친 후 모델로 만들어 배포했다.

표준화와 모델화로 모아진 인프라와 콘텐츠를 바탕으로 본격적인 '공업화(1952-1957)' 단계로 돌입했다. 인구가 도시로 급격히 몰리는 상황에서 부족한 주택을 이른 시일 안에 공급하기 위해선 현장에서 신속하게 조립해 완성할 수 있는 건축부재를 공장에서 대량으로 생산하는 공업화 정책이 당연한 귀결이었다. 표준화 → 모델화 → 공업화로 이어지는 정부 정책 추진의 결과로 1948년 연간 5만 호가 건설되던 주택시장이 1959년에는 32만 호로 성장하는 성과를 도출했다. 한편, 정부의 건설산업화 정책은 2020년대 들어 공장에서 어느 정도 완성된 모듈을 현장에서 조립·시공하는 OSC(Off-Site Construction) 정책으로 이어졌다.[202]

---

200) AFNOR는 1947년 설립된 '국제 표준화기구(ISO; International Organization for Standardization)'의 프랑스 회원 지부로 역할을 한다.

201) NF는 우리나라 KS(Korean Industrial Standards)마크와 같은 개념이다.

202) 2020년대의 OSC 정책은 공업화보다는 여전히 현장 노동력에 의존하는 건설산업 특성상 인건비 상승과 외국인 노동자 의존상태에서의 의사소통 문제에 기인한 측면이 크다.

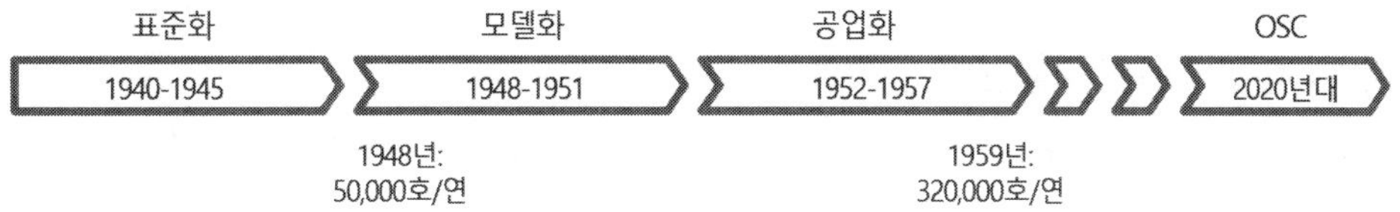

그림 195 프랑스 건설산업화 정책

2) 대규모단지 시대(1958-1967)

제2차 세계대전 후 베이비붐으로 인구성장률이 높았고 과거 프랑스 식민지로부터 유입되는 이민자 수가 급증했으며 산업화가 가속하면서 1950년대 말부터 수도권으로 인구가 몰렸다. 파리 시내는 역사유적이 많아 손댈 수 없었기 때문에 파리 주변으로 집중하는 인구에 거처를 마련해줘야 하는 정책 과제가 시급했다. 특히, 1954년 겨울 집 없는 사람이 동사하는 사건이 발생하면서 Abbée Pierre(1912-2007) 신부가 벌인 모금 운동과 판자촌 개량 캠페인은 사회적, 정치적으로 큰 반향을 일으켰다.

민간에선 파리 주변으로 주거용지를 마련하느라 개발사업이 붐을 이뤘고 정부도 주거공급 정책목표를 신속히 달성하고자 제도적 기반을 마련했다. 정부가 추진한 'ZUP(도시개발촉진구역; Zone à Urbaniser en Priorité)'[203] 제도는 대규모단지 도시개발사업으로 민간주도 사업과 비교해 도시 인프라를 확충하고 필요한 공공시설을 공급하는 등의 장점이 있었다. 이렇게 해서 'ZUP' 개발방식으로 연간 50만 호를 공급하는 등 주거공급의 양적 목표를 획기적으로 달성할 수 있었다.

파리 북쪽 16km 지점에 위치한 'Cité de Sarcelles'은 대규모단지 개발의 아이콘[204]으로 유명한데 거대함과 획일적 디자인으로 오명을 얻었다. 건축가 Jacques Henri-Labourdette(1915-2003)가 설계한 이 단지는 5층 규모에 150m를 넘는 긴 주동이 중정을 이루며 블록을 둘러싸는 구조였다. 간간이 16층짜리 탑상형이 랜드마크를 형성했기에 '탑과 장벽(Tour et Barre)'이라 불리며 부정적 이미지로 희화화되었다. 1959년부터 1961년 사이 1만2천여 채가 건설된 이 단지는 인구 4만 명이 기거하는 거대한 '베드타운'이 되었고, 주로 아프리카계 이민자들이 입주했으며 오랫동안 범죄와 폭동이 빈번한 문제지역으로 알려졌

203) 국가 또는은 지방자치단체, 정부기관 등 공공사업자가 사업지구 내 토지를 취득해 사업을 시행하는 방식으로 공공이 정한 적정 가격으로 보상하면서 토지를 강제로 수용할 수 있음에 따라 토지주들의 반발이 컸다.

204) 'Cité de Sarcelles'에서 유래한 단어 'Sarcellite'는 'Sarcelles 사람들'이라고 번역하는데 각종 범죄와 도시문제에 노출된 환경에서 사는 '고단한 사람들'이라는 의미로 대규모단지를 낙인찍는 단어로 사용되었다.

다. 이 시기에 'Sarcelles' 뿐만 아니라 파리 주변에서 민간 또는 공공 개발 대단지 사업이 크게 확대되었다. 결국, 대단지 개발은 수요자에게 필요한 주거를 마련해주는 양적 목표는 달성했지만, 질적 측면을 간과했다는 비판과 함께 수용방식의 'ZUP'에서 협의방식의 'ZAC(도시개발협정구역; Zone d'Aménagement Concerté)'로 전환하는 계기가 되었다.

그림 196 'Cite de Sarcelles'(archives MRU 37343, 38004)

3) 신도시 건설과 건축 혁신(1967-1975)

대규모단지 개발방식은 긴급한 주거공급을 위해 필요한 수요를 양적으로 확보하는 진전이 있었지만, 질적 성과를 담보하지 못한 채 여러 문제를 노출했다. 'ZUP' 방식은 획일적인 대규모 주거를 양산한다는 비판과 함께 토지를 확보하기 위해 수용방식을 택함으로써 토지주의 강한 반발을 사게 되었다. 따라서 1967년부터 새롭게 적용되기 시작한 'ZAC' 방식은 개발단위를 소규모로 나누고 수용이 아닌 협의 방식으로 토지를 확보하는 등 정책 방향이 바뀌었다. 게다가 1983년부터 지방자치제가 시행되면서 중앙정부가 주도하는 개발방식을 비판하는 목소리가 높아지게 되었고 이때부터 도시개발사업을 지자체가 주도하는 방식으로 일대 전환이 일어나게 된다.

한편, 중앙정부가 1965년 발표한 '수도권 개발 마스터플랜(Schéma Directeur d'Aménagement et d'Urbanisme de la Région de Paris)'은 수도권 장기 개발계획으로 정부 정책의 변곡점이 되는 계획이었다. 그동안 가용지만을 찾아 무분별하게 개발하던 방식에서 벗어나 수도권을 흐르는 센강을 기준으로 북서와 남동으로 두 개의 개발 축으로 설정했다. 센강 위쪽으로 Cergy-Pontoise와 Marne-la-Vallée가 한 축을 담당하고 아래로는 Saint-Quentin-en-Yvelines, Evry, Melun-Sénart가 다른 축을 형성하며 5개 신도시 개발계획이 만들어진 것이다. 산발적인 개발사업을 억제하면서 앞으로의 주거공급과 도시개발은 신도시를 중심으로 전개하겠다는 것이다.

건설산업 분야도 '양(量)으로부터 질(質)로' 정책과 '열린 공업화(Industrialisation

Ouverte)'로의 전환을 위해 정부는 1971년 'Plan Construction'이라는 조직을 신설하고 설계공모 'PAN(Programme Architecture Nouvelle)'을 운영하였다. 당시 몇몇 대형사무소를 중심으로 일감이 집중하던 시스템으로부터 탈피하고자 주로 젊은 건축가를 대상으로 '젊은 피'를 수혈하기 위한 공모전이었다. 주거건축과 관련한 혁신적인 아이디어를 공모를 통해 확보한 다음 정부가 관련 기술 개발과 건설까지 책임지고 구현했다. 1972년부터 매년 개최한 설계공모는 젊은 건축가들[205] 사이에서 선풍적인 인기를 끌었고 1988년부터는 EUROPAN이라는 이름으로 유럽 전역으로 확대되었다.

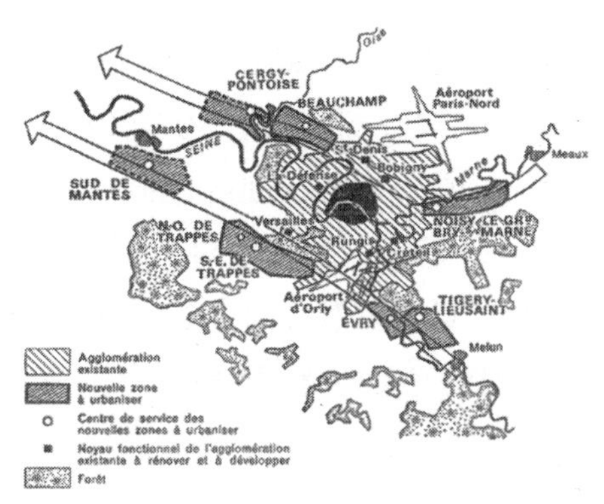

그림 197 SDAURP

그림 198 Vladimir Kalouguine의 제1회 PAN 당선작

4) 역사유적 보존 운동

단기간 대량의 주거를 공급하기 위해 파리 변두리 지역을 중심으로 대규모 개발사업을 벌이다 보니 개발구역 안에서는 역사유적 등 그 땅이 지닌 역사성과 정체성이 간과되었다. 역사적 가치가 있는 건물이라도 개발구역으로 편입되면 가차 없이 헐리는 상황에 대한 반작용으로 개발사업이 한창이던 1962년에 역사유적을 보존하고 복원을 촉진하는 '앙드레말로(André Malraux)법'[206]이 제정되는 변화가 있었다.

그 출발은 '레알(Les Halles)' 프로젝트였다. 1850년대 나폴레옹 3세에 의해 파리 시내 한복판에 지어진 열두 동짜리 시장건물은 건축가 Victor Baltard(1805-1874)의 이름을 따 'Pavillon Baltard'라 불렸다. 철과 유리로 지은 건물은 당시 새로운 건축재료로 부상한 철골구조에 장식적인 요소가 충분히 반영된 절충주의 건축의 걸작으로 꼽힌다. 이 시장은 파리

205) 오늘날 스타 건축가로 꼽히는 프랑스 건축가 Christian de Portzamparc과 Jean Nouvel은 모두 이 공모전으로 데뷔했다.

206) 통상 프랑스는 법을 발의한 제안자의 이름을 붙이는 관행이 있다. André Malraux(1901-1976)는 작가이자 정치인으로 1959년부터 1969년까지 문화부 장관을 지냈다.

시민의 먹거리를 책임지는 중요시설로 자리매김했으나, 자동차 등장과 함께 교통이 시장으로 집중하면서 1950년대 들어 시장을 이전하는 정책이 추진되었고 파리로부터 40km 떨어진 Rungis로 이전하는 계획이 확정되었다.

1969년 시장건물이 철거되기 시작하자 대대적인 반대운동이 일었다. 문화예술계뿐만 아니라 정치인도 합류하면서 이 사건은 19세기 건축유산에 대한 인식 제고와 개발방식에 관한 생각을 바꾸는 전환점으로 기록된다. 비록 이러한 움직임이 'Les Halles' 재개발사업을 중단시키지는 못했으나, 대중여론을 환기하고 독단적으로 결정하던 도시개발방식에 대한 공공의 태도 변화를 이끄는 계기가 되었다.

건축계의 대대적인 보존운동에도 불구하고 'Pavillon Baltard'는 철거되고 말았지만, 후속 '오르세(Orsay) 미술관' 프로젝트에 영향을 끼쳤다. 철도역사였던 이 건물은 1970년까지만 해도 철거와 그 자리에 현대식 호텔을 세우는 계획이 확정되었었다. 'Pavillon Baltard' 철거 반대운동의 여파로 1971년 호텔신축 건축허가가 취소되고 미술관으로 개조하는 현상설계가 진행되었다. 또한, 1977년 제정된 '건축법'으로 '건축은 문화적 표현의 하나로써 창작, 건축의 질, 주변환경과의 조화, 자연 및 도시환경과 역사유적의 존중은 공익이다.'[207]를 명문화하는 제도적 변화를 이끌었다.

그림 199 철거 전 Pavillon Baltard

그림 200 Orsay 미술관

5) 대형 프로젝트 시대

건축 규모가 갖는 거대함과 위상의 중대함으로 말미암아 국가 또는 정부 차원으로 추진하는 대형 건축사업을 'Grands projets'라 불렀다. 과거 통치자가 권위를 드러내고 업적을 자랑할 목적으로 거대한 건축사업을 벌였던 것처럼 현대에도 권력 당국은 집권 성과의 상징적 결과물로 위대한 건물을 남기고 싶어 한다.

207) La loi sur l'architecture, Act. 1.(건축법 제1장 제1조 건축의 정의)

제2차 세계대전 후 제5공화국[208] 대통령으로 취임한 Charles de Gaulle(1890- 1970) 대통령은 당면한 재건사업과 국가 위상을 높이기 위한 목적으로 원자력과 신도시 개발에만 몰두했다. 뒤를 이어 대통령이 된 Georges Pompidou(1911-1974)는 고색창연한 파리 중심에 현대적 '퐁피두센터(Centre Pompidou)'를 세워 자신의 이름을 남겼다. 설계공모로 진행된 프로젝트였음에도 불구하고 현대미술 애호가였던 대통령의 취향이 공모안을 뽑는 데 결정적인 영향을 끼친 것으로 알려져 있다. 심사위원들이 프로젝트를 최종 승인하게 될 대통령의 선호를 살폈다는 얘기다. 다음 대통령 Valery Giscard d'Estaing(1926- 2020)은 고전적 취향이었다고 알려져 있는데 '레알(Les Halles)' 프로젝트 진행 당시 역사주의 포스트모던 건축가 Ricardo Bofill(1939-2022)을 적극적으로 응원했으나, 실질적 건축주가 되는 파리시장의 결정 권한을 넘을 수는 없었다. François Mitterrand(1916-1996)은 적극적으로 'Grands projets' 사업을 일으킨 대통령으로 평가한다. 전임 대통령이 시작한 '과학기술관'의 중요한 변경을 주도했고[209] 1983년 '아랍문화원', 'Grande Arche de la Défense', 'Bercy 재무부청사', 'Grand Louvre', 'La Villette 공원'에 이어 1985년 'Cité de la Musique', 'Opéra Bastilles', 1991년 'BNF 도서관'에 이르기까지 굵직한 프로젝트들을 성사시켰다. 미니멀한 형태를 선호한 것으로 알려진 그는 당선된 프로젝트들도 비슷한 결과물들을 만들었다. François Mitterrand 대통령 집권 시기 실현한 대형 프로젝트들은 1990년대 프랑스 현대건축이 세계적으로 알려지는 데 결정적인 역할을 했고, 다른 나라에서도 대통령이 건축사업으로 자신의 업적을 홍보할 뿐만 아니라 건축물이 국가 또는 도시마케팅 수단으로 활용되는 계기를 만들었다.

<표 8> 프랑스 역대 대통령과 대형 프로젝트

대통령	건축사업
Georges Pompidou(1969-1974)	Centre Pompidou
Valéry Giscard d'Estaing(1974-1981)	Orsay 미술관
François Mitterrand(1981-1995)	과학기술관, 아랍문화원, Grande Arche de la Défense, Bercy 재무부청사, Grand Louvre, La Villette공원, Cité de la Musique, Opéra Bastilles, BNF 도서관
Jaques Chirac(1995-2007)	Branly 미술관

208) 1958년 10월 5일부터 현재까지 군림하는 프랑스 정치체제로 강력한 대통령제를 기반으로 하원과 상원의 의회로 구성된 이원 정부체제를 말한다.

209) 'La Villette 공원'에 지어진 '과학기술관(Cité des sciences et de l'industrie)'의 핵심은 'La Géode'라 명명된 구형 'Omnimax 극장'이었는데 Valery Giscard d'Estaing 대통령이 흉물스럽다고 건물 내부로 옮기도록 설계변경을 지시했다가 François Mitterrand 대통령이 이를 다시 건물에서 빼내어 원래 위치로 옮기도록 변경했다.

2. 도시환경미술정책

1) 도시미화운동(City Beautiful Movement)

1889년 오스트리아 건축가 Camillo Sitte(1843-1903)는 'City Planning According to Artistic Principles'라는 책을 출간했다. 도시공간에서 불규칙한 도시구조, 넓은 광장, 예술적 기념물이 중요하다고 강조했는데 이후 건축과 도시 분야에서 큰 반향을 일으켰다. 당시 유럽이 산업도시를 지향하며 대규모 개발에 몰두하고 있던 상황에서 도시공간에서 느끼는 미적 경험이 도시계획의 주요한 관점이 되어야 함을 역설한 것이다. 이 책은 이탈리아와 옛 독일 도시들의 공간구조를 바람직한 참고모델로 제시했고 독일어권 건축가들에게 큰 공감을 불러일으켰다. 영·미권에는 1945년 번역 출간되어 전원도시 Letchworth를 계획한 Raymond Unwin(1863-1940)의 작업에 영향을 주었고 1960년대 포스트 모더니스트들에 의해 재조명되기도 했다.

Christopher Columbus(1450-1506)의 아메리카 대륙 발견 400주년을 기념한다는 명분으로 1893년 미국 시카고에서 만국박람회가 열렸다. 1871년에 있었던 '시카고 대화재'의 폐허로부터 회복했음을 세상에 알리고자 한 의도로 행사를 기획했는데, 이 기회로 도시를 아름답게 재구성한다는 정책이 추진되었다. 건축가 Daniel Burnham(1846- 1912)이 총괄하고 조경가 Frederick Law Olmsted(1822-1903)[210]가 공원 설계를 맡았다. 박람회 개최를 계기로 도심에 오픈스페이스를 확보하면서 공공건축을 중심으로 도심부를 계획적으로 개발하는 '도시미화운동'이 이때부터 시작되었다.

유사한 토지기능을 통합하고 위계를 부여해 효율적인 도심을 조성하면서도 건물로 마을의 경관적 정체성을 표현하며 산업시설과 마천루로 랜드마크를 설정하면서 오픈스페이스와 거리로 통경축과 시각 초점을 구성하는 전략이 도시미화운동의 핵심이다. Daniel Burnham이 만든 계획요소와 목표는 이후 다른 도시들에서 도시경관을 형성하는 계획기법으로 널리 사용되었다. 1960년대에는 쇠퇴와 인구감소를 경험하던 미국 도시들이 도시공간을 장식하고자 기업의 후원을 받아 박물관과 미술관에만 존재했던 조형물들을 공공공간으로 끌어내는 '환경미술운동'으로 발전했다.

---

210) Frederick Law Olmsted는 경관이 사람의 심성에 좋은 영향을 끼친다는 신념을 갖고 있었으며 뉴욕 센트럴 파크 조성 당시 그 필요성을 언급하면서 '지금 이곳에 공원을 만들지 않는다면 100년 후에는 이 넓이의 정신병원이 필요할 것이다.'라는 말을 남긴 것으로 유명하다.

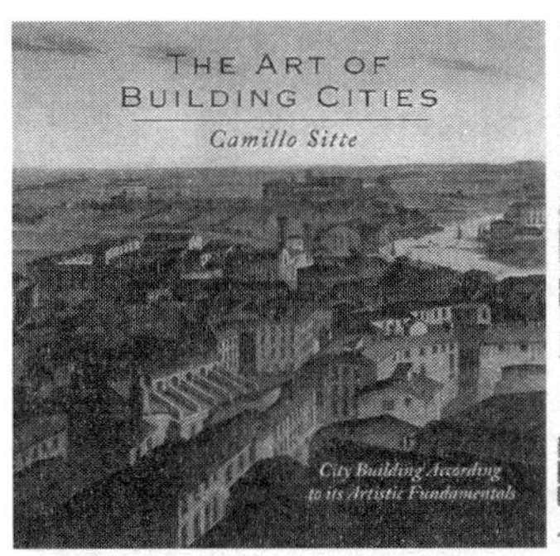

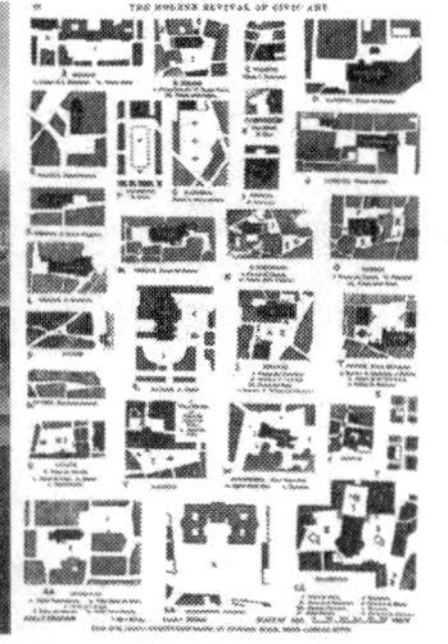

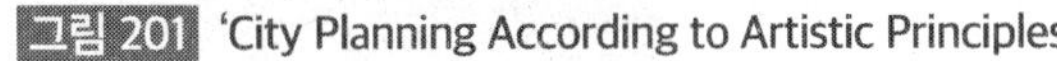
그림 201 'City Planning According to Artistic Principles

그림 202 Chicago World's Columbian Exposition

2) 1% 법

도시공간에 미술장식품을 설치해 아름답게 꾸미는 환경미술 정책으로 널리 알려진 '1% 법'은 프랑스에서 처음 시작되었다. 1936년에 발의된 이 법은 제1차 세계대전 이후 늘어난 전쟁기념물 제작에 종사하던 조각가들이 점차 일거리가 줄어듦에 따라 생계보장을 요구하던 상황에서 급진좌파 정권이었던 '인민전선(Front populaire)'[211]이 집권하면서 가시화되었다. 그러나 의회 문턱을 넘지 못하고 사문화되었다가 1951년 교육부가 학생들의 정서함양을 도모한다는 명분으로 모든 중·고등학교와 대학교 건물 신축에 1%의 공사비를 미술작품 설치에 쓰도록 제도화함으로써 공식적으로 의무화가 가능해졌다. 이 법은 1960년부터 체육시설과 사회교육시설, 1972년부터는 국방부시설, 1981년부터는 모든 정부시설에 적용되었다. 1983년부터는 지방자치제 시행에 따라 지방정부에 적용되었으며 1996년부터는 고속도로에도 의무화되었다.

'1% 법'은 미술장식품이 건축물 신축 시 함께 설치될 수 있도록 제도적으로 보장함으로써 초기 계획단계부터 미술작품이 건축물에 포함되도록 하는 일을 건축주가 책임지도록 해 오늘에 이르고 있다. '1% 법'은 도시공간에서 시민이 쉽게 미술작품과 접촉할 수 있는 제도적 기반을 만들었으며 우리나라를 비롯한 세계 여러 나라에서 도시환경 개선 관련 기본정책으로 운용되는 데에 큰 영향을 끼쳤다.

'1% 법'은 애초부터 공적 기능을 하는 미술장식품 설치를 사유재산에 의존한다는 한계를 갖고 출발했다. 처음 의도 자체도 도시환경을 아름답게 꾸민다는 목표보다는 예술가들 실업 대책의 하나로 시작되었다는 사실도 특기할 만하다. 이는 미국에서 1930년대 대공황의

---

211) 1930년대 유럽을 휩쓴 좌파 사회주의는 독일에서 사민당과 공산당이 득세하게 만들어 히틀러의 등장을 불렀고 스페인에서는 1936년 인민전선이 선거에서 이기면서 '스페인 내전'으로 이어졌다.

여파로 실직한 예술가들에게 일자리를 제공하려 환경미술 설치를 지원한 정책과도 일맥상통한다. 살림살이가 넉넉지 않았던 정부가 독자적인 예산을 편성하지 못하고 환경미술을 민간의 건축공사비에 포함하도록 함에 따라 건축공사에 종속되는 한계를 가지게 되었다. 어찌 되었든, '1% 법'을 계기로 도시공간을 아름답게 꾸미고 시민에게 예술적 감수성을 고무했다는 차원에서 긍정적 효과가 크다.

그림 203 'Familistère'를 지키는 병사

그림 204 학교에 설치된 환경미술(Maurice Calka)

3) 프랑스 신도시와 환경미술

도시를 채운 건축만이 아닌 비워진 공간과 환경시설물 등 물리적 구성인자의 총체적 합으로 파악하려는 노력은 1960년대 미국을 비롯한 유럽 여러 나라에서 전개된 포스트모더니즘 논쟁의 핵심 주제 중 하나였다. 이 시기는 Le Corbusier가 주축이 된 근대건축가 1세대의 교조적 'CIAM(근대건축국제연맹)운동'이 비판을 받으면서 대안과 다양성을 주장하는 후배 그룹 'Team X'의 활동이 반향을 일으키던 때였다.

모더니즘 도시의 삭막함에 대한 비판과 대안을 마련해야 한다는 분위기 속에서 계획된 프랑스 신도시는 도시를 구성하는 모든 요소를 통합적으로 기획하고 관리하고자 하는 강한 정책적 의지가 반영되었다. 환경미술 분야에서도 신도시는 새로운 시도와 실험으로 괄목할 만한 변화와 성과를 이끌었는데, 삶의 질 제고와 도시경관에 관한 사회적 관심이 다양한 정책수단을 동원케 했고 이에 조응하는 예술문화적 참여가 더해져 더 나은 도시환경을 만드는데 모범적인 본보기로 역할하고자 했다.

1960년대 중반부터 기획해 1969년 본격적인 건설을 시작한 프랑스 신도시는 다방면에 걸쳐 새로운 실험적 정책을 추진할 기회를 제공했다. '1% 법'을 근간으로 하던 환경미술 정책도 신도시 건설과정 중 다양한 차원으로 발전했다. 정부는 환경미술을 '1%법'이라는 사적 영역에만 맡기지 않고 '문화지원기금' 조성 등 다양한 정책적 지원을 적극적으로 펼침으로써 변화를 이끌었다. 이때 도시계획가, 건축가, 예술가, 사회학자 등 도시를 만드는 여러 분야 전문가가 참여하는 협업방식이 자리 잡았을 뿐만 아니라 환경미술 관련한 활동이 문화현상 전반으로 확산하였다.

그 결과, 1970년대와 1980년대는 프랑스에서 예술작품과 공공공간과의 관계설정에 전례없이 획기적인 성장이 있었다고 평가되는 시기이다. 신도시 건설이라는 호재를 이용해 도시 삶의 질 향상이라는 목표를 달성하기 위한 수단으로서 정책담당자 뿐만 아니라 건축가 등 이해 당사자가 혁신적 시도에 적극적으로 참여하였다. 1983년 중앙정부로부터 신도시 건설 책임을 물려받은 지자체는 환경미술 정책이 도시마케팅 차원에서도 실효성 있는 수단이라 판단하고 지속해서 환경미술을 지원하게 된다.

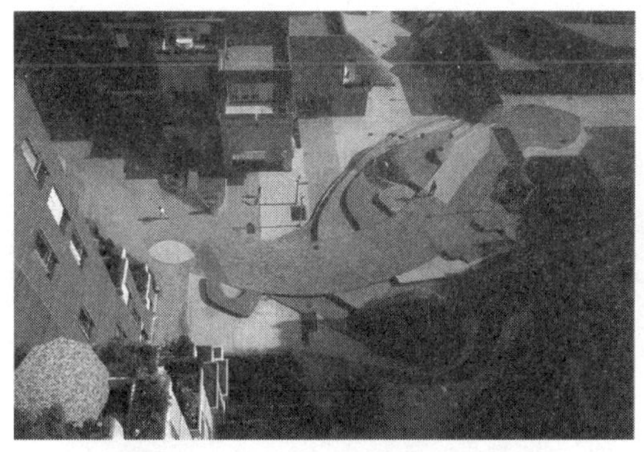

그림 205 Evry 신도시에 설치된 환경미술
(L'Alée du Dragon / Yvette Vincent-Alleaume)

그림 206 Cergy-Pontoise 신도시에 설치된 환경미술
(L'Axe Majeur / Dani Karavan)

4) 우리나라 환경미술

우리나라도 '1% 법'이 바탕을 이뤄 1972년 '문화예술진흥법' 제정으로 '건축물에 대한 미술장식'[212]이 권장 사항으로 등장했다가 1995년 개정된 법률로 의무화되었다. 연면적 10,000m^2 이상 건축물을 신축하거나 증축할 경우 건축비의 1% 범위에서 규모별로 미술장식품을 설치해야 한다는 내용이다.[213] 2000년부터는 건축비의 상한을 0.7%로 완화해 적용하고 있으며 2011년 개정된 법은 건축주가 미술작품을 직접 설치하거나 문화예술진흥기금을 출연할 수 있는 '선택적 기금제' 방식을 가능하게 했다. 공공은 이 기금으로 지역 공공미술사업 활성화를 지원할 수 있게 되었다.

212) 처마높이 13m 이상이거나 연건평 3,000m^2 이상인 건축물 중 사무소, 학교, 병원, 공연장, 집회장, 체육관, 호텔, 백화점에 대해 건축비용의 1% 이상에 해당하는 금액을 회화나 조각 등의 미술장식에 사용하도록 권장한다.

213) 문화예술진흥법 제9조(건축물에 대한 미술작품의 설치 등), 시행령 제12조(건축물에 대한 미술작품의 설치)

'1% 법'에 관해선 여러 평가가 있다. 작가들에게 일거리를 제공하고 대중에게는 문화적 소양을 높일 기회를 만들어준다는 의미에서 공적 기능을 담당해왔다고 할 수 있다. 굳이 미술관을 방문하지 않아도 거리에서 유명 작가의 작품을 쉽게 마주할 수 있고 건축주는 기업 또는 자신의 긍정적 이미지를 돋보이려고 좋은 작품을 설치하려 애쓰는 점 등은 긍정적인 평가이다. 반면, 리베이트 문제와 심사과정의 불공정 논란 등은 제도를 폐지해야 한다는 주장까지 나오게 했다. 작품을 여전히 사적 소유물로 여기는 건축주의 인식과 건물을 장식하는 요소 정도로만 치부하는 몰이해, 주변환경과 어울리지 않는 조형물 등은 여전한 문제로 거론되고 있다.

대부분 문화선진국이 환경미술을 건축과 도시공간을 통합적으로 보는 관점에서 다루고 있지만, 우리나라는 아직도 건축물 미술장식품 제도와 지자체 단위 '컬처노믹스' 차원의 공공미술정책이 개별적으로 추진되고 있어서 종합적 환경예술이 자리를 잡지 못하고 있다는 지적도 있다.[214] 도시계획가, 조경가, 건축가, 환경미술작가 사이에서 누가 주도하는 것이 바람직한가에 대한 논란도 있다. 건물이 놓일 장소에 대한 다학제적인 분석을 바탕으로 공간 정체성 설정에 관한 공통된 인식을 공유하고 예술성과 공공성을 지닌 좋은 작품을 설치하도록 협력해야 하는 과제가 남아 있다. '1% 법'의 사적 영역에만 머물지 말고 '선택적 기금제'를 활성화하거나 공적 기금을 확대해 공공성을 담보할 수 있는 운영방식으로 개선할 필요도 있다.

그림 207 교육부 청사에 설치한 환경미술 작품

그림 208 공주 중장리에 설치한 환경미술 작품

214) 원제무, '도시맥락에서 공공예술·디자인의 역사적 고찰', 국토계획, v.45, n.2, 2010, p.306

5) 경관 관리

공공이 운용하는 각종 제도는 일정 정도 개별적인 자유를 통제하면서 바람직한 방향이라고 설정한 지향점을 유도한다. 그것이 공공의 이익에 부합한다고 믿기 때문이다. 역사적으로 가치가 있어서 보존하거나 특별히 아름답게 가꿀 필요가 있다고 판단되는 지역에 대해 공공은 일정 정도 개발행위를 제한하는데, 이를 역사지구, 미관지구, 고도지구 등의 제도로 관리했다. 우리나라는 일제강점기인 1930년대에 '풍치지구'란 이름으로 관련 제도를 시작한 이래 이름을 바꿔 '미관지구'로 경관을 관리해왔다. '미관지구'는 1962년 건축법 제정 당시 지방자치단체의 조례로 정한 기준을 따르도록 하여 지역마다 특성에 맞는 제도를 운용하도록 했다. '미관지구' 등이 포함됐던 용도·지구 제도는 건축법으로 관리하다가 2003년 '국토의 계획 및 이용에 관한 법률'이 제정되면서 이 법에 편입되었고 2018년부터는 '경관지구'로 통합되었다.

2007년 '국토의 경관을 체계적으로 관리하기 위해 경관의 보전 · 관리 및 형성에 필요한 사항을 정함으로써 아름답고 쾌적하며 지역 특성이 나타나는 국토환경과 지역 환경을 조성하는 데 이바지함을 목적으로' 경관법을 제정하였고, 2014년부터는 국가가 '경관정책기본계획'을 5년마다 수립하고 인구 10만 명 단위 지자체마다 경관계획을 수립하도록 의무화했다. 경관의 한 요소라 할 수 있는 공공디자인 관련해서는 2016년 제정한 '공공디자인의 진흥에 관한 법률'이 공공디자인 진흥을 국가와 지방자치단체의 책무로 규정하고 필요한 계획과 위원회를 설치하여 운용하도록 하고 있다.

개발과 공급 위주로 단기간에 건설됐던 우리나라 도시들도 2000년대 이후 삶의 질과 도시경관에 대한 사회적 관심이 증대하면서 여러 발전적인 제도를 운용하고 있다. 행정중심복합도시건설청에서 운영하는 총괄계획가 제도와 여러 지방자치단체에서 도입하고 있는 경관위원회 등은 도시경관을 향상하려는 노력의 결과로 평가한다. 지역마다 경관기본계획을 작성하여 그 지역 특유의 경관 이미지를 만들기 위해서도 노력하고 있다. 지역 경관은 관광객 유입으로 이어져 지역경제 활성화를 위해서도 유용한 자원이 된다고 생각하기 때문인데 이를 '장소마케팅' 등의 이름으로 부르고 있다.

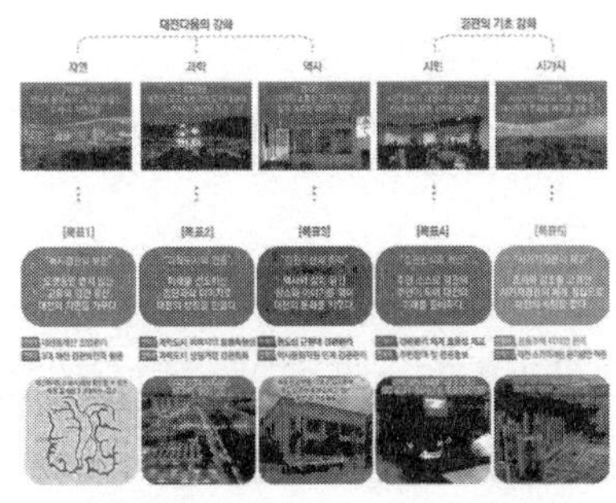

그림 209 대전광역시 경관기본계획

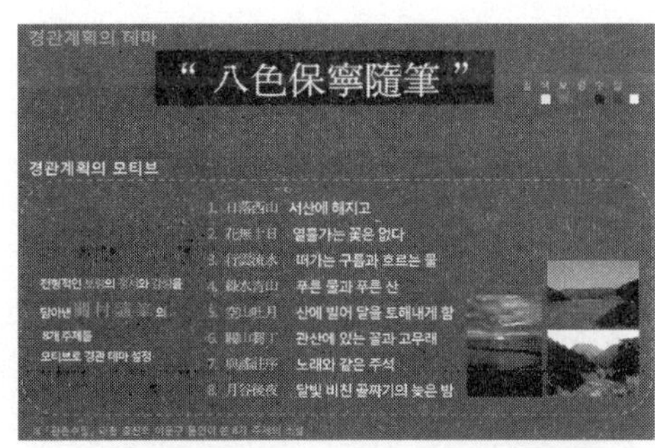

그림 210 충남 보령시 경관기본계획

6) 도시마케팅

스페인 바스크 지방에 속하는 빌바오는 1970년대까지만 하더라도 철강산업을 기반으로 공업도시로서의 면모를 갖추면서 '영광의 30년'을 주도하던 번성하는 도시였으나, 우리나라 포항을 비롯한 후발 철강산업도시가 추격하자 서서히 쇠퇴일로를 걷고 있었다. 1990년대 들어 구겐하임재단[215]이 유럽에 미술관 건립을 추진한다는 소식을 접하자 빌바오는 도시를 문화예술 중심으로 살릴 기회라 판단하고 미술관 유치를 위해 애썼다. 당시, 이탈리아 로마와 프랑스 파리 등이 대상지로 유력하게 검토되는 상황에서 예술과 관련해 불모지랄 수밖에 없었던 빌바오의 도전은 가히 모험적이었다.

빌바오는 파격적인 지원책을 내걸어 미술관 유치에 성공하고 구겐하임 재단은 건축가로 Frank Gehry(1929-)를 지명해 1997년 티타늄이란 새로운 재료에 유선형의 독특한 건물을 완성했다. 미술관은 대대적인 성공을 거둬 처음 3년 동안 400만 명의 관광객이 미술관을 방문해 5억 유로의 경제효과를 창출했다.[216] 미술관 건립은 요식업과 숙박업의 동반성장과 함께 문화예술 전반으로 도시를 재편하는 기회를 제공했는데, 이를 두고 'Bilbao Effect'라는 용어가 만들어지기도 했다.

건축물이 도시의 랜드마크를 형성하고 이를 보기 위해 관광객이 몰리며 늘어난 유입 인구가 관련 산업을 동반 성장시키는 일련의 효과를 위해 정책적으로 애쓰는 일을 '도시마케팅' 또는 '장소마케팅'이라 부른다. 세계가 지구촌이 되어 관광산업 비중이 늘어남에 따라 점점 더 도시는 랜드마크로 건물을 세우고 경쟁력 있는 콘텐츠를 갖춰 홍보하려 노력한다. 호주 Sydney가 'Opera House'로 유명해졌듯이 런던, 싱가포르, 홍콩 등의 도시들도 앞을 다투어 건축으로 도시를 알리고 관광객을 유치하고자 열을 올리고 있다. 도시가 그 만의 대표 이미지를 만드는 일은 도시 간 경쟁 시대의 도시마케팅 전략을 위해서도 중요하다. 고유한 역사와 문화자원 발굴로 지역 정체성을 확립할 필요가 있으며 주민들에게는 애향심을 불러일으킴으로써 주민통합에도 이바지한다. 이를 위해 건축과 도시환경은 필수 요소로 역할 한다.

---

215) 유대인 가문 출신 Solomon R. Guggenheim(1861-1949)은 미술품 수집 취미로 유명한데, 제2차 세계대전 기간 중 나치의 박해를 피해 유럽을 탈출하는 예술가들로부터 작품을 대량으로 구매함으로써 강력한 미술재단을 형성했다.

216) https://en.wikipedia.org/wiki/Guggenheim_Museum_Bilbao

그림 211 빌바오 구겐하임 미술관

그림 212 시드니 오페라하우스

3. 건축문화 지원체계

1) 지역 건축문화정책

개발시대엔 국가가 나서서 전반적인 건축문화정책을 이끌었는데 지방자치제도 시행과 함께 지역 단위로 정책이 다양화하는 추세이다. 하나의 국가라 하더라도 지역마다 고유의 문화와 정체성을 간직하기 때문에 이를 인정하고 반영한 결과다. 지역문화는 강력한 근대국가를 표방하는 과정에서 다소 홀대를 받았으나, 획일적 문화와 중앙집권적 정책의 한계를 경험하면서 지역 단위 정책추진으로 전환하고 있다.

프랑스는 1978년 건축법에 기반을 두고 지역 단위 건축문화정책을 지원할 '건축도시환경위원회(CAUE; Conseils d'Architecture, d'Urbanisme et de l'Environnement)'를 발족시켰다. 건축, 도시, 환경 분야 관련 인식을 높이는 정보를 제공하고 공공이 관여하는 사업에 참여하는 발주처와 공무원의 역량을 계발하는 데 직간접적으로 이바지하며 건축사에게 의뢰하기 전 건축주에게 건축의 질 향상과 관련한 정보와 자문을 제공하는 임무를 수행한다.[217]

우리나라도 건축법시행령에서 정한 '지방건축위원회'[218]와 별도로 2008년부터 건축기본법에서 정한 '지역건축위원회'를 운영하고 있다. 지방건축위원회가 건축조례로 정한 건축물의 계획, 구조 및 설비 등에 대한 사항을 심의하는 것에 비해, 지역건축위원회는 '해당 지역의 지역건축기본계획 수립·시행에 관한 사항', '해당 지역의 건축행정 개선에 관한 사항', '건축문화 기반조성을 위한 사업 및 활동에 대한 사항' 등에 관한 사무를 처리하도록 규정하

217) https://www.fncaue.com/quest-ce-qu-un-caue/

218) 건축법시행령 제5조의5(지방건축위원회)

고 있다.[219] 2014년 제정한 '건축서비스산업 진흥법'은 건축서비스산업 진흥을 위한 국가와 지방자치단체의 책무를 강조하면서 공공건축 사업의 건축기획에 관한 사항을 심의하거나 자문 등을 위해 공공기관에 '공공건축심의위원회'[220]를 두도록 하고 있다. 또한, 건축기획 업무, 공공건축 사업계획서에 대한 사전검토, 각종 자문 업무를 수행하기 위한 '공공건축지원센터'도 운영한다.[221] 이러한 일련의 변화는 건축을 문화로 인식하고 질을 높이기 위한 정책적 의지이자 제도적 기반이라 볼 수 있다.

<표 9> 지역 건축문화 지원기구

	지방건축위원회	지역건축위원회	공공건축심의위원회	공공건축지원센터
근거	건축법시행령	건축기본법	건축서비스산업진흥법	건축서비스산업진흥법
역할	건축선 지정 조례 제정/개정 구조안전 건축심의	건축기본계획 수립 건축행정 개선 건축문화 기반조성	공공건축 심의	공공건축 자문 공공기관 관계자 교육 공공건축 DB 구축

2) 조정건축가, 총괄건축가

도시의 큰 영역을 다룰 때 한 사람에게만 맡겨 마스터플랜을 작성하게 하면 통일된 도시 개념이 만들어지지만, 획일적 디자인으로 도시가 단조롭고 매력이 떨어질 수 있다. 반면, 개별 블록 모두를 제한 없이 각각의 건축가에게 맡긴다면 조화롭지 못하고 혼란스러운 경관이 연출될 수도 있다. 선진국들은 전체적인 틀을 만든 후 각 블록의 건축가는 가이드라인을 준수하는 범위 안에서 설계하는 방식을 채택해서 운영하고 있다. 이 과정에서 조정자 역할을 하는 건축가를 '조정건축가(Coordinator Architect)'라 불렀다.

우리나라도 2002년 서울시 뉴타운사업을 진행하면서 'M.A(Master Architect)'라는 이름으로 새로운 단지 설계방식을 시도했다. 기존의 법적, 제도적 장치로 실현하기 어려운 혁신을 새로운 운영시스템으로 달성하고자 하는 의도였다. M.A제도는 곧 M.A가 전체 단지에 대한 마스터플랜과 디자인 가이드라인을 작성하면, 'B.A(Block Architect)'가 이를 이어받아 각 블록에 대해 구체적인 설계를 진행하는 시스템으로 발전했다. 이런 과정을 거쳐 현재 '총괄계획가', '총괄건축가' 제도를 운용하고 있다.

---

219) 건축기본법 제19조(지역건축위원회의 기능)

220) 건축서비스산업 진흥법 제22조의3(공공건축심의위원회)

221) 건축서비스산업 진흥법 제24조(공공건축지원센터)

'총괄건축가'는 '행정구역과 사업구역의 공간정책 및 전략 수립에 대한 자문 또는 주요사업에 대한 총괄·조정 등 건축·도시 디자인의 경쟁력 강화와 관련한 업무를 수행하는 민간전문가[222]'라고 규정한다. 총괄건축가는 '건축 및 공간환경 관련 정책 검토 및 방향 제시', '건축 및 공간환경 관련 주요사업의 추진·운영·관리방안 등에 대한 자문·조정', '다수의 사업자 또는 설계자들이 참여하는 대규모 개발사업의 건축 및 공간환경 관련 업무에 대한 총괄·조정 및 관리', '건축 및 공간환경 사업 유형별 디자인 기준의 설정·운영', '공공건축가 관련 정책·사업의 총괄·자문', '건축문화 진흥을 위하여 필요한 행사 및 교육의 기획 및 지원', '관계 법령이나 기준 등에 중앙행정기관의 장, 시·도지사 또는 시장·군수·구청장의 역할로 규정된 업무 지원' 등을 수행한다.[223]

행복도시건설청은 세종시를 계획하는 과정에서 전체 도시계획을 총괄하는 총괄계획가로 하여금 '총괄조정체계'를 대표하도록 하면서 블록별 계획에 관해서는 총괄건축가를 임명해 계획을 책임지도록 하는 운영방식을 2007년부터 시행했다.

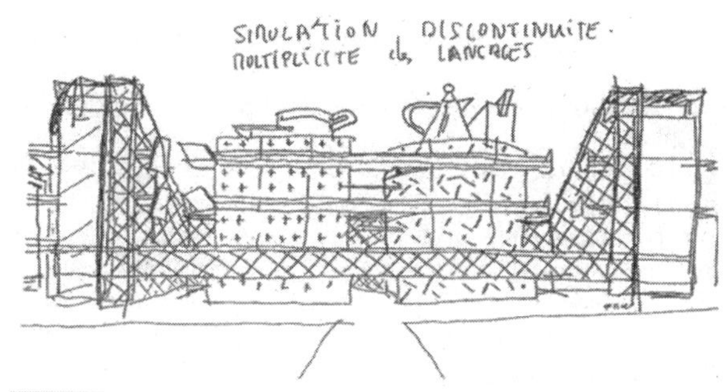

그림 213 파리 Bercy 지구 총괄계획안

그림 214 파리 Bercy 지구 실현된 프로젝트

3) 공공건축가, 마을건축가

2008년 건축문화를 진흥할 목적으로 '건축기본법'을 제정했다. 이에 따라 '중앙행정기관과 지방자치단체의 장은 건축 관련 민원, 설계공모 업무나 도시개발 사업 등을 시행할 때 민간전문가를 위촉해 해당 업무의 일부를 진행·조정하게 할 수 있도록 하면서'[224] 공공건축가 제도를 도입하였다. 전문성이 부족한 공무원을 대신해 민간전문가가 도시공간과 건축문화 향상에 참여하게 한다는 목표로 만들어진 제도이다. 권위주의적 행정시스템에서 민

222) 공공부문 건축디자인 업무기준 제2조(용어의 정의)

223) 공공부문 건축디자인 업무기준 제6조(총괄·공공건축가의 역할 등)

224) 건축기본법 제23조(민간전문가의 참여)

간이 참여하는 거버넌스 방식으로 바뀐 것이다.

공공건축가란 '개별 건축사업에 대하여 기획에서부터 설계, 시공 및 유지관리에 이르는 전 과정에 걸쳐 계획의 일관성을 유지할 수 있도록 관리하는 민간전문가'[225]를 말한다. 공공건축가는 '건축 및 공간환경 관련 사업의 기획 및 설계에 대한 조정 및 자문', '건축 및 공간환경 관련 사업의 기획 참여', '소규모 건축 및 공간환경 관련 사업의 설계 참여', '그밖에 건축 및 공간환경 관련 사업의 전 과정에 걸쳐 계획의 일관성을 유지하기 위한 업무 등의 조정 및 자문' 업무를 수행한다.[226] 공공건축가는 대부분 선진국에서 운영하는 제도로 행정과 민간 사이에서 지원역할을 수행할 뿐만 아니라 공공 프로젝트를 개발하는 주체적 역할도 담당하고 있다. 2009년 경북 영주시가 우리나라 최초로 공공건축가 제도를 도입한 이후로 2012년부터는 서울시에서도 운용하고 있으며 차츰 지방 도시들로 확산하였다.

'공공건축가'와 별도로 '마을건축가' 제도도 있다. '공공건축가'의 업무가 건축기본법이 정한 공공건축물의 기획, 설계와 자문 등에 국한됨에 따라 마을단위 건축·공간환경 관련 자문과 정책사업을 발굴하고 지역 커뮤니티 향상 및 건축문화 진흥에 관한 교육을 담당할 전문가를 위촉해 좀 더 주민 가까이에서 공적 지원역할을 담당하게 한다는 목표이다. 서울시는 2018년 지역 특성을 반영한 계획수립 및 장소 중심의 통합적 지원을 목표로 '마을건축가'[227]제도를 도입하였다. '마을건축가'는 '주민협의체' 등 주민자치조직 회의에 참석해 환경과 도시공간을 개선하는 데 필요한 자문을 제공하고 실행을 위한 프로젝트를 만드는 데 실질적인 역할을 담당할 것으로 기대한다.

<표 10> 공공건축가와 마을건축가 비교

	공공건축가	마을건축가
근거	건축기본법, 공공부문 건축디자인 업무기준	지자체 조례
배경	공공건축의 질 향상	마을공동체 활성화, 전문성 강화, 맞춤정보 제공
역할	공공건축 기획, 설계, 자문, 업무 조정	마을단위 생활환경 개선, 주민의견 수렴, 사업지원
활동 범위	시/도/군/구 행정단위	마을 단위

225) 공공부문 건축디자인 업무기준 제2조(용어의 정의)

226) 공공부문 건축디자인 업무기준 제6조(총괄·공공건축가의 역할 등)

227) 서울특별시 건축기본조례 시행규칙 제6조(공공건축가 및 마을건축가의 모집 방법), 제7조(공공건축구 및 마을건축가의 행정 지원)

4. 도시재생

1) 배경과 내용

도시를 만드는 근본적 출발은 사람이 살 공간을 만드는 일이다. 특정한 땅에 정착해 마을을 이뤄 살다 보면 인구가 늘어 도시로 성장하고 만들어진 도시는 확장을 거듭하다가 한계에 이르면 새로운 땅을 개척해 신도시를 건설하는 역사를 반복해왔다. 산업사회 고도성장기에 인구의 폭발적인 증가가 신도시를 개척하는 일에 몰두하게 했다면, 인구와 경제성장이 멈추고 점점 쇠퇴해가는 도시를 유지하고 살려내야 할 필요가 생기면서 도시재생이 대부분 선진국에서 사회적 화두로 등장했다.

제2차 세계대전 여파로 재건사업이 국가적 과제로 등장한 1945년경부터 유럽은 고도 경제성장을 배경으로 '영광의 30년'을 구가하다가 '제4차 중동전쟁'으로 촉발된 '석유파동'과 연쇄적으로 발생한 부동산 경기침체가 시작되면서 성장을 멈췄다. 인구 증가도 한계에 달해 더는 도시로 몰리는 인구를 수용하느라 애쓸 필요도 없어졌다. 게다가 도시의 공간구조도 현대적으로 재편할 필요도 생겼다. 철도가 담당하던 물류 운송 기능을 항공과 자동차가 대체하면서 거대한 철도 용지가 필요 없어졌고, 대형시장도 도심 교통집중을 피하고자 외곽으로 이전했다. 삶의 질을 강조하는 생활양식은 주거공간의 변형을 요구했다. 이런 배경에서 도시재생이 정책적 우선 과제로 떠오른 것이다.

'도시재생'이란 인구의 감소, 산업구조의 변화, 도시의 무분별한 확장, 주거환경의 노후화 등으로 쇠퇴하는 도시를 지역 역량의 강화, 새로운 기능의 도입·창출 및 지역자원의 활용을 통하여 경제적, 사회적, 물리적, 환경적으로 활성화하는 것이라고 정의한다.[228] 우리나라에서 2000년대부터 시작된 도시재생에 관한 논의는 2013년 '도시재생법' 제정으로 이어졌고, 2017년부터는 국정과제 '도시재생 뉴딜사업'이란 이름으로 대상 지역 특성과 사업 규모에 따라 '우리동네 살리기(소규모 주거)', '주거지원형(주거)', '일반근린형(준주거)', '중심시가지형(상업)', '경제기반형(산업)'의 5가지 유형으로 재생사업이 추진되었다. 지자체에서도 대상지마다 '현장지원센터'를 운영하며 도시재생사업을 지원하고 있다.

228) 도시재생 활성화 및 지원에 관한 특별법 제2조(정의)

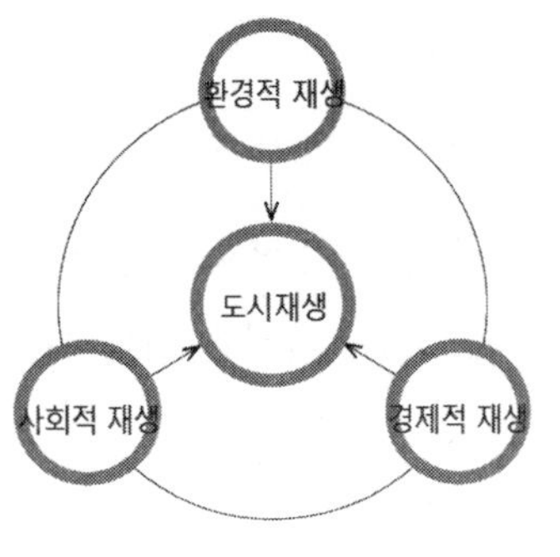

그림 215 도시재생 정의

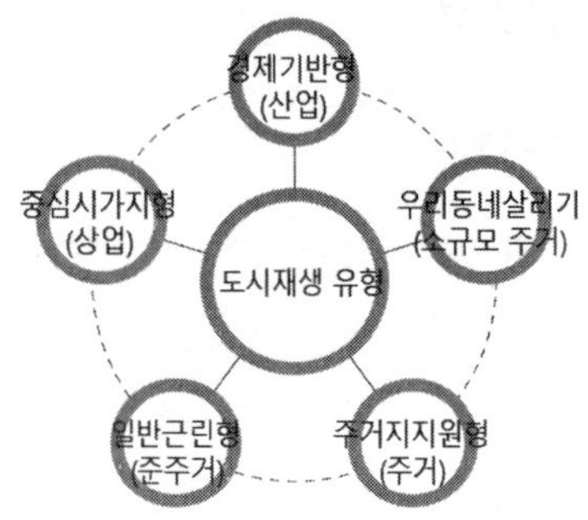

그림 216 도시재생 유형

2) 거버넌스

'Government(정부)'와 같은 어원을 가진 'Governance'는 과거 일방적이었던 정부 주도적 행정관행에서 탈피해 정부, 시민, 비정부기구 등 다양한 이해관계자가 공동의 관심사를 바탕으로 네트워크를 형성하고 당면한 문제를 해결하는 민주적 운영방식을 말한다. '사회적 자본(social capital)'과 시민참여에 기반을 두고 있으며 사업을 추진하면서 단순히 시민을 포함하는 것을 의미하는 것이 아니라 사업의 주체로서 의견을 수렴하고 함께 만들어가는 협력적 도시정책 추진방법이라고 할 수 있다. 그동안의 도시 정비방식은 사업시행자가 일정 정도 주민의 동의를 확보한 다음 법적 절차를 따라 행정적 프로세스를 진행해 사업을 시행하고 발생한 이익으로 수익을 창출하는 구조로 진행되었다. 이 과정에서 건물주와 토지주는 보상을 받지만, 세입자는 쫓겨나는 사회문제를 발생시켰고 지역 커뮤니티도 붕괴하는 결과를 만들었다.

도시재생 거버넌스는 지역주민, 전문가, 행정으로 구성되는데 '주민협의체'를 중심으로 운영되는 주민조직은 특정 사업을 위한 '사업추진협의체'를 만들 수 있다. 사업총괄 코디네이터가 운영하는 전문가 그룹은 '도시재생지원센터'의 지원을 받아 기획, 조정, 자문 임무를 수행하게 되는데 주민에게는 의견을 제시하고 행정에는 해결방안을 제공하는 역할을 담당한다. 지자체는 '행정협의회'를 구성하고 행정과 예산을 지원한다.

사회 다원화, 경제수준 향상, 시민의식 고양 등으로 도시정책에 대한 시민참여 요구가 증가한 상태에서 과거 관 주도형 행정모델은 주민과 단절된 상호작용 속에서 과정 중심으로 진행되었기 때문에 정책 수혜자인 주민들로부터 반발과 불만을 샀다. 사업의 수혜자이면서 주체자가 되는 주민들은 과거 정비사업처럼 사업자와 행정이 주도하는 방식을 수용하기 어려울 수밖에 없었다. 보상만 받고 떠나는 게 아니라 기존 터전에서 계속 이웃과 함께 살아야 하는 도시재생 방식은 수동적이 아닌 적극적인 참여가 전제되어야 했다. 도시정책 추진에 있어서 행정의 독단을 견제하고 시민과 기업 등 민간분야의 창의성과 아이디어를 도시정책에 반영할 수 있도록 도시 행정체계도 재정립하는 방향으로 변화하고 있다.

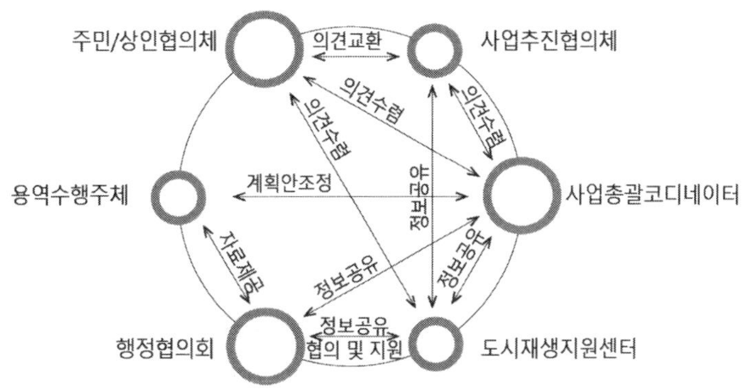

그림 217 도시재생 거버넌스 체계

PART Ⅳ

건축가와 사회

Architecture and Human, Society, Culture

13장 건축가 직업의 역사

14장 건축가 교육

15장 건축가 업무와 직업윤리

13장 | 건축가 직업의 역사

정작 우리는 건축양식을 영화로운 시대별로 구분하고 역사와 아름다운 가치를 교양처럼 얘기하지만, 그 건축을 만든 건축가가 누군지 어떻게 만들어졌는지를 모르는 경우가 많다. 인류의 시작과 함께 건축의 역사도 시작했겠지만, 그 주역인 건축가의 공로와 활약을 등한한 것이 사실이다. 이 장에서는 건축가라는 전문가가 어떻게 사회적으로 인정받고 건축가 직업으로 정착했는지를 살펴본다. 건축가 직업인이라는 관점을 유지한 채 시대별로 어떤 일들이 있었는지를 다루고 현재의 논쟁점이 무엇인지를 조사함으로써 앞으로 건축가 직업의 미래도 예측해 볼 수 있을 것이다.

1. 개인 건축가

1) 건축가 직업의 탄생

건축가라는 직업이 언제부터 사회적으로 인정되었는지를 정확히 알기는 어렵다. 다만, 인간이 살아가는 데 없어서는 안 될 요소로 꼽는 의·식·주 중에 '집'이 한 축을 담당함에 따라 인류가 지구상에 등장한 이래 건축이 항상 존재했음은 유추할 수 있다. 수렵과 채집의 시대에 동굴과 자연지물을 거주공간으로 사용하던 인간은 농경시대를 열면서 집을 짓기 시작했다. 먹을거리와 기후를 좇아 이동하던 생활에서 한곳에 정착하면서부터 자연조건을 극복하고 살림을 꾸리기에 적합하도록 집을 지어 산 것이다.

농경사회가 안정되고 좀 더 복잡한 사회로 이행하면서 신을 창조해 낸 인간에게 종교의식을 위한 건물이 필요했고 권력자의 등장은 그에 걸맞은 권위적인 건축물이 만들어지는 계기를 마련했다. 게다가 가족 단위로 짓던 집에서 여럿이 힘을 합해 더욱 복잡한 건물을 만드는 단계로 발전함과 동시에 특별히 기술이 뛰어난 사람이 나타나자 그를 중심으로 건축행위가 이루어지는 모습으로 진화했을 것이다. 그러나 우리는 그들의 이름을 알지 못한다. 그들은 건축주를 도와 필요한 기술을 제공했을 뿐 영광과 칭송을 받거나 이름을 남기는 위치에 있지도 못했다.

역사상 최초의 건축가로 기록된 사람은 B.C. 2600년경 살았던 이집트 Djoser왕 시대의 건축가 Imhotep을 꼽는다. 그는 직사각형 분묘에 불과했던 Mastaba를 발전시켜 고왕국 시대 거대 석조건축물인 피라미드를 만드는 데 결정적 역할을 한 '계단형 피라미드(stepped pyramid)'를 만든 건축가로 알려져 있다. 길이 20~50m 너비 15~30m 정도로 벽돌과 돌로 짓던 Mastaba를 109×125m 규모에 완전한 석조로 이루어진 대형건축물 계단형 피라미드로 발전시킨 것이다. 학자이자 대제사장인 동시에 의사와 건축가를 겸했던 그는 Djoser왕 시대 재상을 지낸 인물로도 기록된다. 죽은 후에는 '건축의 신'이자 '의술의 신'으로 추앙받아서 후세 그리스 시대 Asklepios와 동일시되는 인물이다. 이집트에선 Imhotep 이후 B.C. 1400년경 Hatshepsut 여왕 때 장제전(葬祭殿) 건축을 감독한 건축가 Senenmut도 이름이 기록으로 전해진다.

그림 218 Imhotep의 계단형 피라미드

그림 219 건축가 Imhotep 조각상

2) 그리스·로마 시대 건축가

그리스 시대에는 건축가의 이름이 종종 신화 속 인물로 그려지기 때문에 실체를 파악하기가 쉽지 않다. 신화에 따르면 최초의 건축가는 반인반수(半人半獸)의 괴물 Minotaurus를 가두기 위해 크레타섬의 미로를 만들었다는 Daidalos이다. 재주꾼으로 존경받았음에도 불구하고 자기보다 나은 사람에 대해 질투심이 깊었던 그는 Athena 신으로부터 벌을 받아 여러 나라를 고생하며 떠돌았다는 얘기가 전해지는 걸 보면 건축가로서 이곳저곳 주문으로 불려 다니던 실존 인물이 연상된다. 그러나 신화 속 이야기가 늘 그렇듯이 모호함 속에서 실제와 상상의 세계가 중첩되는 바람에 추측만 할 뿐이다.

그리스가 본격적으로 식민도시를 개척해 나가던 시기에 지중해 주변으로 격자도시가 곳곳에 건설되었다. 격자도시는 땅에 대한 기존 소유권과 장애물이 없는 상태로 짧은 기간 동안 만들어지는 특성이 있어서 도시를 계획한 건축가의 이름이 남아있을 법도 한데 그렇지 못하다. 기원전 5세기경 Hipodamus가 설계했다고 하는 최초의 격자도시 Miletus 이야기가 전해지고[229], 아테네 파르테논 신전을 설계한 건축가 Ictinus와 Callicrates 이름도 기록되어 있다지만 그 역할과 업적이 어땠는지 알기 어렵다.

그리스에서는 광범위한 전문적 활동에도 불구하고 건축가에 대한 칭찬이 별로 없었다는 것이 일반적인 평가이다. 건축역사가 Sipiro Kostof(1936-1991)는 그 이유를 이집트에서는 건축행위가 종교적 이념과 살아있는 신 파라오의 명을 받아 새로운 질서를 만드는 창조적 행위로 인식됐지만, 그리스에서는 이미 구축된 전범(典範)을 따라 건축가의 일이 이를 수행하고 개선하는 역할로 한정됐기 때문에 상대적으로 건축가의 활동이 칭찬받을 만한 수준

229) 아리스토텔레스는 저서 '정치학'에서 Hipodamus의 Miletus 도시계획을 최초의 격자형 도시라고 주장했다.

으로 인정되지 못했기 때문이라고 진단한다.[230)]

로마는 그리스 문화와 예술을 이어받았다고 자처하는 바와 같이 그리스에서 구축된 전형을 재생산하고 발전시키는 단계에 머물렀다. 로마시대 건축은 고도로 조직화하여 건축가는 건설기술자 중 한 사람으로 취급받는 바람에 활약상이 두드러지지 못했다. 트라야누스 황제의 총애를 받은 다마스쿠스 출신 Apollodorus는 판테온과 포럼의 뛰어난 업적을 남겼지만, 하드리아누스 황제의 건축 견해를 비웃었다는 죄로 처형되는 운명을 맞기도 했다.

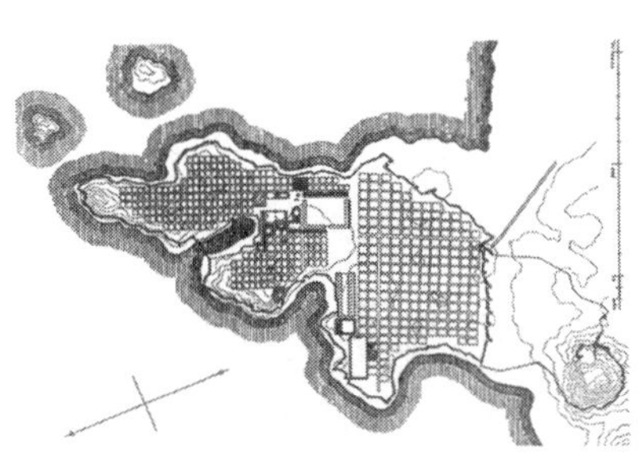

그림 220 Miletus 도시계획

그림 221 그리스 아테네 파르테논 신전

2. 직업의 사회적 공인

1) 고딕시대 건축가

오늘날까지도 서양건축의 모범적인 전형(典型)으로 꼽히는 파르테논 신전, 원형극장, 콜로세움, 개선문 등의 걸작이 그리스·로마 시대에 만들어졌음에도 불구하고 이를 설계한 건축가의 이름이 합당하게 칭송되지 못하는 상황은 초기 기독교, 비잔틴, 로마네스크를 거쳐 고딕 시대에 이르기까지 계속되었다. 경탄의 대상이 되는 훌륭한 건축물들이 계속해서 지어졌고 실력 있는 건축가를 찾아 일을 맡기는 방식이 자리를 잡았지만, 신화의 시대에는 신의 가호를 위해 황제의 시대에는 황제의 권위를 위해 중세에는 하나님의 영광을 위해 건축가의 이름은 철저히 가려질 수밖에 없었다.

그러던 것이 고딕 시대에 이르러 변화가 일었다. 건축기술이 획기적으로 발달하면서 뛰어난 기술을 가진 장인이 모셔 오는 대상이 되었고 건설 작업의 분화는 돌을 다루는 석공,

---

230) Spiro Kostof, 『The Architect: Chapters in the History of the Profession』, London: Oxford University Press, 1977.

나무를 만지는 목공, 유리(스테인드글라스)창을 만드는 유리공으로 전문화하고 조직화했다. 이러한 배경에서 고딕시대에 성스러운 분위기의 높은 종교공간을 만들기 위해 횡력을 견디는 'Flying buttress'를 고안했고 지붕으로부터 하중을 선형으로 효과적으로 전달하는 'Rib vault'와 '다발기둥(clustered columns)'을 개발했으며 실내에 형형색색의 아름다운 빛을 들이는 스테인드글라스를 만들어 냈다.

빼어난 건축물들이 유럽 곳곳에서 세워지면서 필요한 인력이 급증함에 따라 건축에 종사하는 기술자들은 길드와 조합으로 일컬어지는 직능단체를 결성하며 임금인상과 처우개선을 주장하기 시작했다. 이들은 파업도 불사하고 전문인으로서의 대우를 적극적으로 요구하기에 이르렀고, 그 결과 건축가란 직업이 사회적으로 차츰 인정되는 단계에 돌입한다. 그러나 여전히 건축가 개인의 이름이 건축물과 함께 남겨지지는 못했다. 석공과 목공으로서 전문성이 알려지기는 했으나 이익집단으로써 임금협상의 대상이었을 뿐 창조자 건축가로서의 업적은 인정받지 못했다. 신의 영광을 위해 절대적으로 봉사해야 하는 중세 시대의 사회적 분위기 속에서 감히 인간의 이름을 칭송하고자 하는 행위는 불경의 대상이던 시대였기 때문이다.

그림 222 노트르담 대성당의 Flying Butress

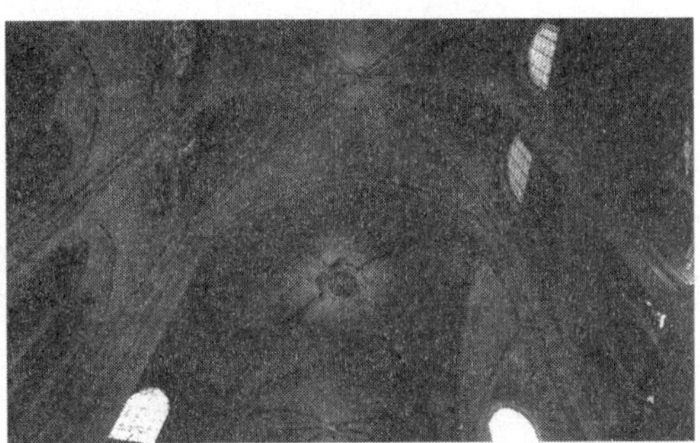

그림 223 노트르담 대성당의 Rib Vault

2) 르네상스 시대 건축가

'새로운(Re)', '탄생(Naissance)'을 뜻하는 문예부흥 운동이 14세기부터 유럽에서 일어나면서 인간중심 정신이 고개를 든다. 르네상스는 그리스·로마 고전을 부흥한다는 의미를 지니지만, 신 중심 사고로 매몰된 중세에서 벗어나 인간 본연의 존엄과 가치를 새롭게 세운다는 의지가 컸다. 신과 왕, 귀족이 자원을 독점하던 경직된 수직사회로부터 상업자본으로 성장한 상인계급이 점차 사회를 다변화하고 분화하는 기초를 닦은 것이다.

르네상스 시대가 시작되면서 건축가는 사회적으로 인정되고 주목받기 시작한다. 신의 영광보다는 인간의 자유의지를 자각하는 시대정신 변화와 Leonardo da Vinci (1452-1519),

Michelangelo(1475-1564), Raffaello(1482-1520)처럼 탁월한 전천후 예술가의 활동이 크게 두드러진 결과로 볼 수 있다. 당시 유명한 건축가는 왕과 귀족으로부터 비싼 몸값으로 초빙받았고 건축가 간의 경쟁도 점차 치열해졌다. 15세기 초부터 일기 시작한 건축가 직업에 대한 전문가로서의 사회적 재인식 운동도 16세기 초에 이르러 자리를 잡았다. 이때는 종교가 압도하는 사회 분위기에서 벗어나 점차 인간의 이성을 의미 있게 평가하는 신플라톤주의가 문화 전반에 널리 퍼진 시기이기도 하다. 조형예술이 사회를 새롭게 창조한다는 예술 예찬론이 등장하고 걸출한 인물들의 활동과 더불어 건축가가 창조자로서의 신분을 사회적으로 인정받게 된다.

기능직공의 세계에서 벗어나 예술가로서 인정받으려는 움직임은 이념적인 차원에만 그친 것이 아니라 직업 세계에서도 구체적인 행동과 제도화로 이어졌다. 1562년 메디치 가문의 우피치 궁을 설계한 건축가이자 화가인 Giorgio Vasari(1511-1574)에 의해 이탈리아에서 '회화학술원'[231]이 창설되고, 프랑스에서는 1648년 루이 14세에 의해 '왕립회화조각학술원'[232], 1671년 '왕립건축학술원'[233]과 '건축학교[234]가 차례로 문을 열었다. 당시까지 유럽의 모든 예술은 로마에서 활동하던 예술가를 모셔 와야 하는 등 로마에 종속되던 상황이었는데, 왕권 강화를 위해 로마와 교황으로부터 독립적인 예술과 건축시스템을 확립하고자 한 루이 14세의 정치적 야심에 의한 결과였지만, 건축가가 하나의 독립된 직업으로 공인되는 제도적 발판을 마련했다.

그림 224 중세시대의 건축가 (Eugène Viollet-Le-Duc)

그림 225 미켈란젤로가 Dome을 완성한 성베드로대성당

231) Accademia del disegno

232) Académie royale de peinture et de sculture

233) Académie royale d'architecture

234) Ecole de l'Académie

3) 바로크시대 건축가

왕권이 강성해지고 국가 간 경쟁이 본격화하는 16세기부터는 건축이 왕과 국가의 위신을 위해 봉사하는 역할을 담당하면서 개인이 아닌 건축가 집단 육성과 활동이 국가에 의해 관리되는 체제로 변한다. 서양에서 가장 먼저 이 일에 착수한 프랑스 루이 14세는 교육기관을 설립하는 일부터 시작했다. 처음엔 로마 메디치 가문으로부터 초빙한 건축가가 도제 방식으로 학생을 가르치고 우수한 학생을 선발해 메디치로 유학 보낸 다음 작업을 마치고 돌아오면 궁정 건축가로 위촉해 일을 맡기는 방식이었다.

이때, 국가가 모든 형태의 건축 활동과 건축가를 공인한 것이 아니라 왕립건축학술원을 졸업한 건축가만을 인정했기 때문에 당시 건축가들에게는 건축학술원을 졸업하고 국왕이나 귀족의 주문을 받는 것이 사회적으로 대단한 출세를 상징했다. 건축학술원 졸업생에게는 건축가 자격증을 수여했으며 일정의 연금과 때에 따라서는 궁에 기거할 수 있는 혜택까지 주어졌다. 반면에 '조합에 가입하지 말 것'과 '기업활동을 하지 말 것' 등의 금지 사항도 동시에 요구되었다.

건축학술원 졸업생 수가 누적해서 늘어나자 다시 등급을 나누어 '1급 건축가'에게는 개인으로서의 건축활동은 금지하고 오로지 국왕만을 위한 작업을 담당하게 하였고, '2급 건축가'는 궁으로부터 주문은 제한되지만 개인적인 기업활동은 허락되었다. 등급이 신분을 의미하는 것은 아니어서 1급의 자리에 결원이 생기면 2급의 건축가가 기업활동을 포기하는 조건으로 1급으로 진입하게 되어 있었다. 물론, 그 시대에 건축학술원 출신 건축가만 존재했던 것은 아니다. 소위, 목수로 불리던 많은 건축가가 전국적으로 활동하고 있었다. 경험을 바탕으로 지역에서 활동하다가 때때로 건축학술원 출신 건축가와 서로 보완적인 관계를 이루며 중요한 프로젝트에도 참여했다.

이러한 일련의 일들은 개인 단위의 건축가로부터 사회집단으로서의 건축가라고 사회가 인정하는 직업적 공인화 과정에 해당한다. 이후로는 아무나 건축가가 될 수 있는 것이 아니라 특별한 교육과정과 자격검정을 받은 집단만이 사회와 국가로부터 인정받고 직업활동을 유지할 수 있는 직업원칙의 기틀이 이 시대에 자리 잡게 되었다.

그림 226 바로크시대 건축가 풍자화
(Jacques Lepautre, 1682)

그림 227 메디치 장학생 Charles Percier의 유학 과제

3. 산업혁명시대 건축가

1) 직업적 체계 마련과 단체 조직

19세기 후반은 산업혁명으로 촉발된 새로운 시대를 맞아 직업 시스템을 만들어 가는 역동적인 시기였다. 농업사회에서 산업사회로 재편되는 과정 중에 새로운 직업들이 생겨나고 기존의 직업도 여러 방면으로 분화하며 일하는 방식도 달라졌다. 산업혁명의 여파로 새롭게 부상하는 엔지니어 그룹과의 직업영역 중첩과 혼동이 있었으며, 같은 건축가라 하더라도 전문분야 차이에서 오는 위상 차별화 속에서 자신들의 권리와 정체성을 찾아가는 노력과 함께 직업적인 체계의 기반을 잡아 나가는 시기였다.

다른 직업군과 구별되는 직업적 특별함을 사회적으로 인식시키기 위한 건축가의 노력은 실질적인 처우개선 움직임으로 나타났고, 그 출발점이 조합을 구성하는 일로 시작된다. 프랑스에서 1811년 공공건축 분야에 종사하는 건축가들이 20명 이내 회원 제한이란 내규를 정하고 '회원의 권익을 옹호한다'라는 명목으로 '건축회(Société d'architecture)'를 조직했다. 1829년 산업혁명이 한창이던 공업도시 리용에서는 '리용건축학회(SAAL, Société académique d'architecture de Lyon)'를 조직해 건축가가 자유직업이라 주장하며 당시 일반기업과 같은 세금 체제인 '영업세' 부과에 반대하며 활동을 시작했다. 1840년에는 500명 회원 제한으로 세워진 '프랑스 중앙 건축가회(SCAF, Société centrale des architectes français)'가 영업세 면제를 쟁취해 냄으로써 프랑스에서 대표적인 건축단체로 떠올랐다. 이 단체는 국가가 공인하는 건축가 자격증이 필요하다는 여론을 이끌어 1847년 법 제정을 제안했지만, 결국 이 법은 1874년이 되어서야 실행되었다. 대부분 선진국에서 국가공인 건축가 자격증 제도화와 직업독점권 인정은 20세기 후반이 되어서야 이루어지지만, 이를 위한 기반은 이미 19세기 후반에 마련되었다고 볼 수 있다. 직업이 사회적으로 자리를 잡고 공고해지는 과정은 건축가가 생존의 문제로 인식하고 권리를 쟁취하고자 투쟁하는 여정에서 비롯되었다고 볼 수 있다. 건축주의 선의를 기대하는 보수체계로부터 설계비를 권리로 인식하고 제도를 만들어 보장받는 방식으로 발전해 나간 것이다.

그림 228 1830년대 SAAL 멤버

그림 229 1897년 SCAF 멤버

2) 자격증 논쟁

건축은 생활을 위한 필수 조건이거나 또는 예술의 영역으로 인식되어 누구나 경험과 능력만 있으면 참여할 수 있었고 자연스레 직업으로 이어질 수도 있었다. 건축가를 양성하는 교육기관이 만들어지면서 새로운 제도와 전통적 방식이 충돌하는 상황이 발생했다. 경험으로 충분히 검증되지는 않았더라도 제도 안에서 소정의 과정을 이수한 사람과 교육은 받지 않았지만 결과물로 실력을 입증한 사람과의 갈등에 관한 논쟁이다.

프랑스에서 아카데미라는 이름으로 출발한 건축학교는 1807년부터 '보자르학교(Ecole des Beaux-Arts)'로 불리면서 이후 세계적인 건축교육의 기준으로 정착했다. 보자르학교 교육과정을 성공적으로 이수한 사람에게 건축가 자격증을 부여하는 제도는 1867년 창안되어 1874년에 법제화되었다. 그러나 초기 10년 동안 9명의 지원자만이 자격증 심사에 참여하는 등 형식적인 차원에만 머물렀다. 자격증이 없어도 건축가로 활동하는 데는 지장이 없었기 때문이다.

그러던 것이 1877년 '정부공인 건축가 친목회(Amicale des architectes diplômé par le gouvernement)'가 만들어지면서부터 이 제도에 참여하는 지원자가 늘게 되었고, 이후 '정부공인 건축가협회(SADG, Société des architectes diplômés par le gouvernement)'로 이름을 바꾸고 1910년에는 1,000명 규모로 성장했다. 자격증의 법제화는 보자르학교 출신만을 정부공인 건축가로 인정해 파벌을 조성하게 된다는 점에서 비판받기도 하였다. 보자르학교 출신에게만 자격증을 부여하는 제도는 지방 건축가의 반발을 불러왔고, 오랜 협상 끝에 1903년부터 지방에도 보자르학교가 발족하는 단계로 발전했다. 이 시기에 중앙의 건축가가 지방에서 대형 공사를 수주하는 일이 발생하면서 중앙과 지방의 경쟁에 따른 지역주의 의식이 생겨나기 시작했다.

'건축가는 예술가'라는 전통적인 인식은 당시 학생과 기존 건축가에게 영향을 주어 자격심사에 응하지 않는 태도를 보이게 하기도 하였다. 하지만, 당시 공공건축가 회장이 자격증이 없다는 이유로 보자르학교 심사위원에서 제외되는 등, 이미 시대적 대세는 자격증 제도를 수용하는 쪽으로 기울고 있었다.

그림 230 보자르학교 졸업생명부 표지

그림 231 SADG 잡지 표지 그림

4. 직업경쟁

1) 건축가와 엔지니어

18세기에 정착된 건축가 직업체계는 산업혁명을 거치며 19세기에 이르러 급변하는 새로운 상황과 환경에 맞닥뜨리게 되었다. 엔지니어라는 직업이 새롭게 부상한 것이다. 획기적인 발전을 거듭한 철과 철근콘크리트가 주요 건축재료로 쓰이면서 새로운 재료에 관한 물성과 기술 지식으로 무장한 엔지니어 그룹이 철교와 철도역사 등 건축설계 시장을 잠식해 나가기 시작했다. 보자르학교에서 예술적 관점을 견지하며 건축교육을 받아온 건축가들이 환경과 기술 변화에 빠르게 적응하지 못함에 따라 새로운 영역을 엔지니어들에게 내어주게 된 것이다. 근대의 문을 연 혁신적 건축으로 꼽히는 1851년 런던에 지어진 '수정궁(The

Crystal Palace)'은 조경가 출신 Joseph Paxton(1801~1865)의 작품이고, 파리의 상징 에펠탑은 1889년 철골구조 엔지니어인 Gustave Eiffel(1832~1923)에 의해 지어진 사실이 이런 상황을 잘 설명한다.

'건축가는 예술가'라는 전통적 견해와 함께 건축가와 엔지니어의 직업영역 구분도 19세기 말과 20세기 초 큰 논쟁거리였다. '파리오페라'를 설계한 건축가 Charles Garnier(1825~1898)는 "두 영역의 구분은 역사적 전통이 아니라 최근에 생긴 일입니다. 철도 건설의 경우 엔지니어가 철교와 육교를 건설하지만, 역사(驛舍)를 건축할 때에만 건축가에게 맡기니 그 결과가 어떻겠습니까?"라고 불만을 표하기도 했다.[235] 그러나, 이 논란은 건축가와 엔지니어 양쪽의 논쟁거리였다기보다는 건축가 쪽의 일방적 넋두리에 불과했다. 지금까지 자신들만의 고유영역이라고 믿어왔던 분야가 산업혁명 이후 새로 등장한 엔지니어들에 의해 점점 잠식되어 감에 따른 불안감의 표출이었던 것이다. 이후 20세기는 건축의 예술성에 대한 논쟁이 공업생산, 합리화, 비용 절감, 편리함 등의 모더니즘 구호 속에서 목소리가 잦아들 수밖에 없었다. 이때부터 다양한 분야의 엔지니어와 협력하며 프로젝트를 수행하는 협업방식이 홀로 전권을 맡아 설계와 현장을 지휘하던 전통적 건축 생산방식을 대체하기 시작한다.

그림 232 건축가 현장지휘(Henri Magne, 1910)

그림 233 Joseph Paxton의 'Great Conservatory(1841)'

2) 도시계획가의 등장

20세기 들어 건축가는 도시계획가라는 또 다른 직업과 경쟁한다. 인구가 도시로 몰리고 자동차라는 교통수단이 빠르게 도시로 집중함에 따라 도시는 큰 규모로 토목공학에 바탕을 두고 새롭게 설계해야 하는 상황에 맞닥뜨리게 되고 이를 위해 도시계획가라는 전문직이

235) Gérard Ringon(1997), Histoire du métier d'Architecture en France, Paris:PUF, p.90.

필요하게 되었다. 과거엔 도시설계 분야도 건축가의 업무 범위에 해당했으나 근대에 이르러 공학지식으로 무장한 엔지니어로서 도시계획가의 역할이 주목받음에 따라 건축가는 이 분야 직업경쟁에서 차츰 밀리게 되었다.

제1차 세계대전을 거치면서 전후 복구사업과 도시 근대화에 따라 도시계획가에 대한 수요가 증가하게 되었다. 1919년 프랑스에선 건축가 양성과는 별도로 도시계획 특별과정이 개설되어 도시계획가가 배출되기 시작했다. 제2차 세계대전 후 폭발적으로 늘어난 도시계획 분야 인력이 정부 주도 도시개발 사업에 대폭으로 기용되기 시작하면서, 이 영역에 대한 패권은 점차 건축가에게서 도시계획가로 옮겨졌다.

이때부터 표준화와 공업생산으로 대표되는 도시건설 방식이 건축가의 예술가적 창조능력을 소외시켰다는 비판이 따르게 되었다. 고전적인 교육과정을 받은 건축가들에게 도시 공간은 건축과 마찬가지로 기능적 요구에 부응할 뿐만 아니라 구성의 조화로움과 입면의 아름다움을 만족하여야 하는 대상이다. 건축가의 눈에 무질서한 도시개발과 기능과 효율에만 매몰돼 아름다움이 무시되는 건설방식은 받아들이기 어려웠다. 따라서 제2차 세계대전 후 세계적인 도시화 과정에서 대량건설 붐에도 불구하고 그 혜택을 누릴 수도 없었고 능력을 쓰임 받을 수도 없었다.

우리나라도 도시계획 분야는 출발이 늦었다. 건축공학과가 일제강점기인 1915년[236] 설립된 반면, 도시공학과는 1965년에[237] 시작되었다. 이후 도시계획은 토목공학과 또는 도시공학과 출신이 담당하고 건축가는 이미 작성된 조닝 시스템에 의한 토지이용계획도 위에서 개별 건축물 설계를 담당하는 방식으로 정착했다. 평면적 도시계획의 한계에 대한 반성으로 2000년대 도시설계와 건축설계의 중간영역이라고 할 수 있는 지구단위계획 제도가 도입되자, 이 분야에 대한 새로운 경쟁이 시작되었다.

그림 234 Le Corbusier의 'Plan Voisin(1925)' 계획안

236) 서울대학교 전신인 경성공업전문학교에 설치된 3년제 건축과

237) 1965년 동아대학교 도시계획과가 문을 열었고 1967년 한양대와 홍익대에서 도시계획과가 개설되었다.

5. 직업 독점권의 사회적 인정

1) 건축사협회 설립

프랑스에선 1930년대까지만 하더라도 건축가라는 칭호를 자신이 건축분야에 종사하기만 하면 기업인이나 엔지니어나 법적 제한이 없었으므로 누구나 사용할 수가 있었다. 따라서 건축가 단체들은 이구동성으로 이를 막아 줄 것을 정부 측에 계속하여 요구했지만, 각자의 이해관계가 얽히면서 분열했기 때문에 제도화에는 이르지 못했다. 제2차 세계대전 중 독일 점령 아래 괴뢰정부인 비시(Vichy) 정부가 탄생하면서 1940년 12월 31일자 법으로 '건축사협회(Ordre des architectes)'가 설립되었고, 이때부터 건축학교를 졸업한 사람만이 건축가 칭호를 사용할 수 있다는 보호권이 인정되었다.

법정 단체인 건축사협회가 발족하고 건축가 칭호도 법적으로 인정됐지만, 건축가의 직업 활동 독점권 획득까지는 이르지 못했다. 그동안 건축가 칭호를 사용하던 건축학교 졸업자 외 직업인들이 밀려났고, 이어서 건축계에서 임의단체로 존재하던 각종 협회가 건축사협회로 통합되었다. 당시 최대 건축 친목 단체였던 '정부공인건축가협회(société des architectes diplômés par le gouvernement, SADG)[238]'는 건축가의 독점권 보장 조항 삭제에 불만이 있었지만 결국 건축사협회 체제에 협력하기로 한다.

1942년 말 가입 회원 수가 5,500명이었지만 지원하지 않았거나 거절당한 건축가 수도 1,500명에 이르렀다. 결국, 1944년 6,725명 회원이 법적으로 인정되었다. 1970년대까지 등록건축사 수를 1만 명 수준으로 유지하던 것을 1981년에 제한을 풀어 1990년엔 25,900명으로 늘어났으며 2023년 기준 30,500명에 이르고 있다.

우리나라도 프랑스와 비슷한 과정을 겪었다. 공인된 특별한 면허 없이 기술 능력에 따라 건축행위에 종사하는 시스템이 유지되다가 1963년에 대한건축사협회가 설립되고 1965년 건축사 자격시험 제도가 시작되었다. 먼저 설립된 한국건축가협회도 있었지만, 행정기관 성격의 기능을 부여받은 것은 대한건축사협회이다. 결국, 정부로부터 행정기관 기능을 위임받은 하나의 기관과 여러 친목 또는 임의단체로 구분된다.

---

238) 1867년 건축가 자격증 제도가 창안된 뒤 10년 후인 1877년 설립된 친목단체로 1915년 정부에 의해 공인되었다. 1979년부터 '프랑스 건축가협회(Société française des architectes, SFA)로 이름을 바꾸어 활동하고 있다. 비교하자면 'Ordre des architectes'는 우리나라 건축사협회와 같고 'SFA'는 건축가협회에 해당한다.

그림 235 Ordre des Architectes 홈페이지

그림 236 SFA 홈페이지

2) '68학생혁명'과 교육개혁

프랑스에서 확립된 '보자르 방식'은 예술분야 뿐만 아니라 건축교육에도 세계적인 표준으로 자리를 잡았다. 소묘와 데생으로 기존 작품을 반복적으로 따라 하면서 기본적인 기술을 익힌 다음 도제 방식으로 스승으로부터 기술을 전수받는 방식이다. 수 세기에 걸쳐 이어진 보자르 건축학교의 교육 독점은 곧 건축계 전반의 독점으로 이어졌다. 보자르 건축학교 교수들은 공공건축 주문을 도맡아 수주하고 그 밑에서 교육받은 제자는 최고의 영예인 '로마상(Grand Prix de Rome)'[239]을 획득함과 동시에 새로운 주문을 얻어가며 다시 보자르학교 교수가 되어 제자를 양성하는 시스템이었다.

1960년대 초부터 '건축이 건축가에 의해서만 이루어지는가?'라는 물음과 함께 도시계획, 새로운 건축기술, 경제, 사회과학의 관점으로 건축을 재정의하고자 하는 움직임이 교육개혁 운동으로 이어졌다. 보자르 건축교육 시스템이 빠르게 변화하는 시대에 제대로 적응하지 못했다는 주장이다. 연간 50만 호의 주택이 지어지는 상황에서도 교수들은 아파트건축은 학교에서 가르칠 대상이 아니라 설계사무소가 생계를 위해 맡는 일이고 관련한 문제들은 개발업자와 정부에서 해결할 일이지 예술가로서의 건축가가 간여할 문제가 아니라는 생각을 고집했다. 결국, 개혁을 요구하는 학생들과 대립하게 되어 1966년부터 1968년 사이 수업 거부 등 충돌이 발생했는데 건의하는 개혁내용들이 학교 당국에 의해 번번이 거부당하자 학생들은 지도교수 없는 독자적인 스튜디오를 만들어서 활동하기도 하고 사회학자를 초청해 강연회를 개최하는 등 능동적인 행동으로 이어졌다. 이러한 분위기 속에서 '68학생혁명'이 일어났다.

프랑스에서 1968년의 사건은 전통적 건축교육 시스템을 송두리째 흔들어 놓았다. 여러

239) '왕립건축학술원'은 1720년부터 우수한 학생을 선발해 로마에 있던 '프랑스 학술원(Académie de France)'에 3년 동안 머물며 고대 건축작품을 연구할 수 있는 혜택이자 의무가 주어졌다.

세기 내려온 중앙집권적 보자르 건축학교는 결국 문을 닫았고, 새로운 형식의 건축학교(Unité Pédagogique)가 생기게 되었다. 이 학교는 대학교육 시스템을 참조해 실기 위주의 선발시험을 거치던 전례를 폐지하고 대학 입학자격(Baccalauréat)만 있으면 누구나 지원할 수 있게 했다. 교육과정도 도시계획, 사회과학 등의 과목을 개설하는 등 각 학교의 자율로 특성을 개발해 오늘에 이르고 있다.[240]

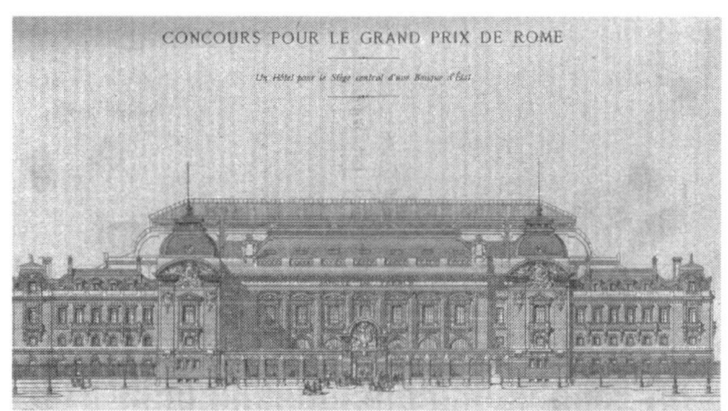

그림 237 Tony Garnier의 189년 로마상 수상작품

그림 238 68혁명 건축 포스터

3) 건축가 직업독점권 쟁취

1960년대 프랑스에선 건축이 건축가의 능력에 의해 좌우되기도 하지만, 정당하게 지급되는 보수에 의해 결정된다는 주장이 건축가들에서 공감대를 형성하고 있었다.[241] 예술가라는 굴레에 갇혀 배고픈 직업이라고 체념하며 현실을 참고 견디기만 할 것이 아니라, 건축설계 업무를 생계의 문제로 인식하고 상황을 개선하기 위해 적극적인 참여운동으로 나아가야 한다는 생각이다. '68학생혁명'은 이런 현실에서 기폭제가 되는 사건이었고 1970년대를 거치면서 본격적인 제도개선 움직임으로 이어졌다.

건축가의 법적 신분을 보장하는 법률이 1971년에 제안되었지만, 실질적인 처우개선이 없다는 주장과 함께 건축가들이 이를 거부했다. 1973년 다시 새 법률이 의회에 제출되었지만, 이 역시 건축가들의 압력으로 무효화 되었다. 1975년에도 새로운 법안이 발의되었지만, 오히려 건축가들의 대대적인 거리행진을 촉발하게 했다. 1975년 9월 23일 건축사협회 회원 3,500여 명이 참가하는 대대적인 궐기대회가 있었는데, 이 사건은 건축사 직업 독점권을 인정하는 건축법 제정에 결정적 역할을 했다.

240) 초기 각 학교의 교과과정은 매우 실험적이어서 학교마다 경쟁적으로 새로운 과목을 도입하고 사후 평가 등의 과정을 거쳐 독자적인 색깔을 개발하기에 이르렀다.

241) Gérard Ringon(1997), Histoire du métier d'Architecture en France, Paris:PUF, p.99.

1977년에 제정된 건축법은 건축이 예술 분야처럼 자유로 맡겨야 할 사적인 영역이 아니라 사회와 국가가 책임져야 하는 공익의 영역이며 이를 담당하는 것이 건축가의 사명임을 주장한 것이다. 따라서 이렇게 만들어진 건축법 제1조는 '건축이 문화의 표현임과 동시에 건축 창작, 시공의 질, 주변환경과의 조화, 자연과 도시환경 및 유적 보존은 공익'임을 천명한다. 이 법은 또 '농업용이 아닌 170m² 이상의 신축 건물은 건축사협회에 등록한 건축사에 의해야 한다.'라는 조항으로 직업 독점권을 공인했다.

한국에서는 1963년 건축사법이 제정되면서 연면적 100m²를 초과하거나 3층 이상의 건물에 대해 건축사의 직업 독점권이 인정되었고, 1965년부터 건축사 자격시험이 시행되었다. 아울러, 이 법에 따라 설립된 '대한건축사협회'가 아니면 건축사협회 또는 이와 유사한 명칭을 사용하지 못하도록 규정하였다.[242] 그러나 직업 독점권을 인정하는 전문 자격제도가 시장 실패를 막고 공익을 극대화한다는 주장에도 불구하고[243] 건설업계는 효율과 경제적인 이유로 건축설계 겸업을 요구하고 있다.

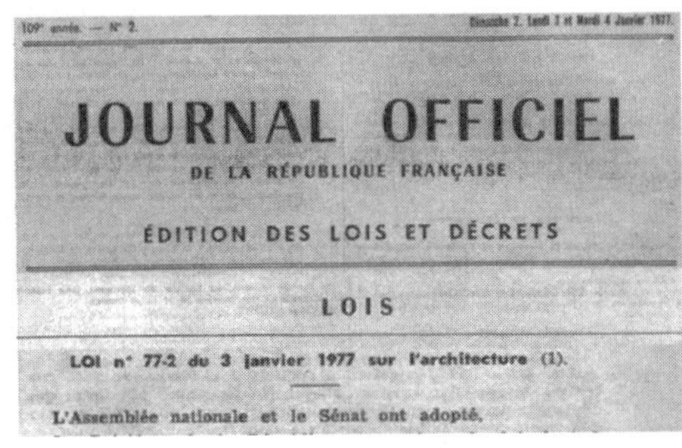
109e année. — N° 2. Dimanche 2, Lundi 3 et Mardi 4 Janvier 1977.

JOURNAL OFFICIEL

DE LA RÉPUBLIQUE FRANÇAISE

ÉDITION DES LOIS ET DÉCRETS

LOIS

LOI n° 77-2 du 3 janvier 1977 sur l'architecture (1).

L'Assemblée nationale et le Sénat ont adopté,

그림 239 프랑스 건축법 공포 관보

6. 현재의 논쟁점

1) 프랑스

1950년 148명, 1960년 267명이던 연간 건축사 배출 수가 1968년 이후 계속 증가해 1980년에는 1,457명에 이르렀다. 2007년부터는 건축학교 5년을 마치고 설계사무소에서 일할

242) 건축사법, 1963.12.16.

243) 전문자격제도 개선방안 연구, 한국개발연구원, 2009.

수 있는 자격(DEA)과 추가적인 실무수련 및 자격심사과정(HMONP)을 통과해야 사무소 개설 자격을 갖출 수 있는 두 단계 체제로 재편되었는데, 매년 DEA 2,000명, HMONP 1,200명 수준의 건축사를 배출하고 있다.[244)]

1960년 건축사협회(Ordre des Architectes)에 가입한 총 회원수는 8,300명, 1975년에는 10,300명, 1996년 26,500명, 2023년 30,500명으로 늘어났다. 2023년 기준 인구 100,000명당 건축사 44명으로 유럽연합 평균 82명에는 훨씬 못 미치는 수준이다. 건축사 평균 연령은 2021년 기준 51.3세이고 여성 건축사 비율은 2021년 32%로 꾸준히 증가하고 있는데 이들 중 35세 이하가 49.7%를 기록하여 점차 여성 비율이 느는 추세이다. 2000년 기준 건축가 연평균 수입은 48,805€였다. 건축사사무소는 1980년 700개, 2007년 5,890개, 2011년 8,445개, 2017년 10,882개로 증가했다.[245)]

제2차 세계대전 후 재건사업과 베이비붐, 고도성장과 도시화로 이어지는 '영광의 30년' 동안 건축설계 산업도 지속해서 성장했으나, 1970년대 석유파동에 따른 부동산 경기 침체와 1990년대 전반적인 불황기를 거치면서 열악한 직업 환경을 만들었다. 늘어난 건축사의 수, 취업의 어려움, 수입 감소 등의 원인은 젊은 건축가들이 이탈하는 현상으로 이어졌다. 1983년 40세 이하 건축가 비율이 48%이던 것이 2000년엔 25%로 떨어졌다.[246)] 건축가가 유사 업종 또는 타 업종으로 전직하는 현상도 눈에 띄게 증가하고 있어서 공무원, 모형제작, 컴퓨터 그래픽, 산업디자인 등의 분야로 향하는 것이 보고되고 있다. 어쩔 수 없는 대안적 선택이라는 시각도 있지만, 인접 타 분야로의 진출은 건축의 영역을 넓히고 새로운 시장 개척으로 다양화하는 긍정적 기회가 될 수 있을 것으로도 평가한다.

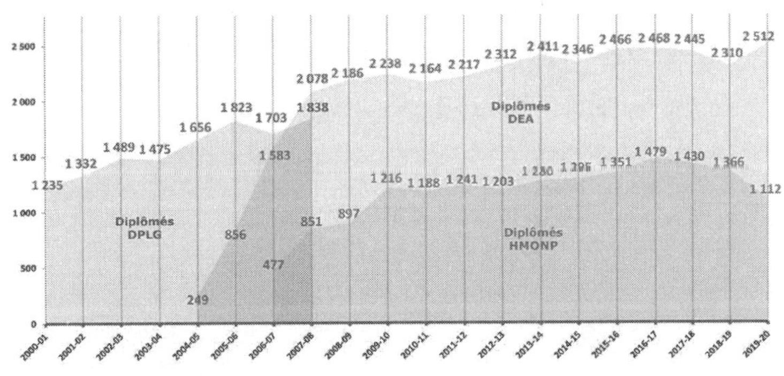

그림 240 프랑스 건축사 배출현황(자료: Ordre des architectes)

244) Archigraphie 2022/23 observatoire de la profession d'architecte, Ordre des architectes, 2022.

245) https://www.architectes.org/l-essentiel-des-chiffres-de-la-profession

246) https://www.senat.fr/rap/r04-064/r04-0644.html

2) 한국

우리나라는 1992년 문민정부 출범과 함께 서비스 시장이 개방되면 선진국에 설계시장이 넘어갈 것이라는 염려로 1990년대 초까지 연간 200명대 수준에서 배출하던 건축사 수를 2000년까지 연 1,000명대로 늘렸다. 그 결과 누적된 건축사 수는 2023년 기준 28,000명 수준으로 늘어나면서 과열 경쟁에 따른 설계사무소 운영의 어려움을 호소하는 상황이다. OECD 국가별 건축사 비율은 최하위권에 속하는 것으로 분석되지만, 소수의 설계사무소로 주문이 집중하는 아파트건축이 차지하는 비율이 월등히 높은 상황에서 비교대상국들과는 여건이 다르며 각종 부작용으로 말미암아 배출수를 조절해야 한다는 주장도 있다.[247] 소수 정예로 질적 수준을 유지해야 한다는 주장과 건축사 수를 조절하지 않으면 발생하게 될 사회적 해악이 크다는 인식에 따른 것으로, 의사를 비롯한 전문직 수요와 공급을 국가에서 관리하는 이유와 일맥상통한다.

건축설계 관련 주요단체로는 현재 '대한건축사협회', '한국건축가협회', '새건축사협회가' 있다. 1963년 설립한 대한건축사협회는 2024년 3월 기준 회원 수 17,286명[248] 으로 가장 큰 단체이면서 등록건축사들의 모임이자 정부로부터 공적 임무의 일부를 위임받아 건축사 징계와 건축사보 관리 등의 업무를 담당하는 등 행정단체적 성격이 강하다. 2012년부터는 국토교통부로부터 위탁받아 산하에 '건축사등록원'을 설립하고 실무수련과 건축사 등록관리 등의 업무를 담당하고 있다.

1957년 '한국건축작가협회'로 출발한 한국건축가협회는 건축사 뿐만 아니라 건축사 자격증이 없어도 건축설계 관련업에 종사하는 누구나가 회원에 가입할 수 있다. 건축가 양성과 권익 보호를 주요 설립목적으로 하고 있는데, 건축 3단체 중 '국제건축가연맹(UIA)' 지부로 역할 하는 한국건축가협회는 처음부터 예술단체적 성격으로 출발했기 때문에 문화체육관광부의 관리·감독을 받는 것으로 되어 있다.

---

247) 연 건축사 2,500명 배출 시대 '건축생태계 지각변동'... 단기간 '건축사 급증'에 시장충격 불가피, 대한건축사협회 건축사신문, 2020.08.18.

248) 회원 수 17,286명은 전체 건축사 자격증 소지자 수 19,427명 중 86.3%에 해당한다.

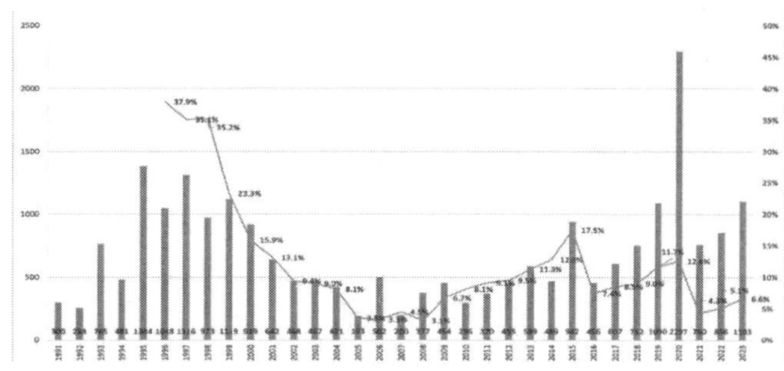

그림 241 연도별 건축사시험 합격자와 합격률(자료: 대한건축사협회)

대한건축사협회와 한국건축가협회의 오랜 불협화음 속에서 새로운 대안을 제시한다는 명분으로 2002년 출발한 새건축사협회는 전문교육을 이수한 건축사들로 구성되는데 2004년에 국토교통부 인가를 받았다. 2005년 당시의 건축계 이슈를 담은 전문지 '건축과 사회'를 발행하고 건축관련 부조리 사례집을 발간하는 등 의욕적인 활동으로 젊은 건축가들 사이에서 기대를 모으기도 했다.

건축 3단체가 통합해 하나의 단체를 만들어야 한다는 주장이 제기되고 있지만, 국토교통부 소속의 대한건축사협회와 문화체육관광부 소속 한국건축가협회로 나뉘어 정부 부처 이기주의와 각 단체 간의 견해 차이로 통합논의는 답보상태에 있다. 2003년에는 대한건축사협회, 한국건축가협회, 대한건축학회가 참여하는 '한국건축단체연합(FIKA)'를 발족하고 건축사제도와 건축교육 제도개선 연구를 추진한 바 있다.

건축설계 독점권 인정 범위도 논쟁거리 중 하나다. 1965년 건축법으로 독점권을 획득할 당시 200m^{2}를 기준으로 허가와 신고로 구분했다. 기준을 넘는 허가대상 건축물은 구조 등 건축사의 전문적 판단이 필요한 영역이라 인정하지만, 소규모 건축물을 허가대상으로 삼으면 건축비가 상승하고 허가 절차에 따른 사업기간 상승 등 국민 불편을 초래한다는 명분이었다. 그러나 현실에서는 소규모 건축물도 행정절차를 거쳐야 하고 구조 등 전문적 검토가 필요하며 도면제작 등의 업무가 수반됨에 따라 건축사의 검토가 여전히 필요하다는 주장이다. 현재 농막이나 비닐하우스 등 허가대상에 속하지 않는 건축물 수요가 늘어나고 있으나 구조적 문제뿐만 아니라 경관 등의 이유로 관리 대상으로 삼을 필요가 있기 때문이다. 게다가 2024년부터는 기존 농막 기준인 20m^{2}를 '체류형 쉼터' 기준 33m^{2}로 완화함에 따라 체류형 쉼터 업무를 누가 담당해야 할 것인가에 대한 건축설계사무소에게는 또 다른 도전으로 여겨지고 있다.

설계비 저가 경쟁이 설계 부실로 이어진다는 주장에 따라 2002년 정부에서 적정설계비

기준을 정해 고시했으나[249], 서비스업 자율경쟁 시스템에 저촉된다는 법원 판단으로 무효가 된 일이 있다. 덤핑경쟁으로 건축사사무소 생존과 이에 따른 설계시장 붕괴가 우려된다는 지적에 근거하여 2009년부터 민간영역은 자율경쟁에 맡기되 공공발주 부문은 설계비 가이드라인을[250] 정해 운용하고 있다. 민간용역 설계비는 선직국 대비 최하 수준이고 설계업 붕괴까지도 우려하는 주장들이 있어 민간분야에도 가이드라인을 도입하여야 한다는 의견과 함께 제도를 개선하려는 움직임도 있다.[251]

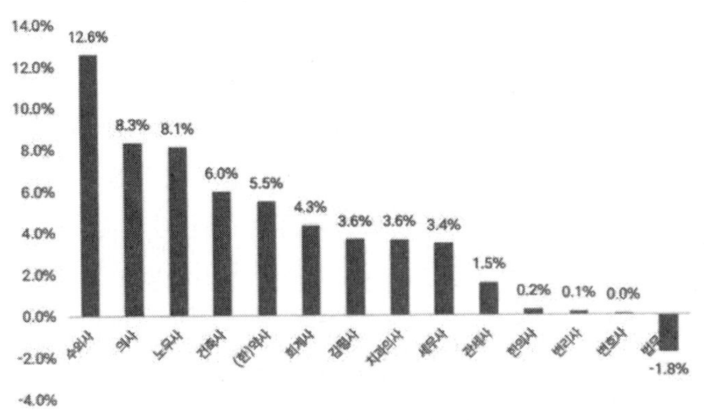

자료: 국세청, 안도걸의원실

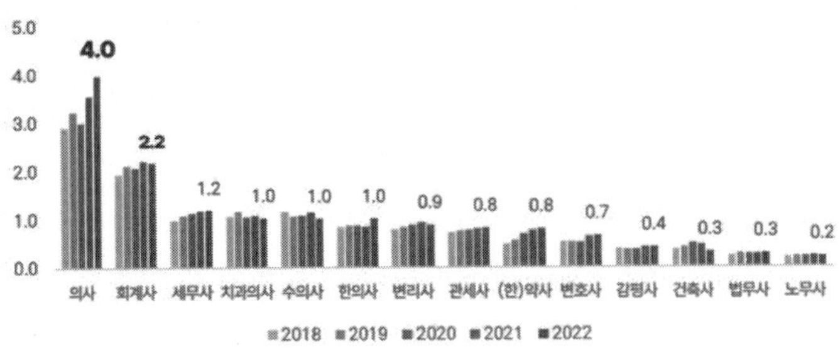

그림 242 전문직 연평균 소득(단위: 억원, 자료: 안도걸 의원실)

249) 건축사 용역의 범위와 대가기준, 건설교통부공고 제2002-152호, 2002.06.05.

250) 공공발주사업에 대한 건축사의 업무범위와 대가기준, 국토해양부고시 제2009-129호, 2009.03.27.

251) '건축설계 산업 정상화를 위한 공공 및 민간분야 건축사 대가기준 일원화' 정책 토론회, 대한건축사협회, 2023.07.12.

14장 | 건축가 교육

현장 중심 오랜 기간 개별적으로 전해 내려오던 건축교육은 제도화하면서 일정한 틀을 갖추게 된다. 서구에서 건축교육의 전형으로 자리 잡은 보자르(Beaux-Arts) 방식은 예술인으로서 기본적인 소양을 갖추도록 반복적으로 모범을 모사한 다음 스승의 아틀리에에서 도제 방식으로 일정 기간 수련하면서 차츰 실력을 기르는 순서를 따랐다. 전통과 단절하고 완전히 새로운 건축을 추구했던 모더니스트 혁신가들은 바우하우스를 만들어 스승과 제자가 실험적 과정을 거쳐 새로운 교육 시스템을 개발했다. 21세기 들어서는 세계적으로 통용되는 교육과정을 만들기 위해 인증제를 도입했고 기술과 환경이 변화무쌍한 세상에서 건축가 스스로 학습하고 수련하는 계속교육도 의무화하고 있다.

1. 건축교육의 전통

1) 보자르 스타일

프랑스에서 1671년 루이 14세가 '왕립건축학술원'이라는 건축학교를 세워 왕을 위한 건축가를 양성하다가 '프랑스 대혁명' 여파로 문을 닫는 1793년까지의 건축교육과, '예술학술원(Académie des Beaux-Arts)' 산하 건축분과로 1816년 다시 문을 열어 1968년 '학생혁명'에 의해 폐교할 때까지 존속했던 건축학교 교육방식을 '보자르(Beaux-Arts) 스타일'이라고 부른다.[252]

애초부터 왕권 강화를 목적으로 로마로부터 유럽 고전건축 전통을 이어받아 국가적인 영광을 도모한다는 의도가 있었기 때문에 건축교육은 고전 규범을 계승 발전시키는 방향으로 체계가 짜여 있었다. 이를 위해 '로마상(Prix de Rome)'을 운영했는데 보자르학교 학생 중 매년 설계경기로 선발된 학생에게 2~4년 동안 로마에 머물면서 대표적인 고전 건물들을 연구하고 디테일을 모사하도록 해 전통을 이어받으면서도 창의적인 구법을 개발하는 기회를 주는 방식이었다. 이렇게 익힌 기술을 프랑스로 돌아와 왕과 국가를 위한 건물을 짓는데 이바지하는 역할이 주어진 것이다.

'보자르 스타일'은 그리스 로마로부터 물려받은 비례와 균형 등 엄격한 미학적 전통을 따랐다. 시각적 왜곡이 있을 수 있는 3차원 투시도 기법을 지양하고 2차원 도면을 위주로 작업하도록 지도했다. 과거와 비교해 건물 종류나 건축재료가 달라졌을지언정 표현방식은 고전을 따랐기 때문에 '신고전주의(Neo-classicism)'라고 부르기도 한다.

1895년에서 1914년 사이 보자르 학교를 거쳐 간 미국 유학생이 102명에 달하면서 '보자르 스타일'은 20세기 중반까지 미국에서도 상당한 영향을 끼쳤다. 세계 각국으로부터 학생이 몰리자 1900년부터는 외국 유학생 비율을 전체 학생 90명 중 30명으로 제한하는 제도도 시행했다.[253] 근대기를 거치면서도 '보자르 스타일'은 북아프리카와 동남아시아를 비롯한 프랑스 식민지 영향권 국가를 중심으로 확산하면서 세계적인 건축교육 시스템의 표준으로 자리 잡았다.

---

252) '좁은 의미로는 나폴레옹 3세가 집권한 '제2제정기(1851-1870)'의 건축양식을 말하기도 한다.

253) 'www.wikipedia.org

그림 243 보자르 로마상 학생작품(Louis Varcollier, 1890년)

그림 244 1937년 보자르 아틀리에

2) 바우하우스

'보자르 스타일'이 세계적으로 확산하는 동안, 과거 전통과는 전혀 관계가 없는 새로운 예술 교육방식에 관한 실험적 시도가 진행되었다. William Morris(1834-1896)의 '미술공예(Art & Craft)운동'으로부터 영향을 받아 1907년 독일 뮌헨에서 결성된 '독일공작연맹(Deutscher Werkbund)'의 정신을 계승하고, 동시대 네덜란드에서 발생한 '신조형주의(De Stijl)' 및 러시아에서 시작된 '구성주의(Constructivism)'와 궤를 같이하며 개별 예술 분야의 총합으로 건축을 교육하는 '바우하우스(Bauhaus)'이다.

바우하우스는 1919년 건축가 Walter Gropius(1883-1969)가 독일 바이마르[254]에 설립하였고 1928년까지 초대 교장을 역임했다. 독일공작연맹 회원이기도 했던 Gropius는 기계에 의해 압도되어 가는 공업사회에서 공예의 가치와 중요성에 주목하고, 젊은 세대의 시대정신을 더해 건축을 중심으로 분산된 미술 분야를 통합하는 교육목표를 설정하였다. 교육과정은 총 4년으로 구성된다. 한 학기 예비과정 동안 기초적인 교육을 가르치는데, 교수 Johannes Itten(1888-1967)은 색채를, Josef Albers(1888-1976)는 재료를, László Moholy-Nagy(1895-1946)는 조형 요소와 구성을, Wassily Kandinsky (1866-1944)는 분석적 드로잉을, Paul Klee(1879-1940)는 기초 디자인 이론을, Oskar Schlemmer(1888-1943)는 인체연구를 담당했다. 이어서 3년 동안 금속, 직조, 도기, 가구, 인쇄, 칠을 배우는데 공방에서 워크숍 방식으로 진행했다. 건축은 Walter Gropius 뿐만 아니라 Hannes Meyer(1889-1954)와 Mies van der Rohe(1886-1969)가 담당했다. 이러한 교육과정은 이후 오늘날까지 세계적인 미술교육의 표준으로 자리 잡았으며 건축교육에도 큰 영향을 끼쳤다.

바우하우스는 1925년 Dessau로 이사했다가 1933년 나치 정권에 의해 강제 폐쇄되었다. 바우하우스 학교생활은 교수와 학생이 구별 없이 실험을 통해 배워나가는 자유분방한 형

254) '바이마르(Weimar)는 1919년부터 1933년까지 독일 바이마르 공화국의 수도였다.

식을 따랐기 때문에 그들의 태도와 이념이 보수적 국가 최고주의로 치닫고 있던 나치에게 불온한 대상으로 여겨졌다. 바우하우스는 이후 나치의 박해를 피해 미국으로 이주해 IIT (Illinois Institute of Technology)의 모체가 되었다.

그림 245 Dessau 바우하우스 건물

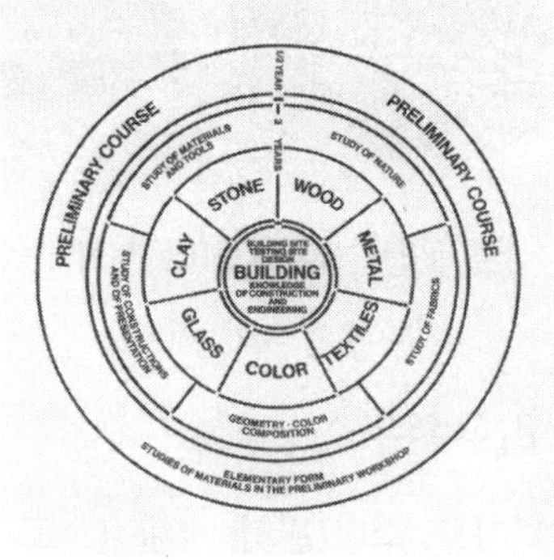

그림 246 바우하우스 교육과정

2. 건축교육 시스템

1) 국제인증 시스템 이전 건축교육

건축교육 방식은 보자르 전통을 따르면서도 바우하우스의 예에서 본 것처럼 시대마다 혁신적인 시도들이 곁들여지면서 발전했다. 프랑스에서 1968년 학생혁명의 여파로 보자르가 문을 닫고 다시 출발한 건축학교[255]는 실기 위주의 선발을 포기하고 사회과학과 도시분야 이슈를 교육과정에 반영한 것이 가장 큰 특징이다. 이는 건축을 예술의 한 분야로만 한정하는 것이 아니라 다양한 관점과 분야로 영역을 확대하고 인식을 넓히는 계기를 만들었다. 개별 학교 또는 지도교수마다 건축을 새롭게 정의하고 다양한 설계방법론을 발전시키는 시도로 이어져 학교 또는 아틀리에별로 각자의 정체성을 세우고 특성화했다. 프랑스에서 Paris-La Villette 학교는 사회학과 철학을 결합한 건축교육과 선박설계 아틀리에를 특성화했고, Paris-Belleville 도시건축과 독특한 교육방법을 실험했으며, Paris-Malaquais는 보자르 전통을 융합하는 교육과정을, Paris-Val de Seine는 기술과 환경을 강조하는 교육과정을 발달시켰다.

---

255) 새롭게 만들어진 건축학교는 대학(université)도 아니고 학교(école)도 아닌 '건축교육단위(unité Pédagogique d'Architecture)'라는 이름을 사용했다.

독일에서는 교육과정 중 현장실습을 의무화함으로써 실무에 강한 건축가 전통이 교육과정 중 만들어지도록 하였으며, 영국에서는 공학적 심화교육을 바탕으로 기술과 디테일이 강한 건축전통을 만들었다. 네덜란드는 도시분야에 특화된 건축대학이 세계적으로 알려졌으며 이탈리아에서는 신합리주의 전통이 만들어졌다.

우리나라도 공과대학 전통을 이어받아 공학교육이 강화된 교육과정을 운영하는 한양대학교와 발달한 미술대학 인프라를 바탕으로 조형적 측면을 강조하는 홍익대학교 설계전통이 만들어지기도 했다. 국민대학교는 근대건축의 거장으로 꼽히는 김수근이 교수로 참여하면서 건축학과를 단과대학으로 운영하는 특성화도 이루었다. 그러나 긍정적 측면 외에 교육의 질이 담보될 안정적이고 표준화한 교육과정이 운영되는 것이 아니라 개별대학과 학과의 특성화 교육과정 운용으로 임의적 변수가 개입할 여지가 있다는 비판이 동시에 일기도 했다.

그림 247 Paris-La Villette 선박설계

그림 248 Paris-Belleville 도시설계

그림 249 Paris-La Seine 디지털환경 건축문화연구소

2) 건축교육인증제

1995년 '세계무역기구(WTO)'가 출범하면서 미국 중심의 신자유주의 물결이 건축교육제도에도 변화를 몰고 왔다. 자유무역을 전제로 한 서비스 시장 개방 환경에 맞춰 세계적으로 통용될 수 있는 표준화된 교육모델을 운영해야 한다는 것이다. 이를 위해 1999년 UIA가 '베이징대회'에서 실무 건축사 양성을 위한 최소 교육연한을 5년으로 규정하고 2002년 '베를린대회'에서 '건축교육인증제'를 채택했다. 2008년 호주 캔버라에서 체결한 'Canberra Accord'로 회원국 상호 간 국가가 부여한 인증학위를 동등하게 인정하기로 했는데, 우리나라도 이 협약에 가입했다.[256)]

256) 'Canberra Accord' 가입국은 캐나다, 중국, 영연방, 홍콩, 일본, 대한민국, 멕시코, 남아프리카 공화국, 미국, 영국 등이다.

사립 교육기관 중심 오랜 인증제 역사를 가진 미국은 NAAB[257]를 운영하며 상세한 평가기준을 미리 정하고 이를 만족시키는지를 대학교육 과정에서 확인하는 '인증(accreditation)' 방식을 운영해왔다. 반면, 유럽은 국공립교육 중심으로 과정보다는 전문 직업인으로서 실력을 갖추었는지를 검증하기 위해 작업 결과물을 심사하여 기준을 만족하였는지를 단계별로 확인하는 '인준(validation)' 방식을 운영해왔다. 유럽이 미국식 표준에 대응해야 하는 과제가 주어진 것이다. 프랑스는 '유럽연합(EU)' 정책의 하나로 이미 1985년에 유럽국가 간 건축분야 서비스 시장 완전 개방을 택했는데, 미국식 세계화와 맞물려 1998년 건축학교(école) 교육과정을 개편해 5년제(2+3)에서 6년제(2+2+2)로 바꾸어 대학(université)과 맞추고[258] 자격제(certificat)에서 학점제(module)로 바꿨으며 의무실습을 1개월에서 1학기로 늘렸다.

우리나라도 2002년부터 미국식 인증방식의 '건축교육인증제'를 도입해 2025년 기준 전국 70개 대학이 5년제(B. Arch)를 운영하고 있으며, 건축전문대학원 중심의 4+2 체제(M. Arch)는 6개 대학이 채택하고 있다. 한편, 세계적 표준으로 기준을 향상하고 상호 인정받는 시스템을 확보했다는 긍정적 평가와 함께, 획일적인 교육과정과 엄격한 기준으로 건축이 가진 다양성과 특성화를 간과하였다는 비판의 목소리가 공존한다. 특히 미국식 '인증' 방식을 도입함에 따라 교육프로그램 전체에 대한 평가가 전문가로서 개인의 역량을 검증하기에 한계가 있다는 지적도 있다.

3) 우리나라 건축교육과정

미국식 인증제도를 도입해 운영하는 우리나라는 2004년부터 '한국건축학교육인증원(Korea Architectural Accreditation Board, KAAB)'을 설립하고 구체적인 인증기준[259]을 정해 2007년부터 각 대학의 건축학 교육프로그램을 인증하고 있다. 건축교육시스템은 과거 4년제 대학교와 2년제 전문대학에서 건축설계와 건축공학이 다소 혼재된 상태로 운영되던 교육제도에서 인증 받은 5년제 대학교 및 2년제 전문대학원과 인증 받지 않은 4년제 및 2년제와 3년제로 개편한 전문대 체제로 구분한다.

건축교육과정은 건축학인증제에서 기준으로 삼은 '학생수행평가기준(Student Performance

---

257) National Architectural Accreditation Board

258) '1789년 프랑스 대혁명으로 성립된 공화정은 국가에 봉사할 고급 기술인 양성을 목표로 지식인 양성 전통이 강한 대학(Université) 시스템에 대항해 에꼴(école)이라 불리는 특수학교를 설립함으로써 대학으로부터 독립적인 실무 전문가를 양성했다. 건축학교는 보자르학교 전통과 함께 이 체제에 속했다.

259) 인증기준은 크게 세 분야로 구성되는데 'Part Ⅰ'은 해당 교육프로그램이 소속 대학, 학생, 건축사 및 사회와 어떻게 대응하는지를 심사한다. 'Part Ⅱ'는 학위과정과 연계된 인적, 물적 자원의 운용상태와 자체평가체계를 조사한다. 'Part Ⅲ'은 프로그램 학습성과를 '학생수행평기기준'에 따라 평가한다.

Criteria)'[260]을 기반으로 과목이 편성되어 있다. 처음에 '건축적 사고', '설계', '기술', '실무'의 4개 영역 41개 항목을 만족하도록 기준을 삼았으나, 여러 번 개정을 거쳐 2024년 18개로 축소해 교과목을 운용하도록 했다. 교과목은 난이도에 따라 적절히 단계별로 배치하는데, 저학년에서는 기초적인 이론과 표현능력을 기르고 고학년으로 올라갈수록 전문적인 기술 및 실무와 관련된 과목들을 배우게 된다.

'건축설계 스튜디오'는 전체 필수 졸업을 위한 최소 이수학점인 160학점 중 60학점(37.5%)을 차지하는 중심과목으로, 저학년에서는 주택을 비롯한 작은 규모의 건축 형태와 구성 중심의 프로젝트를 다루다가 점차 다양한 요구를 수용하는 프로그램과 주변 맥락을 고려해야 하는 복잡한 건물을 설계하게 된다. 마지막 단계에서는 건축설계 전문가로서 종합적 관점과 분석적 사고를 필요로 하는 프로젝트와 실무에서 맞닥뜨리는 디테일과 법률적 조건이 고려된 복잡하고 세부적인 내용을 학습한다. 이론과목들은 건축역사와 구조, 설비 및 시공 등 기술 중심의 과목들로 편성되어 있다.

건축설계와 건축공학 과목을 골고루 수강하다가 졸업과 동시에 각자가 선택하는 건축가와 엔지니어 분야로 진로를 정하던 방식에서, 인증제 도입에 따라 5년제 건축학과와 기존 4년제 건축공학과가 배타적으로 분리되는 결과를 낳았다. 게다가 대부분 주 이틀 운영하는 건축설계 스튜디오는 과도한 비중을 차지하여 상대적으로 건축가로서 갖추어야 할 공학적 소양을 다소 등한히 하는 풍조를 만들었다는 지적도 있다.

4) 실무수련

UIA는 1999년 '베이징대회'에서 건축사 교육연한을 최소 5년으로 정한 것뿐만 아니라 2년 이상의 실무수련을 거치도록 기준을 정했다. 전문가로 직업을 영위하기 위해선 교육뿐만 아니라 실무에서 충분한 경험을 수련으로 거쳐야 한다는 배경이다. 우리나라는 실무수

---

260) '학생수행평가기준'은 크게 5개 영역으로 구성돼있다. '커뮤니케이션'은 '건축과 관련된 다양한 행위와 활동에 필요한 기본적이고 필수적인 의사소통 능력'으로 언어와 도면 등의 방법으로 건축을 표현하는 관점에서 교육내용과 성과물을 평가한다. '문화적 맥락'은 '예술사와 건축역사 및 이론, 도시사와 조경사 등의 관련 학문, 건축계획 및 행태 그리고 환경에 관한 기본적 이론'을 다룬다. '설계'는 '전체 설계과정에 대한 이해와 더불어 형태 및 공간구성, 대지와 프로그램, 재료와 구조, 건물시스템과 시공, 환경과 지속가능성, 인명의 안전과 피난, 노약자 및 장애인 등을 기본적으로 고려하고 이들을 종합하고 통합하여 설계에 적용하는 능력을 배양하는 과정'으로 정의한다. '기술'은 '건축을 기획, 계획하고 시공, 관리하는 데 필요한 모든 공학적 내용과 절차를 포함'한다. '실무'는 '프로젝트의 수주에서 설계, 설계도서의 작성/납품, 그리고 시공감리 및 거주후평가(P.O.E.)에 이르는 건축 전문용역 수행'을 말한다. '학생수행평가기준'은 초기 41개 항목으로 출발했으나, 미국식 인증기준을 빌리는 과정에서 우리나라 실정과 맞지 않는다는 지적에 따라 2010년에는 37개로 줄었고 2018년 26개에 이어 2024년엔 18개로 고쳐서 적용하고 있다. 최근 미국 NAAB가 인증기준을 0개로 획기적으로 줄이는 기준을 적용하자 우리도 이에 맞게 개편해야 한다는 움직임이 일고 있다.

련을 '건축사법에 따라 정규 건축학 학위교육을 이수한 건축분야 전공자에게 체계적인 수련제도를 통하여 건축실무에 필요한 지식과 경험을 습득할 수 있도록 하고, 엄격한 기록 관리와 검증을 통하여 건축사시험 응시자격을 부여함으로써 자질 있는 건축사를 배출하기 위한 제도'[261]라고 정의하고 있다.

과거 건축사 자격시험을 위해 건축사협회가 담당하던 경력관리 업무를 2012년부터는 건축사등록원을 설립해 이곳에서 업무를 수행하도록 맡겼다. 건축사등록원은 건축사법에 따라 대한건축사협회에 위탁된 실무수련, 건축사자격등록 및 갱신등록, 건축사 실무교육을 체계적으로 관리함으로써, 건축사의 양성단계부터 건축사 자격취득 이후 건축사 활동 전 과정을 종합적이고 체계적으로 관리하는[262] 기관이 된 것이다.

우리나라는 실무수련 기간을 5년제 졸업자의 경우 3년으로 정하고 있다.[263] 실무수련 기간 중 기획부터 실시설계에 이르는 설계과정을 365일 이상, 공사 단계별 관리와 프로젝트 관리 업무를 80일 이상, 사무소 관리와 기타 직능 관련 활동으로 20일 이상, 총 465일 이상을 최소 수련일수로 하고 있다.[264] 실무수련은 건축사사무소 개설자가 직접 실무수련자를 지도·감독하거나 해당 사무소 소속 건축사를 감독건축사로 지정해 실무를 지도할 수 있도록 한다. 실무경력 인정은 등급별로 차등을 두는데 건축설계 관련성이 높다고 판단되는 업무는 해당 경력을 100% 인정하지만, 도시계획과 조경 등 업무 관련 정도에 따라 80%와 60%로 차별을 둔다.[265]

한편, 실무수련 제도가 기간 중심으로 운영되기 때문에 건축사 자격을 위한 실무능력을 구체적으로 검증하진 못한다는 비판과 함께 실무수련자를 체계적이고 실효성 있게 지도할 수 있는 감독건축사와 소속 건축사사무소의 업무환경이 적절하게 마련되어야 한다는 지적도 있다.

261) 건축사등록원, https://www.kirakarb.or.kr/bptr/btrnPage.do

262) 건축사법 제38조의11(권한의 위임 및 위탁) 제2항

263) 건축사법 제13조(실무수련)

264) 건축사법시행령 [별표 1의2] 실무수련 과목과 수련 영역별 최소 수련일수

265) 건축사법시행령 [별표 1] 건축사보의 실무경력 인정기준

<표 11> 실무수련 과목과 수련 영역별 최소 수련일수

수련 영역	수련 과목	수련 항목	최소 수련일수
1. 설계	가. 기획	프로그램 기획, 대지 및 주변 분석	365일 이상
	나. 계획설계 및 중간간설계	법규검토, 계획설계, 공사비 개산, 구조/설비계획, 중간설계	
	다. 실시설계	실시설계, 설계설명서 및 재료 검토, 설계도서 검토와 조정	
2. 공사 관리	가. 공사단계별 관리	감리계약 및 공사계약, 사후 설계 관리, 공사감리	80일 이상
	나. 프로젝트 관리	프로젝트 관리	
3. 기타	가. 사무소 관리	사무소 관리	20일 이상
	나. 관련 활동	직능 관련 활동	
계			465일 이상

5) 건축사 자격취득

건축사 자격취득과 관련해 국가별로 다양한 제도를 운용하고 있는데 우리나라는 시대의 변화에 대응하며 현재의 시스템으로 발전시켜 왔다. 1963년 건축사법을 제정하면서부터 건축가의 직업 독점권을 공인했는데 일본식 모델을 바탕으로 제도를 만들다보니 일정 규모 이상은 1급에 맡기고 그 외는 2급이 담당하도록 하는 등급제를 운용했다. 1965년부터 건축사 자격시험을 도입했는데 교육 연한에 따라 실무기간을 차등해 운영했다. 4년제 대학 졸업자는 5년 이상 실무경력, 2년제의 경우 7년 이상, 고등학교 졸업자는 10년 이상에 더해 학력 없이도 설계와 공사감리 업무에 17년 이상 종사한 사람도 1급 건축사 자격시험에 응시할 수 있었다.

1978년에는 건축보조사 제도를 신설함과 동시에 1급과 2급으로 구분하던 제도를 폐지했으며 건축사 자격시험 응시자격을 위한 실무경력 기간을 2년씩 강화했다. 1980년에는 건축사보조사를 건축사보로 고쳐 부르기로 했다. 1982년에는 실무경력 기간을 4년제 졸업 후 5년으로 환원했지만, 건축직 공무원으로 7년 이상 근무하고 소정의 경력을 가진 자를 특별전형으로 선발하는 제도를 신설해 1995년까지 운영했다.

1995년에는 WTO 체제에 따른 서비스 시장 개방에 대응해 2000년까지 매년 건축사 선발인원을 1,000명 이상으로 확대하도록 하면서 건축사 예비시험제도를 도입했다. 2000년에는 시험과목을 실기 위주로 개편하고 건축사사무소를 등록제에서 신고제로 완화했다. 2012년부터는 실무수련제도를 도입하면서 2020년부터 건축사 예비시험제도를 폐지했다.

2027년엔 전면적인 개편이 예정되어 있는데 시험방식을 현재 작도시험에서 컴퓨터시험(Computer Based Test, CBT)으로 변경하는 것이 가장 큰 변화다. 시험 일자도 미국 건축사 시험을 모델로 정해진 날짜 없이 자유롭게 응시하고 불합격 시 6개월 후에 시험을 다시 치를 수 있도록 한다는 내용도 포함되었다. 시험과목으로 실무수련 관련 과목을 추가할 예정이며 시험 합격률을 인위적으로 조정하지 않기로 했다. 건축사 자격을 취득한 후 시·도지사에게 건축사 자격증과 실무수련을 증빙하는 경력증명서와 사무소 개설 또는 소속을 증빙하면 건축사로 활동할 수 있다.

3. 건축가의 계속교육

1) UIA 권고기준

교육기관에서 건축가로서 전문교육을 받고 실무수련을 거쳐 자격시험을 통과한 다음 공인된 자격을 갖춘다고 하더라도 빠르게 변하는 기술과 사회변화에 대응하기 위해서는 직업기간 중에도 꾸준한 자기계발 과정을 거쳐야 한다. 단순 기술직이 아닌 전문직의 경우에는 더더욱 그러하다. 하루가 다르게 발전하는 기술분야에서 의사를 비롯한 전문직이 자격을 유지하는데 필수적인 요건으로 계속교육을 제도화하고 있는 이유이다.

세계건축가연맹(UIA)는 건축가의 계속교육을 학문적 지식과 기술적 능력을 보장하기 위한 건축가의 기본적인 조건으로 전제하며 'CPD(Continuing Professional Development)'라는 이름으로 기준을 정해 1999년부터 제도를 운용하고 있다. 이에 따라 UIA에 소속된 각 회원 지부는 지속적인 경력개발을 공익에 대한 회원의 의무로서 준수해야 하며 건축가 자신이 제공하는 서비스에 관해 충분한 역량이 있음을 확인시켜야 한다고 천명한다.[266] 뿐만 아니라 지속적인 경력개발에 관한 진전 상황을 관찰해 회원등록 갱신 시 평가결과를 반영하고 국가 간 서로 인정하는 방침을 만들어 운용하도록 각국에 권고하고 있다.

UIA가 권고하는 계속교육 프로그램은 교육공급자로부터 교육콘텐츠를 제공받아 운영하는 프로그램과 건축가 스스로 수행하는 교육으로 나뉜다. 전자의 경우 프로그램 내용과 수강시간, 기간 내 이수학점, 평가기준 등을 정해서 운영하도록 권고하고 있는데, 초기에는 공중보건, 안전, 복지 관련 공공서비스 분야의 최저 학점기준을 지키도록 의무화했다가 최근엔 권고로 정책 방향을 바꿨다. UIA는 권고용 기준만을 제시할 뿐 구체적인 내용은 각 나

---

266) Recommended Guidelines for the UIA Accord, UIA, 1999.

라에서 형편과 상황을 고려해 자율적으로 편성해 시행하도록 했다. 2021년 발간한 자료[267]에 의하면 UIA는 'UN 2030 Agenda'[268]에 기반을 둔 '지속가능한 개발(SDGs; Sustainable Development Goals)'을 실천하기 위해 건축가의 역할이 중요하고 계속교육이 이를 달성할 수 있는 길임을 역설한다.

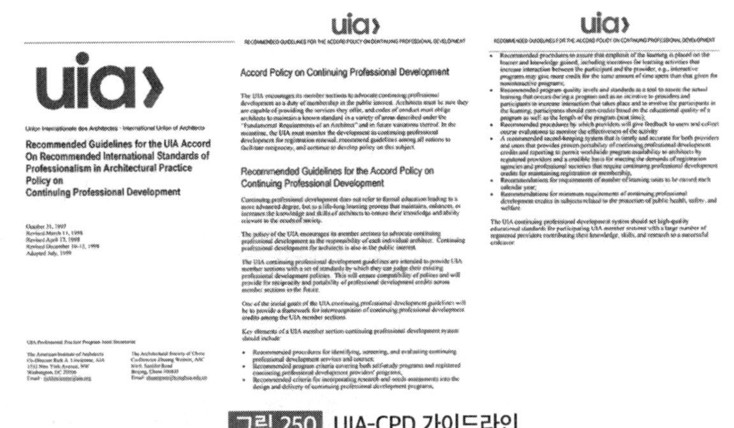
uia

Union Internationale des Architectes · International Union of Architects

Recommended Guidelines for the UIA Accord On Recommended International Standards of Professionalism in Architectural Practice Policy on Continuing Professional Development

Accord Policy on Continuing Professional Development

Recommended Guidelines for the Accord Policy on Continuing Professional Development

그림 250 UIA-CPD 가이드라인

2) 미국 AIA/CES(Continuing Education System)

미국 건축가협회(AIA; American Institue of Architects)는 건축가가 서비스를 제공하는 모든 분야에서 현재의 전문 역량을 강화함으로써 대중의 신뢰를 유지해야 함을 주장하면서 계속교육이 건축가가 전문 서비스 품질을 유지하는 데 도움이 되는 교육활동이라고 규정하고 1995년부터 면허를 등록하고 갱신할 때 협회에 계속교육 활동 결과를 서류로 제출하도록 의무화하고 있다. AIA는 계속교육 관련 가이드라인을 정하고 프로그램을 개발, 제공, 관리하는 조건들을 표준안으로 제시한다.[269] 등록 건축사는 AIA/CES 공급자로부터 제공되는 프로그램을 매년 18학점(LU; Learning Units)까지 취득해야 하는데, 그중 12학점은 보건·안전·복지(HSW; Health, Safety, Welfare) 주제를 포함하도록 하고 있다. 이는 UIA가 초기 권고안으로 제시한 보건, 안전, 공공복지 관련 내용 이수 권고를 유지한 정책의 결과이다.

미국은 연방제 국가로 조건이 다른 광활한 나라를 효과적으로 관리하고자 주마다 다른 제도를 발전시켜 왔다. 계속교육 이수기준도 주마다 특성이 있는데, 캘리포니아 주는 AIA/CES가 규정한 18학점 기준에 더해 2년 단위 10시간 중 5시간은 무장애설계 관련이고 5시간

267) Draft Guidance for the System of Continuing Professional Development for Architects, UIA, 2021,

268) 2015년 UN이 '현재와 미래의 인류와 지구 평화, 번영을 위한 공유 청사진'으로 채택한 지속가능발전 목표

269) Standards for Continuing Educatip Programs, 2018, AIA.

은 탄소제로(ZNCD; Zero Net Carbon Design) 과목을 이수해야 한다.[270] 뉴욕 주는 매 3년 36시간 중 24시간을 보건·안전·복지 과목을 이수해야 하며 36시간 중 18시간을 집합교육 방식으로 이수해야 하는 규정을 추가했다.[271] 반면, 애리조나 주처럼 계속교육을 요구하지 않거나 지역적으로 넓게 흩어져 있는 설계사무소 특성을 고려해 원격교육을 중심으로 운영하는 경우도 있다.

수업형식은 세미나, 강의, 회의 참가, 화상회의, 온라인, 여행 등 폭넓게 인정한다. 프로그램은 필수와 선택으로 나뉘는 데 필수 프로그램은 주별 기준에 따른 AIA/CES 인증 과목 중에서 선택해야 하고 자율선택은 여러 형식이 받아들여지지만 이를 증빙할 수 있어야 한다는 조건이 붙는다. 민간회사나 개인, 위원회, 학교, 정부, 단체 등이 프로그램 공급자가 될 수 있지만 AIA 승인을 받아야 한다. AIA는 프로그램 공급자와 프로그램 내용을 승인하고 감독하는 역할을 담당한다.

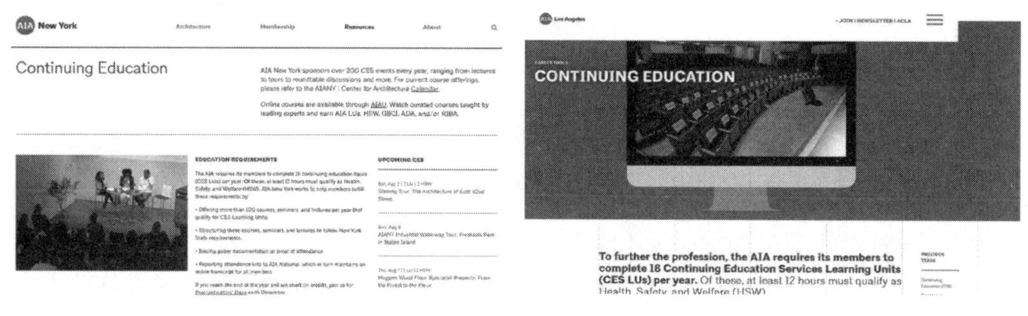

그림 251 미국 AIA/CES NY 가이드라인

그림 252 미국 AIA/CES LA 가이드라인

3) 영국 RIBA/CPD(Continuing Professional Development)

'영국왕립건축가협회(RIBA; Royal Institute of British Architects)'는 1834년부터 건축 교육과정뿐만 아니라 계속교육에 대해서도 표준안을 제시해 왔다고 밝히고 있다.[272] 2021년부터 건강과 생명안전, 기후위기와 직업윤리에 중점을 두고 건축교육과 지속적인 전문성 개발을 위한 새로운 방향 제시를 의미하는 'The Way Ahead' 비전을 정하고 교육 주제 및 가치, 필수역량, 경력개발 수준, 핵심 CPD 커리큘럼, 전문성, 인증 등이 구성요소로 포함된 기준을 운용하고 있다.

---

270) https://www.cab.ca.gov/licensees/ce/#overview

271) https://www.aiany.org/resources/continuing-education/

272) https://www.architecture.com/education-cpd-and-careers

영국은 계속교육을 건축사 직업활동 중 계속해야 하는 학습과정이라 정의하면서 1993년부터 모든 회원이 전문 역량을 유지하기 위해 매년 계속교육을 수행하고 그 내용을 기록할 것을 의무화했다. 매년 최소 35시간 관련 학습을 수행해야 하며 35시간 중 최소 20시간(연간 주제당 2시간)은 RIBA가 정한 10가지 핵심 주제를 다루어야 한다. 10가지 핵심주제는 '공익을 위한 건축', '건강·안전·웰빙', '비즈니스 & 고객과 서비스', '법·규정과 준수', '조달과 계약', '지속가능한 건축', '포용적 환경', '장소 계획과 커뮤니티', '건물 보존과 유산', '디자인', '건설과 기술'로 이루어져 있다.[273] 계속교육 프로그램이 사회변화와 미래 직업 환경에 대응하기 위한 필요한 제도라고 주장하면서 2017년에 '공익을 위한 건축'을 새롭게 추가해 건축이 개인과 지역사회에 제공하는 사회적 가치와 경제 및 환경적 이점을 이해해야 한다고 강조한다. 또한, 10가지 핵심 주제를 제시하면서도 CPD가 전적으로 유연함을 밝히며 건축가가 스스로 구체적인 프로그램을 제안할 수 있다고도 설명한다.

한편, 영국은 영연방을 대표하는 나라로써 영국문화권을 중심으로 상호성이 인정되는 세계화를 지향한다. 이는 유럽연합과 대비해 영국문화권을 중심으로 하는 세계 블록화 정책과도 연결된다고 볼 수 있다. RIBA는 세계적으로 23,500명 이상의 학생 회원과 52,000명 이상의 건축사 회원을 대표하는 글로벌 조직으로 전 세계 120개 이상의 건축 학교에서 230개가 넘는 건축 프로그램을 검증하며 학생뿐만 아니라 건축사 계속교육 시스템도 운영하고 있다.

그림 253 RIBA CPD 가이드라인

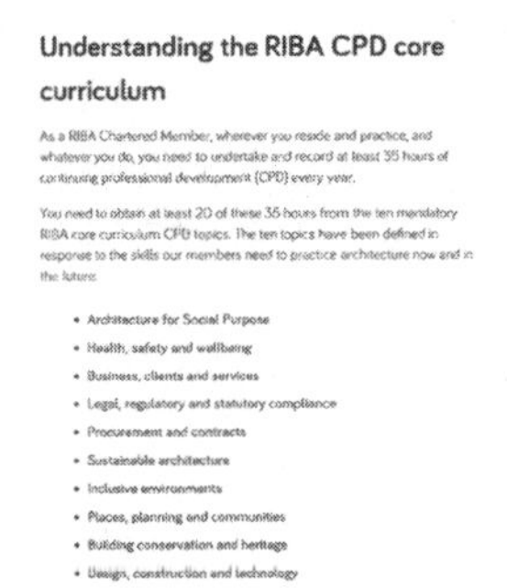

그림 254 RIBA CPD Core 주제

273) 10 RIBA CPD Core Curriculum, RIBA.

4) 프랑스 FPC(Formation Professionnelle Continue)

프랑스는 건축가의 계속교육을 FPC라는 이름으로 시행하고 있는데 유럽연합(EU) 차원의 정책적 틀 속에서 운영한다. 원칙적으로 유럽연합 소속 국가 간에는 자격이 상호 인정될 뿐만 아니라 자유로운 직업활동도 가능하기 때문이다. 이를 위해 1990년 '유럽 건축가 협의회(Conseil des Architectes d'Europe)'를 설립했으며 2010년부터는 모든 유럽연합 국가가 계속교육 제도를 도입해 운용하도록 의무화했다. 프랑스는 계속교육을 정기적인 교육 활동에 참여함으로써 자격을 갖춘 전문가로서의 실력을 유지하고 계발하기 위한 목적이라고 정의하면서[274] 관련 지침은 UIA 권고 틀 속에서 다소 유연하게 편성했다.

계속교육은 '공식(structurée)교육'과 '보완(complémentaires)교육'으로 구분된다. 공식교육은 승인된 교육기관에서 집합교육 형태로 실시하거나, 온라인 또는 혼합방식으로 운영하는 프로그램으로 교육이 끝나면 수료증이 발부된다. 보완교육은 동영상 교육 등 다양한 형태가 가능하지만, 이수를 증빙할 수 있는 결과물을 제출해야 한다. 공식교육 프로그램은 다양하게 편성할 수 있는데 프랑스 건축사협회(Ordre des Architectes)에서는 선정한 교육프로그램을 지역별, 부문별, 일정별로 홈페이지를 통해 안내하는 편의를 제공하고 있다. 무료 온라인강좌인 MOOC(Massive Open online Course)나 유료강좌인 SPOC(Small Private Online Course)도 인정하고 대학에서 수행한 교육이나 전문 출판물도 연 7시간 범위에서 인정한다. 국외에서 수행한 프로그램은 사전 허가된 프로그램만을 인정한다.

의무 교육시간은 2017년부터 연 20시간 3년 단위 총 60시간으로 정했다. 연 20시간을 기관에서 운영하는 공식교육 프로그램으로 모두 이수하거나, 공식교육을 14시간으로 하고 강연회, 행사 등 보완교육을 6시간으로 구성할 수도 있다. 3년 단위 60시간의 경우에는 42시간의 공식교육과 18시간의 보완교육으로 구성하되, 한 해에 이수한 추가 교육시간은 다음 해로 이월할 수 있고 매년 부족한 이수시간은 3년 범위에서 이듬해에 채울 수도 있도록 운영한다.[275]

---

274) https://www.ace-cae.eu/fr/acces-a-la-profession/formation-continue/

275) https://www.architectes.org/questions-reponses-autour-de-la-formation-continue

그림 255 프랑스 FPC 가이드라인

그림 256 MOOC 프로그램

5) 우리나라 건축사 실무교육(계속교육)

우리나라는 UIA가 권고하는 계속교육을 건축사 실무교육이라는 이름으로 관리하고 있다. '건축사의 업무수행에 필요한 전문지식과 기술적 능력을 높이기 위해'[276] 건축사 실무교육을 건축사법 제30조의2 및 건축사법시행령 제30조에 의거 법적 의무사항으로 규정한 것이다. 실무교육은 국가나 지방자치단체, 건축사협회, 공공기관, 대학교 등의 기관에서 실시할 수 있다. 대한건축사협회는 건축사의 실무교육을 위해 2012년부터 '건축사교육원'을 설립해 운영하고 있고 한국건축가협회도 '건축교육원'을 설립해 관련 교육을 실시하고 있다.

실무교육의 종류로는 윤리교육과 전문교육 뿐만 아니라 자기계발을 포함한다. 윤리교육은 건축사의 직업윤리와 사회적 책무 등을 말하며, 전문교육은 건축설계·감리와 정책 및 법령 등 실무와 관련된 내용을 다룬다. 자기계발은 건축관련 행사와 봉사 등 자율적 참여가 보장된 활동을 인정한다.

전문교육 분야는 2024년 기준 Barrier Free, CPTED(범죄예방디자인), 건설기술, 건설안전, 건축계획, 건축공사감리, 건축구조, 건축기준, 건축문화, 건축설계, 건축실무, 건축재료, 건축정책 및 법령, 건축환경, 그린리모델링, 녹색건축/에너지절약, 도시재생, 목조건축, 사무소 운영, 제로에너지, 조경, 해외 진출 및 사례 등으로 구성되어 있다.[277] 빠르게 발전하는 건축재료 및 기술과 변화하는 사회적 요구에 대응해 만들어지고 복잡해지는 제도를 숙지하여 전문가로서 적절한 서비스를 제공하는 것이 건축가의 소임임을 실무교육을 통해 달성하도록 제도화한 건이다.

276) '건축사 실무교육 업무처리기준', 국토해양부 제2012-631호, 2012.

277) 2024년도 건축사 실무교육 실시계획(안), 건축사등록원.

교육방법은 집합교육과 사이버교육으로 나누어진다. 교육이수 시간은 최초 등록 후 5년마다 40시간인데 연간 최대 20시간으로 정했다. 윤리교육은 집합교육으로 5시간, 전문교육은 25시간 이상, 자기계발은 10시간 이하로 정했다. 교육방법과 이수기준 규정은 나라 간 상호성을 확보하기 위해 조정될 필요성은 있으나, 국가별 특수한 지역적 상황과 자국의 서비스산업을 보호하는 차원에서 유보적인 실정이다. UIA 권고기준을 준수하면서 나라 간 또는 블록별 별도기준을 운용할 가능성이 크다.

그림 257 건축사교육원 홈페이지

15장 | 건축사 업무와 직업윤리

사회가 발전하면서 분업의 효율과 재능의 전문화로 많은 직업이 생겨났다. 건축가는 오랜 역사와 전통을 가진 정의가 어렵지 않은 직업이지만, 기술이 발달하고 환경이 변하면서 하는 일의 내용과 범위가 재정의되고 복잡해졌다. 새롭게 생겨나는 영역을 두고 관련 있는 직업들이 서로 경쟁하고 배타적으로 투쟁하기도 한다. 이 장에서는 법으로 정한 건축사의 업무에 관해 살펴보고 날로 강조되고 있는 직업윤리를 공부하게 된다. 사회가 건축가 직업을 인정하고 존중하기 위해서는 모두가 동의하는 전문가로서의 정체성과 확고한 직업의식이 필요한데 그 바탕이 직업윤리이기 때문이다.

1. 건축사 업무범위

1) 전통적 건축가 업무

오래전 건축가는 세상에 없던 건물을 구상하고 그것이 지어지도록 현장을 총괄하는 오케스트라 지휘자와도 같은 위치에 있었다. 발주자가 되는 왕이나 권력자와 독대하면서 어느 정도 그에 범접한 지위를 누릴 수도 있었다. 건축가는 레오나르도 다빈치나 미켈란젤로와 같이 예술의 다양한 영역을 넘나드는 천재이자 만능의 재주꾼으로 존경받기도 했다. 어느 시대나 소수의 스타 건축가만 주목받았듯이 대다수 건축가는 목수나 석공들과 같이 현장에서 다양한 창조적이고 생산적인 일에 종사했다. 시간이 지나면서 세상은 더욱 복잡해지고 새롭게 등장하는 기술은 직업영역을 확대하면서 전통적으로 건축가가 담당하던 일들이 분화하고 전문화했다. 그런 가운데 건축은 하나의 직업군을 형성하며 생업을 위해 독점권을 확보하는 배타적인 직업영역으로 자리 잡았다.

건축가가 공인된 교육과 수련 과정을 거쳐 자격시험을 통과해야 일을 할 수 있는 것처럼 도시계획가나 엔지니어도 기술사 자격을 갖추고 법적으로 등록해야 직업을 영위할 수 있다. 어느 직업군이나 할 수 있는 일의 범위를 확대하고 처우를 개선하기 위해 노력하고자 하는 과정에서 영역이 겹치는 현상이 발생한다. 이 영역 경쟁은 전통적으로 내려오는 직역이 아니라 새로 생기는 분야일수록 더욱 심하다. 건축가들은 오래전부터 내려오던 영역이 확장한 것이라고 주장하지만, 재빠르게 새 분야를 개척한 전문가들은 본인의 독보적인 영역임을 주장한다. 오늘날에도 사회적으로 새로운 이슈와 기술이 등장할 때마다 이러한 논쟁은 계속되고 있다. 컴퓨터 그래픽으로 설계하는 영역이 그렇고 친환경 분야도 그렇다. 이런 상황은 변화하는 기술과 환경 속에서 앞으로도 계속될 것으로 보이는데 굳이 건축가로서 배타적일 필요는 없다. 오히려 직업의 범위를 넓히고 분야를 확장하는 계기가 될 수도 있고, 그 과정에서 건축가가 주도적 역할을 담당할 것으로 기대되기 때문이다. 보수적 직업관은 오히려 기회를 잃는 빌미를 제공하기도 한다. 19세기 엔지니어가 등장할 무렵 건축가가 예술가적 태도를 고집한 일이나 20세기 도시계획 분야를 엔지니어에 내어준 사례가 이를 방증한다.

그림 258 1900년에 예측한 2000년의 건축가(https://fr.wikipedia.org/wiki/Architecte)

2) 설계업무

2001년부터 건축사법[278]은 건축사의 업무범위와 대가기준을 정하고 공공기관이 지키도록 규정했다. 업무범위와 대가기준이 정해지지 않은 상태에서 가격에 의한 발주방식이 과다한 경쟁으로 이어져 건축가의 생존권을 위협하고 질 저하를 가져옴에 따라 건축문화 향상을 위해선 선진국이 채택해 운영하는 것처럼 건축설계업을 보호해야 한다는 차원이었다. 물론 이때에도 민간분야는 자율경쟁 시스템을 유지했다.

규정에[279] 따르면 건축사의 업무는 크게 설계, 공사감리, 건설사업관리(CM), 그 외 발주자로부터 요청받아 수행하는 기타 업무로 구분한다. 가장 많은 비중을 차지하는 설계업무는 다시 기획, 건축설계, 사후설계관리 업무로 나뉜다. 건축설계는 다시 단계별로 처리하는 업무의 성격과 규모에 따라 계획설계, 중간설계, 실시설계로 구분한다. 기획업무는 초기에 건축물 규모를 검토하고 현장을 조사하며 설계지침을 작성하는 등 발주자가 필요에 따라 본격적인 설계작업에 착수하기 전에 요구하는 업무를 말한다. 계획설계는 건축물의 규모, 예산, 기능, 질, 미관상 설계목표를 정하고 가능한 해법을 제시하는 단계로서, 디자인 개념 설정과 구조, 기계, 전기, 토목, 조경 등 기본적인 내용이 포함된다. 중간설계는 계획설계 내용을 발전시킨 안으로, 실시설계 단계에서의 변경 가능성을 최소화하기 위해 다각적인 검토가 이루어지는데, 연관 분야의 시스템 확정에 따른 각종 자재, 장비 규모, 용량을 구체화한 설계도를 만든다. 실시설계는 중간설계를 바탕으로 입찰, 계약과 공사에 필요한 설계도서를 작성하는 단계로서 공사의 범위, 양, 질, 치수, 위치, 재질, 질감, 색상 등을 결정해

278) 건축사법 제19조의3(공공발주사업 등에 대한 건축사의 업무범위 및 대가기준), 2009년 신설.

279) '공공발주사업에 대한 건축사의 업무범위와 대가기준', 국토교통부고시 제2020-635호.

공사에 필요한 설계도면을 완성한다.[280)]

사후설계관리는 건축설계가 완료된 후 공사시공 과정에서 건축가의 설계의도가 충분히 반영되도록 설계도서 해석, 자문, 현장여건 변화와 업체선정에 따른 자재와 장비의 치수, 위치, 재질, 질감, 색상 등을 선정하고 변경사항을 검토하는 업무를 말한다. 사후설계관리는 공사감리와는 성격이 다르고 공사감리가 법적 의무사항임과 비교하면 사후설계관리는 '다자인 감리'라고도 부르며 선택사항으로 분류한다.

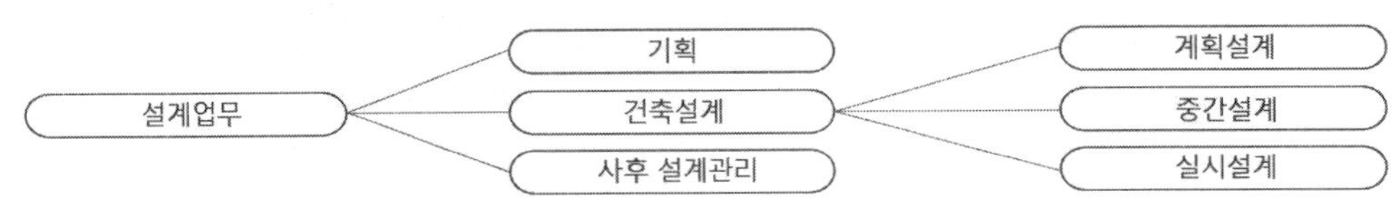

그림 259 건축사 설계업무(건축사법)

3) 공사감리와 건설사업관리(CM)

공사감리는 건축물이 설계도서 내용대로 시공되는지를 확인하고 품질, 안전 및 공사관리에 대해 시공단계에서 지도, 감독하는 행위이다.[281)] 1963년 제정된 건축사법에는 공사감리를 건축사가 확인해야 하는 업무 중 하나로 규정했고[282)] 1970년 개정된 건축법에서 설계자를 공사감리자로 정해야 한다고[283)] 명시했으나, 처벌조항을 신설해 감리를 의무화 한[284)] 것은 1994년 성수대교와 1995년 삼풍백화점 붕괴사고 이후다.

건축주의 권한을 대행하는 공사감리는 업무의 정도에 따라 필요할 때 현장을 찾아 감리하는 비상주감리, 전체 공사기간 동안 현장에서 상주하는 상주감리, 책임자를 세우는 책임상주감리로 구분한다. 공정이 일정 진도에 다다르면 중간보고서를, 공사를 완료한 때에는 완료보고서를 작성해 건축주가 기관에 제출하도록 해야 한다.[285)] 현재 감리제도는 편의제공 등의 이유로 건축사가 설계한 건축물을 감리하는 것이 아니라 제삼자에 의해 점검하는 방식으로 운영하다 보니 설계자의 설계의도가 구현되지 못한다는 지적에 따라 건축서비스

280) '공공발주사업에 대한 건축사의 업무범위와 대가기준', 제6조(설계업무).

281) 건축공사감리 세부기준, 국토교통부고시 제2020-1011호

282) 건축사법 제2조(정의), 1963.12.16.

283) 건축법 제6조(건축물의 설계 및 공사감리), 1970.1.1.

284) 건축법 제77조의2(벌칙), 제77조의3(벌칙), 1995.12.30.

285) 건축법 제25조(건축물의 공사감리)

산업 진흥법에서 규정하는[286] 범위에만 국한한다.

공사감리가 건축법과 건축사법 및 주택법 등의 적용을 받는 의무임에 비해 권장 성격의 건설사업관리(CM)는 건설산업기본법과 건설기술진흥법 등에 근거한다. 법에서는 건설사업관리를 건설공사에 관한 기획, 타당성 조사, 분석, 설계, 조달, 계약, 시공관리, 감리, 평가 또는 사후관리 등에 관한 관리를 수행하는 것으로 정의한다.[287] 법은 총공사비 200억 원 이상의 특별한 공사 등 복잡하고 전문기술을 필요로 하는 경우로 한정해 건설사업관리를 규정하고 있으나, 효과를 염두에 둔 발주측의 판단으로 적용과 영역이 확대되는 추세이다. 건설사업관리는 설계 전 단계부터 시공 후까지 건설사업 전반에 걸쳐 공사비를 절감하고 공사기간을 단축하거나 품질을 향상하는 등의 업무를 수행하기 위해선 건축설계 내용과 시공방법을 숙지한 상태에서 더 나은 조건을 보장하는 창의적인 제안이 필요하므로 숙련된 건축사가 경쟁력을 가질 수 있다. 다만 건설사업관리가 비용과 기간 등 경제적 관점으로만 치우쳐 수행되기보다는 건축물의 예술성과 질을 충분히 담보할 수 있는 방향으로 수행되어야 한다.

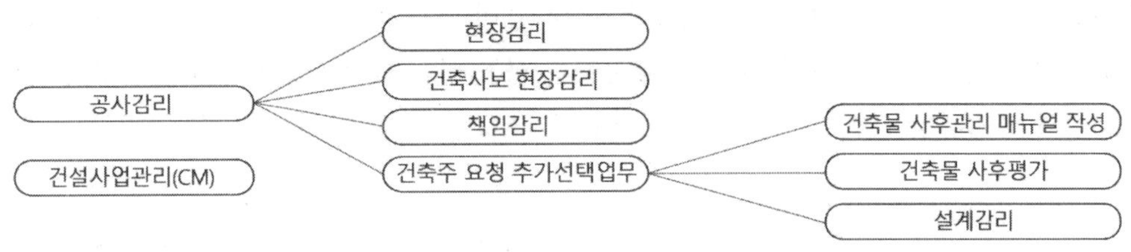

그림 260 건축사 공사감리와 건설사업관리 업무(건축사법)

4) 선택업무

건축사가 직업적 독점권을 행사하는 건축설계 분야 외의 일들은 추가적인 선택업무에 해당한다. 이 업무들은 필연적으로 다른 직업군과 영역이 겹치는 경우가 많다. 법률이 정의하는 추가 선택업무들은[288] 충분히 건축가가 경쟁력을 가지고 수행할 수 있는 일들이다. 규정은 발주자가 추가로 요청할 수 있는 업무를 건축물 조사 및 감정, 현장조사 및 검사, 준공도서 작성, Masterplan 작성, 사업타당성 분석, Life Cycle Cost Analysis, 분양관련 지원 등을 정하고 있다. 또한, 발주자가 요청할 경우 추가로 선택할 수 있는 설계업무도 규정하고 있다.

---

286) 건축서비스산업 진흥법 제22조(설계의도 구현)

287) 건설산업기본법 제2조(정의), 1996.12.30. 제정.

288) 국토교통부고시 제2020635호 '공공발주사업에 대한 건축사의 업무범위와 대가기준'.

리모델링은 신축보다 더 어렵다고 여겨질 정도로 충분히 복잡한 건축사의 전문성이 필요하다. 새로운 설계안을 작성하기 위해 구조와 설비 등 기존 건물이 가진 제약 조건을 검토한 다음 잠재력에 근거해 완전히 새로운 공간을 창조하는 일이기 때문이다. 인테리어는 실제 거주자가 활동할 공간을 가장 마지막 단계에서 마무리하는 일에 해당한다. 건축가는 궁극적으로 사용자가 체험할 공간을 설계하는 것이지만 분업화 과정에서 인테리어가 건축설계로부터 분리되는 결과를 낳았다. 인테리어 학과에서는 조명과 색채 및 건축재료의 질감을 바탕으로 심미적인 공간감을 연출하는 과정을 학업을 통해 배우므로 경쟁력을 갖지만, 건축물의 구조적 특성과 컨셉 등 총체적인 정체성을 고려한다는 측면에서는 건축가의 통찰이 필요하다. 음향설계는 잔향시간이 짧아야 하는 강의실과 길어야 하는 콘서트홀이 달라야 하는 것처럼 건축물이 구현해야 할 음향연출을 위해 특별한 기술을 적용한다. 이를 위해 건축가는 음향 관련 기술자와 협력해야 할 필요가 있으나, 건축가는 음악이 공연되는 공간의 의도된 공간감과 분위기를 먼저 염두에 두고 설계하기 때문에 음향설계는 공간설계에 우선할 수 없다. 3D 모델링과 BIM 분야도 컴퓨터 관련 기술이 궁극의 목표가 아니라 건축의 가능성을 확장하고 선험적으로 시뮬레이션하는데 사용된다는 점에서 건축에 우선할 수 없다. 건축가는 도면과 모형을 통해 구현하고자 하는 바를 표현하고 소통하던 것처럼 새롭게 등장하는 컴퓨터 관련 기술을 도구로 사용해 더 나은 건축 결과물을 만들 수 있다.

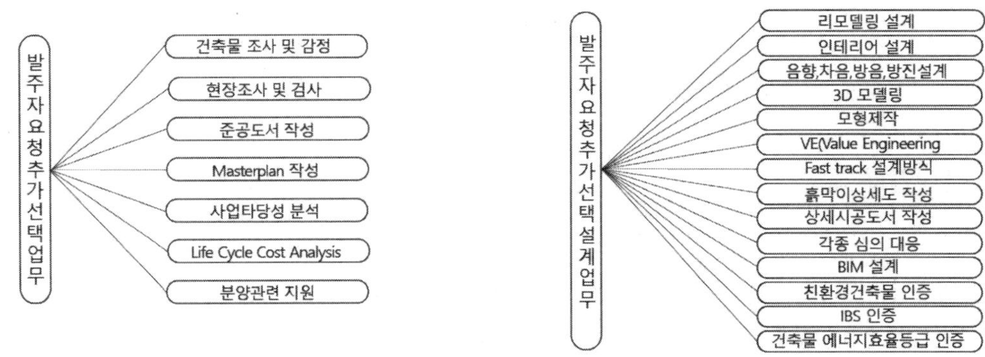

그림 261 건축사 추가선택 업무(건축사법)

2. 전문직 종사자의 직업윤리

1) 전문직 특성

19세기부터 틀이 갖춰지기 시작한 전문직은 사회적으로 인정받는 자격이 있어야 한다. 정해진 교육과정을 이수하고 일정 기간 수련을 거친 다음 특별한 자격검정을 통과해야 전문직으로써 직업을 영위할 수 있다. 전문직은 공공에 대한 봉사를 첫째 사명으로 삼으며 기술과 지식을 사회적으로 유익하게 사용할 책임도 있다고 한다. 사회적인 존중과 고소득을 보장하다 보니 다른 직업에 비해 경쟁이 높아 과정이 힘들고 오랜 기간을 거친다. 사회적 인정에는 금전적인 면뿐만 아니라 힘들고 긴 수련 기간을 거치고 고도의 기술을 보유하면서 사회적으로 중요한 일을 감당함에 대한 존중이 포함되어 있다. 따라서 돈을 많이 버는 일이 직업상의 성공과 일치하는 것도 아니다.

사회 통념이 전문영역의 특수성을 따라갈 수 없으므로 업무수행에 있어 광범위한 자율권을 행사한다. 법률이 정한 일반적 상황 때문에 전문직이 감수해야 할 실험정신과 신속한 판단을 회피하거나 주저하게 해서는 안 되기 때문이다. 따라서 전문직 징계는 일반적인 법률이 아니라 사회적 책임을 이행하기 위해 직업단체가 직업윤리와 행동강령을 정해 운용하는 등 자율적으로 규제한다. 또한, 전문직은 자문위원이나 심의위원 등 사회단체나 국가의 의사결정에 전문적인 지식으로 이바지하기도 한다.

전문적 지식과 기술이 비윤리적으로 사용되었을 때 일어날 수 있는 사회적 결과와 해악이 매우 크기 때문에 전문직에 종사하는 사람들은 더욱 높은 윤리의식을 가지고 직업 활동에 임해야 한다. 전문직 종사자들이 자율적으로도 윤리기준을 준수할 수 있을 거라고 사회가 인정해 주기 때문에 전문직의 윤리는 일반적으로 단체 등 자율적 직업조직에 의해 규제되는 방식을 취하고 있다. 전문직 직업단체들은 매우 엄격한 윤리강령을 정해서 운용하는데 이를 위반했을 때에는 상당히 엄한 규제를 적용한다. 전문직은 그만큼의 책임의식이 필요하다고 판단한다. 전문직 종사자들이 사명을 완수하기 위해서는 전문적인 지식과 기술 습득 못지않게 윤리의식 내면화 또한 필수적이다. 사회가 존경과 더불어 그만큼의 올바른 윤리의식을 요구하기 때문이다.

그림 262 19세기 전문직 풍자(H.W. Bunbury, 1809)

2) 의사의 직업윤리

직업윤리가 거론된 가장 오래된 전문직으로 의사를 꼽는다. 일반인에게도 널리 알려진 그리스 시대 활동했던 의사 히포크라테스(BC 460 -377)는 평생 올바른 직업윤리를 실천한 인물로 평가한다. 의사로서 지향해야 할 윤리관을 담은 히포크라테스 선서에는 인류봉사를 바탕으로 양심에 따라 전통과 명예를 지키며 환자의 생명과 건강을 최우선으로 한다는 다짐과 함께, 오늘날 대부분 전문직 분야에서 여전히 유지하고 있는 진실 말하기, 사생활 보호, 비밀 유지, 이해 상충 관리, 자원 절약 등 실천적 항목들이 나열되어 있다.[289] 히포크라테스 선서는 모든 전문직 분야 직업윤리의 바탕이자 기준이 되고 있다.

대한의사협회는 1964년 제정한 '의사의 윤리'를 근간으로 1995년 '의사윤리선언'[290]을 만

---

289) 히포크라테스 선서: "이제 의업에 종사할 허락을 받으매 나의 생애를 인류봉사에 바칠 것을 엄숙히 서약하노라. 나의 은사에 대하여 존경과 감사를 드리겠노라. 나의 양심과 위엄으로서 의술을 베풀겠노라. 나의 환자의 건강과 생명을 첫째로 생각하겠노라. 나는 환자가 알려준 모든 내정의 비밀을 지키겠노라. 나의 위업의 고귀한 전통과 명예를 유지하겠노라. 나는 동업자를 형제처럼 생각하겠노라. 나는 인종, 종교, 국적, 정당정파, 또는 사회적 지위 여하를 초월하여 오직 환자에게 대한 나의 의무를 지키겠노라. 나는 인간의 생명을 수태된 때로부터 지상의 것으로 존중히 여기겠노라. 비록 위협을 당할지라도 나의 지식을 인도에 어긋나게 쓰지 않겠노라. 이상의 서약을 나의 자유의사로 나의 명예를 받들어 하노라."

290) 대한의사협회 의사윤리선언: "우리 의사는 사람의 고귀한 생명과 건강을 보전하고 증진하는 숭고한 사명을 인류와 국민으로부터 부여 받았다. 이에 우리는 의사 본연의 사명 수행을 삶의 본분으로 삼아 다음과 같이 다짐한다. 우리는 어떤 상황에서도 최고의 의학 실력과 윤리 수준으로 의술을 행함으로써 의사로서의 품위와 명예를 지킨다. 우리는 서로 신뢰하고 사랑하는 환자와 의사 관계를 이루기 위하여 최선을 다함으로써 사회적 역할을 충실히 수행한다. 우리는 동료의사를 비롯한 모든 보건의료인들과 상호 존중하고 협조함으로써 올바른 의사의 길을 구현한다. 우리는 변화하는 사회상에 걸맞은 의료환경을 온 국민과 함께 추구함으로써 국민건강권과 의사의 진료권을 드높인다. 우리는 이 다짐을 성실히 지켜 의업의 존재 의미와 의사의 존엄성을 확립할 것을 인류와 국민 앞에 엄숙히 선언한다." / 1997.02.27. 전문개정

든 다음 2001년 선언적 '의사윤리강령'과 실천적 '의사윤리지침'을 제정해 운용하고 있으며 윤리위원회를 두고 필요한 징계업무를 수행하고 있다. '의사윤리지침'은 의사의 일반적 윤리, 환자에 대한 윤리, 동료 보건인에 대한 윤리, 의사의 사회적 역할과 의무, 시술 및 의학연구와 관련한 윤리, 윤리위원회 운영 등 구체적인 실천방안들로 구성되어 있다. 환자의 인격과 의사 선택권을 존중하고 직무를 통해 알게 된 비밀을 보호하는 등이 환자와 관련된 윤리이고, 자신의 능력이 미치지 못하면 능력을 갖춘 동료 의사에게 환자를 의뢰하거나 동료의 오류에 대해 바로잡으려 노력하는 등이 동료 보건인에 대한 윤리이며, 부당한 이득을 추구하거나 부당한 진료를 금지하는 등이 의사의 사회적 역할과 의무에 해당한다. 윤리위원회는 회원에 대한 자격심사와 징계를 심의하는데 의사협회 정관과 규정에 따라 수행한다.

2001년 만들어진 윤리강령과 지침은 2000년에 일어난 '의료대란'을 겪으면서 인식한 의사가 사회로부터 신뢰를 받으려면 징계를 강화해야 한다는 의사협회의 자성에 근거한다. 결국, 의사가 사회로부터 존경을 받고 고소득을 포함한 사회적 특별 대우를 누리기 위해서는 윤리의식에 기반을 둔 사회적 신뢰가 필수적이라는 판단이다. 아울러 의사의 영역도 다른 전문직 분야와 마찬가지로 서비스업 체제에 편입된 상황이다.

3) 변호사의 직업윤리

법조인 양성을 위해 총 6년 과정이 소요되는 법학전문대학원을 운영하는 법조계도 직업윤리를 강화하는 전문직에 해당한다. 과거 법조인은 특별한 시험인 사법고시를 통과해야 하는 제도를 운용하던 것을 세계적인 추세와 다변화하는 직업세계 상황에 맞게 2009년부터 학부 졸업 후 3년제의 법학전문대학원(로스쿨) 체제로 전환했다. 로스쿨을 마치고 변호사시험에 합격한 사람은 6개월 이상 관련 업무에 종사하거나 연수를 받아야 법률사무소를 개설하는 등 사건을 수임할 수 있는 자격이 생긴다.

1962년 제정되어 여러 차례 개정된 '변호사 윤리장전'은 선언적이면서 이념적인 성격을 갖는 일곱 항으로 이루어진 '윤리강령'과 변호사로서 구체적인 처신을 규정하는 5장 54조로 이루어진 '윤리규약'으로 구성돼 있다. 제2장 직무 관련은 품위유지의무, 겸직 제한, 부당한 사건유치 금지, 상대방 비방 금지, 위법행위 협조 금지, 개인정보 보호 등이 내용을 이룬다. 제3장 의뢰인에 대해서는 성실의무, 금전거래 금지, 수임 거절, 비밀유지 등이 포함된다. 제4장은 공공기관과 제3자에 대한 내용으로 변호사가 사건유치를 위해 법원과 수사기관 등에 출입하지 않도록 하는 내용도 포함되어 있다.

변호사를 법률 전문직으로써 독립해 자유롭게 직무를 수행한다고 그 지위를 인정하면서도 공공성을 지닌 공익활동을 의무로 정해 연간 일정 시간 이상 공익활동에 종사하도록 하고 있다.[291] 변호사가 위법에 따른 형을 선고받아 제명 등의 징계를 받는 경우 외에도 협회 회칙을 위반하거나 품위를 손상하는 행위에 대해 징계위원회를 통해 징계하는 등 구체적이고도 실천력을 담보하는 내용으로 운영하고 있다.[292]

변호사에게 인권 옹호와 사회정의 실현을 담당하는 사명이 있음에도 불구하고 매년 징계 건수가 느는 상황에 대해 변호사 수가 급격히 늘어나 무리한 사건유치 경쟁에 따른 결과라는 인식과 함께 배출 수를 제한해야 한다는 주장이 있지만,[293] 사회적 공감대를 형성하지는 못하고 있다. 변호사가 전문직이긴 하지만 건축사처럼 서비스업으로써 소비자를 위해 더 나은 서비스 경쟁이 우선임에 따라 어느 정도 자율 시장경제 시스템에 맡겨져 있기 때문이다.

3. 건축사의 직업윤리

1) 프랑스

프랑스는 1980년부터 건축사의 직업윤리를 법제화했는데[294] 이 시스템은 2016년부터 유럽연합 산하 '유럽건축가위원회(Coseil des architectes d'Europe)'가 이어받아 유럽연합 단위로 운영하고 있다.[295] 법률은 크게 건축사 자신, 건축주, 동료 건축사로 구분해 각각의 대상에 대해 지켜야 할 사항들을 규정한다.

건축사 자신에 대해서는 기업을 위해 자문할 경우 객관적이고 공정한 견해를 밝혀야 하고 건축사로서의 실력을 유지하고 향상해야 하며, 그러기 위해서는 계속교육 등에 참여해야 한다. 프로젝트에 실제로 참여하지 않은 건축가는 절대로 그 프로젝트 설계자로 서명할 수 없고 보수를 요구할 수도 없다. 계약서에 서명하기 전에 계약 조항이 직업윤리를 위반하는지도 확인해야 한다. 또한, 건축사가 여러 방면으로 활동할 때에는 각각이 서로 영향을 받지 않아야 한다. 심사 또는 자문 등의 형태로 관여하고 있는 프로젝트에 대해서는 설계자로 참여할 수 없는 내용들이다.

건축주에 대해서는 프로젝트 업무 내용과 보수 등을 분명하게 계약서에 명시하여야 한

---

291) 변호사법 제27조와 대한변호사협회 회칙 제9조의2.

292) 변호사법 제90조(징계의 종류), 제91조(징계 사유), 제92조(변호사징계위원회의 설치)

293) '변호사의 직업윤리', 법률신문 사설, 2005.07.04.

294) Code de déontologie des architectes, Journal officiel du 25 mars 1980.

295) European deontological code, Conseil des architectes d'Europe, 2016.04.22.

다. 건축주를 위해 공명정대하게 임무를 수행해야 하고 직업윤리에 반하는 태도나 건축사의 위신을 떨어뜨릴 여지가 있는 모든 상황도 피해야 한다. 직업활동 중 알게 된 비밀도 지켜야 하고 그러지 않으면 징계의 대상이 된다.

동료 건축사에 대해서는 동료애를 유지해야 하고 경쟁은 단지 실력과 건축주에 제공하는 서비스에 대해서만 허락된다. 동료 건축사의 작업에 대해 건축주를 기만해 설계를 가로채거나, 건축주가 선택하는 자유를 방해하고 결심을 돌리는 데 영향을 주는 어떠한 행위도 해서는 안 된다. 진행 중인 프로젝트에 전임 건축사를 대신하도록 의뢰받았으면 전임자에게 알려야 하고, 전임자에게 그때까지의 대가가 지급된 것을 확인한 다음에야 맡을 수 있다. 표절 금지와 관련한 건축사 간의 분쟁은 법정으로 가기 전에 중재안을 마련하기 위해 지역 건축사등록원에서 우선 협의하여야 한다.

그림 263 직업윤리 설명서
(https://www.lemoniteur.fr/)

그림 264 동료애를 강조하는 직업윤리
(https://www.lemoniteur.fr/)

2) 한국

우리나라 건축사의 직업윤리 관련 규정은 2012년에 채택한 건축사의 행동강령을 담은 '건축사 윤리선언서'에서 비롯한다고 할 수 있다. 2022년 개정한 건축사법에선 건축사 자격과 갱신 등록을 할 때 직업윤리규정을 준수해야 한다고 밝힘으로써 의무로 지켜야 할 사항으로 발전했다.[296] 제정된 윤리규정은 선언적 윤리강령과 실천적 윤리규약으로 구성되는데, 윤리규약은 일반적 윤리, 공공에 대한 윤리, 의뢰인에 대한 윤리, 직무에 대한 윤리, 건축사 상호 간의 윤리 등으로 구분되어 있다.

296) 건축사법 시행규칙 제10조의2(건축사 자격등록 신청서 등), 별지 제18호 서식

‘건축사는 국가 자격과 면허를 통해 건축행위에 관한 고유의 권한을 가짐과 동시에 설계, 감리한 건축물, 공공공간 및 공간환경에 대해 최종적인 책임을 진다’[297]라고 시작하는 윤리규정은 유럽연합이 채택하고 있는 일반적인 내용 외에도 부당행위 거부와 이권 수수 금지 등 직업 활동에서 발생하는 구체적인 사례들까지를 내용으로 다루고 있다. 게다가 공익 목적의 고발까지를 포함한다.[298] 고발 등의 사건이 발생하기 전에는 건축사의 자율적인 도덕규범에 맡길 수밖에 없다.

그동안 건축사는 사회적으로 존경과 선망의 대상이 되지 못했다. 소위 ‘쟁이’로 자신을 비하하면서도 사회 전반에서는 도면을 그려낼 줄 아는 ‘설계사’ 등으로 불리기도 했다. 여기에는 고졸부터 전문대를 포함해 다양한 직업적 경로가 가능했던 기술인으로써 현장에서 경험만 쌓으면 누구나 일을 치러낼 수 있다는 인식과 자부심이 부족했던 측면도 있지만, 직업적 윤리의식이 빠진 채 건축주의 이기적 요구에 편법을 쉽게 동원해주는 관행도 작용했다.

그러나 이제 건축사는 의사와 더불어 점점 전문가로서 역할 해야 하는 시대적 흐름에 직면하고 있다. 이미 5년 이상의 전문교육을 거쳐야 하고 실무수련과 자격시험을 통과해야 하는 어려운 과정을 겪어야 한다. 공적 영역에서도 과거 공무원이 도면을 검토해 허가 여부를 결정하고 현장에서 중간점검과 완공 여부를 확인하던 체제에서 이제는 건축사가 감리로 법적 책임을 완수해야 하는 단계에 이르렀다. 허가업무도 건축사가 책임을 맡는 방식으로 제도가 변화하고 있다.

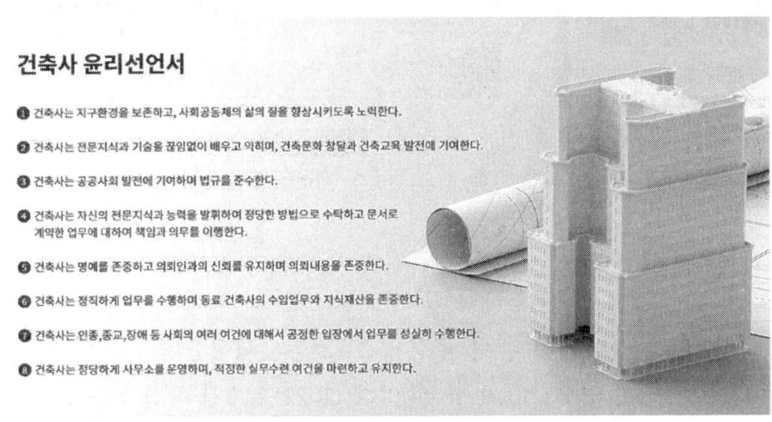

그림 265 건축사 윤리선언서(https://www.kira.or.kr/)

297) 윤리규정, 2022.07.29. 제정

298) 윤리규약 제2조(선의의 고발)

참고문헌

1. Oscar Newman(1972), Defensible space, New York.
2. Oscar Newman(1975), Design Guidelines for Creation Defensible Space, Washington D.C.
3. Oscar Newman(1996), Creating Defensible Space, U.S. Department of Housing an Urban Development Office of Policy Development and Research.
4. Jane Jacobs(1961), The Death and Life of Great American Cities, New York.
5. Christopher Alexander et al.(1977), A Pattern Language: Towns, Buildings, Construction, New York.
6. Robert Gutman(1972), People and Buildings, New York.
7. Kevin Lynch(1960), The Image of the City, MIT Press.
8. Gary T. Moore(1970), Emerging Methods in Environmental Design and Planning, MIT Press.
9. Amos Rapoport(1969), House Form and Culture.
10. James C. Snyder et al.(1979), An Introduction to Architecture, McGraw-Hill.
11. Edward T. Hall(1963), Hidden Dimension.
12. Juhani Palssasmaa 저, 김훈 역(2013), 건축과 감각, SPACETIME.
13. Abraham Maslow(1954), Motivation and personality, New York.
14. C. M. Deasy 저, 한필원 역(1996), 인간행태와 건축디자인, 기문당.

건축과
인간·사회·문화

초판 인쇄 | 2026년 1월 28일
초판 발행 | 2026년 2월 10일

저　　자 | 송복섭
발 행 인 | 이성범
발 행 처 | 문운당
주　　소 | 서울시 종로구 혜화로5길 16(명륜1가 45-3)
전　　화 | (02)762-6010
팩　　스 | 영업 (02)745-0265 / 편집 (02)762-8758
이 메 일 | 영업 munun2@daum.net
편집 munundang@naver.com
홈페이지 | http://munundang.co.kr

ISBN 979-11-5692-833-1 (93540)

정가 25,000원